普通高等教育"十四五"规划教材

# 化学化工实验过程安全管理

王林昌　　主编

冯建跃　　王丽娟　　主审

中国石化出版社

·北京·

## 内 容 提 要

本书参照《化工过程安全管理导则》(AQ/T 3034—2022),结合化学化工实验安全管理特点和实验过程特点,将化工过程安全管理的良好实践融入化学化工实验过程管理,系统地阐述了化学化工实验过程安全管理的内涵,以及实验过程安全管理的方法和要点。通过对典型实验事故案例的原因分析,帮助实验管理人员和操作人员理解实验过程安全管理的目标和要求,从而减少或杜绝实验安全事故的发生。

本书内容丰富,简明易懂,可作为高校、科研院所及企事业单位化学化工实验安全管理人员、实验人员及研究生、本科生等相关人员的安全培训教材,也可供危险化学品分析、化验、测试人员和其他使用危险化学品的实验人员参考使用。

**图书在版编目(CIP)数据**

化学化工实验过程安全管理 / 王林昌主编. — 北京:
中国石化出版社, 2024.10.— (普通高等教育"十四五"
规划教材). — ISBN 978-7-5114-7693-7
Ⅰ. O6-37
中国国家版本馆 CIP 数据核字第 2024FA4611 号

**中国石化出版社出版发行**

地址:北京市东城区安定门外大街 58 号
邮编:100011  电话:(010)57512500
发行部电话:(010)57512575
http://www.sinopec-press.com
E-mail:press@ sinopec.com
北京科信印刷有限公司印刷
全国各地新华书店经销

\*

787 毫米×1092 毫米 16 开本 18.5 印张 433 千字
2024 年 10 月第 1 版  2024 年 10 月第 1 次印刷
定价:58.00 元

# 《化学化工实验过程安全管理》
# 编 委 会

近年来，我国科技实力大幅提升，在全球创新版图的影响力显著增强，已经成为国际专利申请量最多的国家。《2023 年国民经济和社会发展统计公报》显示，2023 年我国全社会研究与发展（Research and Development，R&D）经费达 33278 亿元（其中基础研究经费为 2212 亿元），较 2022 年增长了 8.1%，占国内生产总值（GDP）比例达到 2.64%，是全球第二大研究与发展经费投入经济体。2023 年，我国研发人员总量超 724 万，连续 11 年稳居世界首位。截至 2023 年底，我国（不含港澳台）发明专利拥有量达到 401.5 万件，同比增长 22.4%，成为世界上首个国内有效发明专利数量突破 400 万件的国家。

研究与发展经费的快速增长，促使国内教学和科研活动也越发活跃。近代科技发展史表明：对经济建设有重大影响的发明，多数来自实验室，越是现代化科技越是依靠科学实验来发展。科技成果转化为生产力、技术咨询和人员培训，大量工作都要依托实验室。高等学校、科研院所及企事业单位的实验室是从事科研工作的主要场所，是培养创新型人才、开展科学研究的重要基地，是科技成果的诞生地和孵化器。

实验在教学和科研活动中具有非常重要的作用，尤其是化学化工学科，它是技术创新性、科学探索性和实践性很强的学科，其研究发展需要大量的创新性和风险性实验来进行探索和验证。化学化工实验在实验过程中使用的危险化学品种类多、分布广，部分实验还需使用压力容器、高压气瓶及各类自制的实验装置等特种、特殊设备设施，部分实验还需在高温、高压、低温、真空、高电压和高转速等条件下进行。同时，实验室又是人员集中、流动性大的场所；特别是高校的实验室，实验的主体包括博士研究生、硕士研究生、本科生及其他类学生。化学化工实验的危险源和人员相对集中，安全风险具有叠加累积效应，稍有不慎就可能引发泄漏、中毒、灼伤、火灾、爆炸等事故。据不完全统计，1993—2023年，国内发生的有据可查的化学化工实验安全事故有177起，死亡29人、重伤102人、轻伤181人。

为规范化学化工实验运行过程中的安全管理工作，作者参照《化工过程安全管理导则》（AQ/T 3034—2022），结合化学化工实验管理特点和实验过程特点，对相关内容进行详细阐述，包括推进法人单位的安全领导力建设；建立健全实验全员安全责任制；识别法律法规要求；收集实验过程的安全信息并加以充分利用；加强对实验人员的安全教育和培训；对实验过程的危险源开展风险分级管控和隐患排查治理工作；对危险化学品和仪器设备开展全生命周期安全管理工作；充分吸取实验事故事件的经验教训，完善应急预案的编制和演练工作。

本书由王林昌担任主编，刘兴勤、刘春平、陈广卫、张忠涛、周勇义、董华青、刘骥翔、马敬、邓占锋、慕长茂、张衍品、张永胜等担任副主编，马飞、王鹏、王文硕、王龙生、王志刚、王赐轩、王慧欣、叶青、史军军、付建民、付春雨、白亮、朴玉玲、乔曦、任建林、华强、刘士华、刘志强、许正秋、许燕滨、孙建成、孙培志、杜正军、李恒、李永华、杨进维、张无语、张国伟、张晗阳、张高群、张霈青、陈辉、陈若石、易轶虎、罗东宁、岳彦伟、周超进、郑策平、屈文军、赵文楷、胡波、胡正坤、郭子源、郭文韬、黄山根、常香玲、康伟、蒽雷、程彬彬、程敬博、翟宇等同志参与了编写。后期由冯建跃、王丽娟两位主审对全书进行了审稿、统稿、定稿。在此向各位主审、副主编、编委一并感谢！同时感谢中国石化出版社的许倩编辑为本书出版付出的辛勤劳动。

由于本书首次将化工过程安全管理理论融入实验安全管理中，加之作者水平所限，虽六年磨一剑，但错误和不足之处在所难免，敬请读者提出宝贵意见。

CONTENTS | # 目录

# 第一章 概 述

## 第一节 化学化工实验安全管理

### 一、化学化工实验事故案例

化学化工实验过程中所涉及的原料、中间产物、催化剂、最终产物等物料，大多具有易燃易爆、有毒有害、反应活性高、稳定性差等危险性，在危险化学品采购、储存、运输、使用及废弃处理等过程中存在着种种安全隐患；同时化学化工实验还需要使用搅拌设备、加热设备、玻璃烧瓶反应器、各类玻璃配套设备、高压气瓶、气体管路等各种不同实验仪器设备，在高温高压、低压真空等苛刻反应条件下，进行加热、萃取、电解、蒸馏、干燥等物理操作，加氢、氯化、硝化、氧化、烷基化等多种化学反应，在设备使用、各类实验操作和化学反应中存在着安全隐患，加之实验人员结构复杂、流动性大、技能水平参差不齐，一旦管理不到位或使用不当，容易引发泄漏、火灾、爆炸、中毒等事故，轻则损毁仪器设备，重则引发群死群伤恶性事件。

作者通过百度、搜狗、360搜索、微软必应、中国知网、万方数据库、维普等搜索引擎，检索"实验室事故事件、实验室爆炸、实验室起火、实验室中毒"等关键词，结合有关文献和媒体报道，统计了1993—2023年，发生在国内高校、科研院所及企事业的化学化工实验安全事故，仅有据可查的就达177起，死亡29人、重伤102人、轻伤181人。详细情况如表1-1所示。

表1-1 1993—2023年国内化学化工实验事故伤亡情况

| 年份 | 起数/起 | 轻伤/人 | 重伤/人 | 死亡/人 |
|------|---------|---------|---------|---------|
| 1993 | 1 | 42 | 2 | 4 |
| 1995 | 1 | 0 | 1 | 0 |
| 1997 | 1 | 1 | 0 | 0 |
| 1998 | 2 | 2 | 0 | 0 |
| 2001 | 5 | 5 | 2 | 1 |
| 2002 | 1 | 0 | 0 | 0 |
| 2003 | 9 | 4 | 6 | 0 |

| 年份 | 起数/起 | 轻伤/人 | 重伤/人 | 死亡/人 |
|------|--------|--------|--------|--------|
| 2004 | 10 | 38 | 6 | 1 |
| 2005 | 13 | 10 | 6 | 1 |
| 2006 | 13 | 5 | 6 | 2 |
| 2007 | 6 | 0 | 4 | 0 |
| 2008 | 10 | 0 | 3 | 1 |
| 2009 | 14 | 14 | 8 | 1 |
| 2010 | 16 | 22 | 5 | 0 |
| 2011 | 12 | 5 | 3 | 1 |
| 2012 | 9 | 0 | 1 | 0 |
| 2013 | 6 | 1 | 5 | 2 |
| 2014 | 7 | 3 | 1 | 0 |
| 2015 | 9 | 2 | 13 | 2 |
| 2016 | 5 | 1 | 3 | 3 |
| 2017 | 2 | 0 | 1 | 0 |
| 2018 | 2 | 13 | 8 | 3 |
| 2019 | 2 | 0 | 0 | 0 |
| 2020 | 3 | 0 | 3 | 0 |
| 2021 | 6 | 1 | 8 | 4 |
| 2022 | 9 | 3 | 7 | 3 |
| 2023 | 3 | 9 | 0 | 0 |
| 合计 | 177 | 181 | 102 | 29 |

典型事故如下：

1. 化学品爆炸典型事故

（1）1993年4月29日，山西省某学院化工系发生过氧化甲乙酮爆炸事故，导致4人伤亡、2人重伤、42人不同程度受伤。事故原因：实验室违规过量存放过氧化甲乙酮约170kg，在过滤过氧化甲乙酮时，因操作不当引起撞击爆炸，导致实验室内存放的过氧化甲乙酮发生殉爆。

（2）2003年10月，四川省某高校化学实验室，一研究生在进行回流乙醚实验时，发生爆炸，造成附近两位同学面部和手部深度烧伤。事故原因：回流管上面干燥管中的氯化钙因长期使用吸潮而导致堵塞，造成了密闭回流而引起爆炸。

（3）2018年12月26日9时34分，北京市某大学市政环境工程系3名学生在2号楼实验室内，进行垃圾渗滤液污水处理科研试验时，现场发生爆炸，导致3名参与实验的学生当场死亡。事故原因：学生在使用搅拌机对镁粉和磷酸搅拌、反应过程中，料斗内产生的氢气被搅拌机转轴处金属摩擦、碰撞产生的火花点燃爆炸，继而引发镁粉粉尘云爆炸，爆炸引起周边镁粉和其他可燃物燃烧；事发科研项目负责人违规开展试验、冒险作业；违规购买、违法储存危险化学品，该实验室堆放多达 30 桶镁粉、6 桶磷酸、6 袋过硫酸钠以及其他材料。

（4）2021 年 10 月 24 日，江苏省某大学实验室发生爆炸事故，事故导致 2 人死亡，11 人受伤。发生爆炸的实验室是粉末冶金实验室，爆炸原因是学生在做实验时，镁铝粉爆燃造成实验室爆炸。

**2. 实验气瓶典型事故**

（1）2009 年 7 月 3 日 12 时 30 分，浙江省某大学理学院化学系发生一起气体中毒事故，导致 1 名博士生死亡。事故原因：某大学教师于事发当日，在做实验过程中，误将本应接入 307 实验室的一氧化碳气体接至通向 211 室的输气管。当实验人员打开一氧化碳气瓶阀门时，一氧化碳气体通入 211 室，导致在 211 室做实验的 1 名博士生中毒死亡。

（2）2015 年 12 月 18 日，北京市某大学化学系实验室氢气钢瓶发生爆炸，导致 1 名正在做实验的博士后当场死亡。事故原因：实验所用氢气瓶意外发生爆炸、起火。

（3）2015 年 4 月 5 日 12 时 40 分，江苏省某大学化工学院实验室发生一起爆炸事故，导致 1 人死亡，4 人受伤。发生爆炸的直接原因是违规配制试验用气，气瓶内甲烷含量达到爆炸极限范围，在开启气瓶阀门时，气流快速流出引起的摩擦热能或静电，导致瓶内气体发生爆炸；爆炸气瓶存在超期使用现象。

**3. 化学品中毒典型事故**

（1）2007 年 6 月 20 日，江苏省某大学召开新闻发布会，通报 3 名大学生铊中毒案情况：引起 3 名大学生铊中毒的毒源已初步查明，系犯罪嫌疑人常某以非法手段从外地获取的 250g 剧毒物质硝酸铊，并用注射器分别向受害人牛某、李某、石某的茶杯中注入硝酸铊，导致 3 名学生铊中毒。事故原因：剧毒化学品管理不严；投毒者为泄私愤而投毒。

（2）2013 年 4 月 16 日，上海市某高校研究生黄某遭他人投毒后，经抢救无效死亡。犯罪嫌疑人林某是被害人黄某的室友，因泄私愤而在黄某饮用水中投毒，投毒药品为剧毒化学品 $N,N$-二甲基亚硝胺。事故原因：剧毒化学品管理不严；投毒者为泄私愤而投毒。

**4. 实验设备典型事故**

（1）2007 年 9 月 30 日，北京市某研究所的一名员工在进行 PET 加工实验时，遇切粒机堵塞情况，其在未停机的状态下，打开护罩直接用手处理料条，结果手指不慎被带入切粒机，被切去中指指端 1cm。事故原因：员工违章操作，在未停机的状态，徒手清理物料，导致中指被切。

（2）2007 年 10 月 19 日，北京市某大学学生做实验时，不慎拧断容器阀门，导致氢气和硼烷泄漏，近百名师生及时疏散，未有人员伤亡。事故原因：学生在做实验时，操作不慎拧断了容器阀门。

**5. 化学品燃烧典型事故**

（1）2011 年 10 月 10 日 12 时 59 分，湖南省某大学化工学院实验楼顶层四楼发生火灾，过火面积达 500m²。整个四层楼内全部烧为灰烬，十余年的科研数据资料全部烧毁。事故原因：由于实验台上水龙头漏水，水顺着实验台流进下方的储存柜中，与存放的金属钠发生化学反应，继而引发火灾。

（2）2023 年 8 月 17 日，某大学化工系实验室发生一起爆炸起火事故，导致 2 名学生严重烧烫伤、7 名学生吸入性呛伤。事故原因：研究生在实验室中因操作不慎，化学物质碰到热油造成起火喷溅，引起爆炸起火。

### 6. 化学品灼伤典型事故

（1）2010 年 9 月，北京市某有机化学研究所一研究生在进行正丁胺的常压蒸馏实验时，正丁胺液体喷出，该研究生的脸部、手部严重伤害。事故原因：正丁胺常压蒸馏实验油浴加热的温控系统不灵敏，导致温度上升，系统内压力越来越大，致使蒸馏的正丁胺热溶液喷出，伤害了实验人员。

（2）2012 年 5 月 16 日，辽宁省某校学生在实验结束时，学生蜂拥而出，导致实验台上的一瓶硫酸被撞落在地上，硫酸溅落到摔倒在地的一名学生身上，全身灼伤面积达 40% 左右。事故原因：实验台上放置硫酸，没有及时放置到试剂柜中；学生无序而出，发生拥挤，致使实验台上的硫酸被撞倒。

## 二、化学化工实验安全管理形势

化学化工实验过程中使用的危险化学品种类多，易燃易爆、有毒有害特性明显；实验装置经常在极限条件下运行；部分实验过程还会排放有毒有害物质。由于实验过程中经常使用新技术、新工艺、新设备、新材料，实验方案、操作方案变化频繁，使得本具有探索性实验的风险更难以预测；部分科研实验人员还以追求实验数据为目的，不顾实验仪器设备安全条件，冒险进行实验；加之部分科研实验人员安全意识淡薄，一旦违章操作或操作失误极易引发安全事故。

科研人员思维活跃，安全意识不足是一个世界性难题，不仅存在于中国高校、科研院所、企事业单位的实验室中，在国外的实验室内也普遍存在。2012 年，《自然》杂志曾对全球 2400 名科学家进行了一项有关实验安全的调查，发现 86% 的科学人员认为自己所在的实验室是安全的，然而一半人却经历过不同形式的实验伤害，即便是在科研硬件与环境相对先进的美国，在进入实验室之前，接受过安全培训的人员的比例也只达到 70% 左右，这意味着还有 30% 的人员在开始进行实验的时候，还没有经过安全培训。

化学化工实验安全事故频发，不仅严重影响正常科研、教学活动秩序，还极大地威胁了人员的生命安全。实验安全不仅关系高校、科研院所、企事业单位的发展，还关系实验人员的生命安全。因此，加强化学化工实验安全管理，对提升实验相关人员的安全意识、规范意识，切实保障实验实践活动顺利开展及保护实验人员的生命安全，都有极其重要的意义。

近年来，我国应急管理部、公安部、教育部等部门针对危险化学品管理出台了许多部门规章、标准规范、政策和文件，强化危险化学品安全管理，有力推进实验安全工作。

国务院在 2002 年发布了《危险化学品安全管理条例》和《危险化学品名录（2002 版）》；原国家安全生产监督管理局等八部委于 2003 年 6 月发布《剧毒化学品目录（2002 年版）》，

包含 335 种剧毒化学品。2013 年《危险化学品安全管理条例》修订时，同步修订《危险化学品目录（2015 版）》；原国家安全生产监督管理总局提出要加强危险化学品和危险化学工艺的管理，分别于 2011 年、2013 年发布《关于公布首批重点监管的危险化学品名录的通知》和《关于公布第二批重点监管的危险化学品名录的通知》，将 74 种危险化学品列为重点监管危险化学品；分别于 2009 年、2013 年发布《首批重点监管的危险化工工艺目录》和《第二批重点监管危险化工工艺目录》，明确需要重点监控的 18 种危险化工工艺及工艺安全控制措施；2019 年 1 月 3 日，国务院安委会办公室召开高等学校实验室安全管理工作视频会议，会议强调各高校要加强实验室安全责任体系建设，完善和落实各项管理制度，加强实验室安全检查，狠抓安全宣传教育培训，不断提高广大师生安全知识水平。2020 年国务院安委办发布《危险化学品安全专项整治三年行动实施方案》，强化明确了危险化学品生产、储存、使用、经营、运输、处置等环节相关安全监管责任。

公安部为规范剧毒化学品、易制爆危险化学品、易制毒化学品等管制类化学品的购买、使用、储存、废弃等管理，在 2005 年 5 月发布《剧毒化学品购买和公路运输许可证管理办法》，2012 年 6 月发布《剧毒化学品、放射源存放场所治安防范要求》，加强对剧毒化学品存放场所的管控。2005 年 8 月发布《易制毒化学品管理条例》时，将三类 24 个品种的易制毒化学品列入管制范围，而后在 2012 年、2014 年、2017 年、2021 年、2024 年多次增补，目前共有三类 45 个品种的化学品列入易制毒化学品名录；公安部针对易制爆危险化学品的管理，在 2017 年 5 月发布《易制爆危险化学品名录（2017 年版）》，2018 年发布《易制爆危险化学品储存场所治安防范要求》，2019 年 7 月发布《易制爆危险化学品治安管理办法》。

教育部高度重视实验室安全及危化品管理工作。1983 年，原国家教委召开第一次全国高等学校实验室工作会议，要求采取措施加速高等学校的实验室建设；1992 年原国家教委发布的《高等学校实验室工作规程》成为高校实验室管理工作的纲领性文件；针对清华大学、北京大学发生的两起铊中毒案件，1997 年 7 月原国家教委发布《关于加强学校实验室化学危险品管理工作的通知》，要求加强实验室使用化学危险品的管理；针对复旦大学校园投毒和南京理工大学实验室爆炸事件，2013 年 5 月教育部发布《关于进一步加强高等学校实验室危险化学品安全管理工作的通知》，要求高度重视实验室危险化学品管理工作，进一步加大对废弃实验室处理的审批、监管力度；2017 年 2 月教育部发布《关于加强高校教学实验室安全工作》的通知，要求通过加强高校教学实验室安全工作，制定一套严格有效的实验安全管理制度；2019 年 1 月教育部发布《关于进一步加强高校教学实验室安全检查的通知》，要求重视和加强实验安全管理，切实提高实验室安全管理水平；2019 年 5 月教育部发布《关于高校实验室安全工作的意见》，意见要求，要强化法人主体责任，建立分级管理责任体系，建立安全定期检查制度、安全风险评估制度、危险源周期管理制度和实验室安全应急制度，切实增强高校实验室安全管理能力和水平。为加强高校实验室安全工作，确保广大师生人身安全和校园稳定，2023 年 2 月教育部发布《高等学校实验室安全规范》；为预防高校实验室火灾事故发生，规范实验室消防安全管理，2023 年 6 月教育部发布《高等学校实验室消防管理规范》行业标准；为加强高校实验室安全精细化管理，提高高校实验室安全风险防范的针对性和有效性，教育部于 2024 年 4 月发布《高等学校实验室安全分级分类管理办法（试行）》。

## 第二节　事故致因理论

事故致因理论是从大量典型事故的本质原因的分析中提炼出事故机理和事故模型。这些机理和模型反映了事故发生的规律性，能够为事故原因的定性、定量分析，为事故预测预防，为改进实验安全管理工作，从理论上提供科学、完整的依据。只有掌握事故发生发展的规律，才能有效减少或杜绝事故的发生。

前人站在不同的角度，对事故机理和事故模型进行了研究，给出了很多事故致因理论，下面简要介绍几种。

### 一、墨菲定律

1949 年，爱德华·墨菲（Edward A. Murphy）和他的上司斯塔普少校参加美国空军进行的 MX981 火箭减速超重实验，其中有一个实验项目是将 16 个火箭加速度计悬空装置在操作者上方，当时有两种方法可以将加速度计固定在支架上，而不可思议的是，竟然有人有条不紊地将 16 个加速度计全部装在错误的位置。

于是墨菲提出：做任何一件事情，如果客观上存在着一种错误的做法，或者存在着发生某种事故的可能性，不管发生的可能性有多小，事故总会在某一时刻发生，这就是墨菲定律。墨菲定律在实验过程安全管理方面的表述是：只要实验过程中存在发生事故的可能，事故终会在某一时刻发生。而且不管其可能性多么小，但总会发生，并造成最大可能的损失。

墨菲定律告诉我们，由于事故在一次实验或活动中发生的概率很小，严重伤害事故发生的概率更小，因此，就给人们一种错误的理解，即在偶尔的一次活动中不会发生。与事实相反，正是由于这种错觉，麻痹了实验人员的安全意识，加大了事故发生的可能性，其结果是事故可能频频发生。

通过分析 1993—2023 年发生的 177 起实验安全事故原因，可以得出结论："认为小概率事件不会发生"是导致侥幸心理和麻痹大意思想的根本原因。墨菲定律正是从强调小概率事件的重要性的角度，明确指出：虽然危险事件发生的概率很小，但在一次实验或活动中，仍可能发生。

对待墨菲定律，实验管理人员、实验人员存在着两种截然不同的态度：一种是消极的态度，认为既然差错是不可避免的，事故迟早会发生，那么就难有作为；另一种是积极的态度，认为差错虽然不可避免，事故迟早会发生，那么就不能有丝毫放松的思想，要时刻提高警觉，采取积极的预防方法、手段和措施，防止事故发生，消除人们不希望有的和意外事故发生。

### 二、能量意外释放理论

在实验过程中能量是必不可少的，实验人员利用能量做功以实现目的。实验人员为了利用能量，必须有效控制能量。在正常实验过程中，能量能在各种约束和限制下，按照实验人员的意志流动、转换和做功。如果由于某种原因导致能量失去控制，发生异常或意外的释放，则可能发生事故。

1961年吉布森（Gibson）、1966年哈登（Haddon）等人提出能量意外释放理论，他们认为，事故是一种不正常或不希望的能量释放，意外释放的各种形式的能量是构成伤害的直接原因。人类在利用能量的时候必须采取措施控制能量，使能量按照设计者的意图产生、转换和做功。从能量在系统中流动的角度，应该控制能量按照设计者规定的能量流通渠道流动。

根据能量意外释放理论，预防伤害事故就是防止能量或危险物质的意外释放，防止人体与过量的能量或危险物质接触。为人们设计及采取安全技术措施提供了理论依据。

## 三、事故因果连锁理论

1931年，海因里希首先提出了事故因果连锁理论，该理论阐明导致伤亡事故的各种原因及与事故间的关系，以及这些因素与伤害之间的关系。该理论的核心思想是：伤亡事故的发生不是一个孤立的事件，而是一系列原因事件相继发生的结果，即伤害与各原因相互之间具有连锁关系。

海因里希提出的事故因果连锁过程包括遗传及社会环境、人的缺点、人的不安全行为或物的不安全状态、事故及伤害等五种因素。上述事故因果连锁关系，可以用五块多米诺骨牌来形象地加以描述，因此该理论又被称为多米诺骨牌理论。如果第一块骨牌倒下（即第一个原因出现），则发生连锁反应，后面的骨牌相继被碰倒（相继发生）。该理论积极的意义就在于，如果移去因果连锁中的任一骨牌，则连锁被破坏，事故过程被中止。

海因里希曾经调查了美国的75000起工业伤害事故，发现98%的事故是可以预防的，只有2%的事故超出人的能力所及的范围，是不可预防的。在可预防的工业伤害事故中，以人的不安全行为为主要原因的事故占88%，以物的不安全状态为主要原因的事故占10%。海因里希认为事故发生的主要原因是人的不安全行为或物的不安全状态造成的，所以防止事故的发生就是防止人的不安全行为、消除物的不安全状态。

尽管海因里希事故连锁理论有其优势，但也有明显的不足，如它对事故致因连锁关系的描述过于绝对化、简单化。事实上，各个骨牌（因素）之间的连锁关系是复杂的、随机的。前面的牌倒下，后面的牌可能倒下，也可能不倒下；事故并不是全都造成伤害，不安全行为或不安全状态也并不是必然造成事故等。尽管如此，海因里希的事故因果连锁理论促进了事故致因理论的发展，成为事故研究科学化的先导。

## 四、轨迹交叉理论

轨迹交叉理论的主要观点是，伤害事故是许多相互联系的事件顺序发展的结果，在事故发展过程中，人的因素运动轨迹与物的因素运动轨迹的交点，即人的不安全行为和物的不安全状态发生于同一时间、同一空间，或者说人的不安全行为与物的不安全状态相遇，能量作用于人体或仪器设备，则将在此时间、此空间应会发生事故。

在人和物两大系列的运动中，两者往往是相互关联、互为因果、相互转化的。有时人的不安全行为促进了物的不安全状态的发展，或导致新的不安全状态的出现；而物的不安全状态可以诱发人的不安全行为。

轨迹交叉理论强调人的不安全行为和物的不安全状态是造成事故的直接原因，在事故致因中占有同样重要的地位。按照该理论，可以通过避免人与物两种因素运动轨迹交叉，即避免人的不安全行为和物的不安全状态同时、同地出现，则可预防事故的发生。同时，该理论对于调查事故发生的原因，也是一种较好的工具。

## 五、系统安全理论

系统安全是人们为控制复杂系统事故而开发、研究出来的安全理论、方法体系。系统安全，是指在系统寿命周期内应用系统安全管理及系统安全工程原理，识别危险源，并采取控制措施使其危险性减至最小，从而使系统在规定的性能、时间和成本范围内达到最佳的安全程度。

系统安全理论认为，世上不存在绝对安全的事物，任何事物中都潜伏着危险因素。通常所说的安全或危险只不过是一种主观的判断。能够造成事故的潜在危险因素称作危险源，来自某种危险源的造成人员伤害或物质损失的可能性叫作危险。危险源是一些可能出问题的事物或环境因素，而危险表征潜在的危险源造成伤害或损失的机会，可以用概率来衡量。

系统安全理念认为，由于人的认识能力有限，有时不能完全认识危险源和危险，即使认识了现有的危险源，随着技术的进步又会产生新的危险源。受技术、资金、劳动力等因素的限制，对于认识了的危险源也不可能完全根除，因此，只能把危险降低到可接受的程度，即可接受的危险。安全工作的目标就是控制危险源，努力把事故发生概率降到最低，万一发生事故，把伤害和损失控制在最低程度。

## 第三节　实验过程安全管理

### 一、化工过程安全管理的起源

20 世纪 60 年代开始，一直到 20 世纪 80 年代初期，在欧洲、美国、印度发生了一系列重大化工安全事故，巨大的人员伤亡、财产损失和严重的环境污染，引起了社会各界对化工安全的高度关注，推动了化工安全生产管理传统的"经验+问题导向"方式的转变，提出了化工过程安全管理（Process Safety Management，PSM）的理念和方法，推动化工安全生产工作向科学化管理迈进，欧美等地政府部门陆续颁布了相关的化工过程安全管理法规。

1984 年印度博帕尔剧毒气体泄漏事故的发生，促使美国化学工程师协会在 1985 年成立了化工过程安全中心 CCPS（Center for Chemical Prosess Safety），主要从事推动化工、石化及流程加工行业的安全技术发展与传播，概括提炼、总结了影响化工（化学品）安全生产的相关因素，以帮助企业预防重大化工过程安全事故。

国际上最早的过程安全管理（PSM）标准是 1992 年 2 月，美国职业安全健康局（OSHA）出版了化工过程安全管理标准《高危害化学品过程安全管理条例》，提出了化工过程安全管理的相关要求，明确要求涉及化学品且超过临界量的生产或处理过程（油品零售、油气开采及其服务运营等领域除外）必须执行。

作为美国职业安全健康局的标准之一，化工过程安全管理是一整套主动识别、评估、缓解和防止石油化工企业由于错误操作与设备设施失效导致安全事故的整体管理体系。化工过程安全管理的目的是减少和控制生产过程中与化学品有关的危害因素，防止发生火灾、爆炸和有毒有害化学品泄漏等重大事故，避免事故造成生命和财产损失以及环境污染等，确保化工生产安全。如果化工过程安全管理实施得当，可以有效保障生产安全、提高生产效率和消减长期成本。

1994年，美国化学工程师协会化工过程安全中心组织杜邦、DOW、雪佛兰、罗门哈斯等企业的安全专家，对美国20世纪60年代以来发生的典型化工事故进行深入分析和研究，梳理了影响化工安全生产的重要因素，编写了 *Guidelines for Implementing Process Safety Management*（国内译为：《过程安全管理实施指南》），提出过程安全管理理念。该书针对过程设计、建造、试车、操作、维修、变更及停车等7个不同阶段制定了12类管理制度、68项管理措施。

为了应对世界各国重大化学品事故多发的挑战，经济合作与发展组织（OECD）2016年发布《改进公司管理，实现过程安全——高危行业高层领导指南》，对高危行业高层领导加强对企业过程安全工作的组织领导提出指导意见。

## 二、化工过程安全管理在中国的发展

化工过程安全管理在化工发达国家实施多年，收到了预防遏制事故的良好成效。国内安全监督管理部门、安全专家普遍认为化工过程安全管理是化工安全生产科学管理方法，全面加强化工过程安全管理是化工企业预防防范和遏制事故的有效手段，对于降低化工、危险化学品事故风险、提高化工企业效益起着重要的作用，应该在国内化工企业全面推行化工过程安全管理，提升我国化工企业安全生产管理科学水平。

2011年5月，安全生产推荐标准《化工企业工艺安全管理实施导则》（AQ/T 3034—2010）颁布，该导则参考了美国职业安全健康局（OSHA）的《高危害化学品过程安全管理条例》要求，提出中国化工过程安全管理体系的框架和基本要求。

2013年7月，原国家安监总局发布《关于加强化工过程安全管理的指导意见》（安监总管三〔2013〕88号），明确提出要学习借鉴国际化工过程安全管理先进理念和方法，推动我国化工企业加快建立科学现代化的安全生产管理体系，不断提升化工安全生产的科学化水平。该《意见》的发布标志着化工过程安全管理的理念已被引入我国政府对危险化学品的安全监督管理中。

经过十几年的运行，化工过程安全管理有效降低了中国化工企业的重特大事故的发生率，收到了预防遏制事故的良好成效。国家应急管理部吸取了过程安全管理在国内化工行业实施的经验和教训，于2022年12月修订发布了《化工过程安全管理导则》（AQ/T 3034—2022），该标准修订以全面识别风险和管控风险为目标，在结合国内化工过程安全现状的基础上，引入了国际先进的过程安全管理理念和最佳实践经验，以及国内有关安全生产技术要求，形成适合我国国情的化工过程安全管理体系。对原标准的要素内容进行了较大调整和修改，由原先的12个要素增加至20个要素。

### 三、化工过程安全管理理论在化学化工实验过程管理中的应用

化学化工实验主要是以探索、验证和研究为主要目的，化学实验是化学科学赖以形成和发展的基础，主要是为验证和发现新的化学现象和规律，通过实验可以检验化学理论的正确性；化工实验针对未知、没有把握的工艺或流程进行研究和探索，验证化工工艺、生产流程，为化工生产提供理论依据及生产条件参数等，确定温度、压力、催化剂类型等最佳反应条件，解决化工生产过程中遇到的相关问题。纵观纷杂众多的化学化工实验过程，都是由化学反应及若干物理操作有机组合而成，其中化学反应及反应器是实验过程的核心，物理过程则起到为化学反应准备适宜的反应条件及将反应物分离提纯而获得最终产品的作用。

化学化工实验过程与化工生产过程有类似之处，基本是利用高温高压、低温低压反应容器，在高温高压或低温低压的条件下，使用种类繁多的危险化学品进行反应、生产、实验，只是量的大小不同而已；实验安全事故与生产安全事故的触发原因、机理也有一定的相同之处。

但实验过程与生产过程相比，也有明显的差别：一是化工生产工艺相应成熟、固定，是应用已知的、有把握的工艺流程进行规模化生产，化工生产过程的流程、操作基本上是固定不变的，较少发生改变，操作人员也相对固定。但化学化工实验，本身就是一个探索、验证和研究的过程，有时实验人员对实验过程中关键危险有害因素认识不足，未充分掌握危险反应的致灾机理及其影响因素，而且为寻求反应变化机理、规律，实验方案、操作条件频繁地调整；为了节约时间成本和经济成本，还有可能是在实验仪器设备的极限条件下进行实验，安全控制手段和措施不完善，导致在实验反应条件下发生异常波动或反应条件变更的情况下，极易发生实验安全事故。二是生产操作人员相对固定，而且还要经过严格的"三级"安全教育培训和技能操作培训，经考核合格后方可上岗；相对生产操作人员，从事实验操作人员的安全意识和技能操作能力，还有较大差距和极大的提升空间。这两种差异，实际上导致化学化工实验过程的风险比化工生产过程的风险更大。

借鉴在化工企业运行多年的化工过程安全管理经验和成熟的做法，作者尝试在化学化工实验过程安全管理中引入实验过程安全理论。

实验过程安全管理，是基于风险管理和系统安全管理的策略，为避免或减少实验操作人员和财产损失的事故，以风险辨识-风险分析与评价-风险控制为主线，全面识别实验过程存在的危险有毒有害因素，进行风险辨识、评价其风险和控制风险，有效减少或消除事故隐患，预防实验事故发生而采取一系列措施，为实验人员创造一个健康、安全、环保、舒适的实验工作环境，保证实验得以顺利进行。实验过程安全管理涵盖了一个实验过程的全生命周期，包含实验方案的策划、设计及危险化学品的采购、储存、使用、废弃处置等环节，实验过程涉及的实验反应类型，仪器设备、电气、仪表的安装、运行、维护、保养、检修等全过程活动。

### 四、实验过程安全管理的要素

实验过程安全管理的目的，是减少和控制实验过程中与危险化学品有关的危害因素，

防止发生泄漏、火灾和爆炸等重大事故，避免实验事故造成人员伤亡、财产损失及环境污染等；是一种预防和控制实验事故发生的科学方法，是及时消除安全隐患、预防事故的基础性工作。如果实验过程安全管理实施得当，可以有效保障实验安全、提高实验效率。

参照《化工过程安全管理导则》（AQ/T 3034—2022）的 20 个要素，结合化学化工实验安全管理和实验过程的实际情况，确定了实验过程安全管理的主要内容：包括加强安全领导引领力建设、建立健全全员安全生产责任制、满足实验过程安全的合规性要求、充分收集实验过程安全信息、加强实验安全教育和培训、充分辨识实验过程存在的风险、做好危险化学品全生命周期管理、规范实验过程操作安全、提高实验仪器设备完好性管理、完善事故应急准备与响应、切实吸取事故事件教训等 11 个要素：

（1）加强安全领导引领力建设。安全领导引领力建设是实现安全实验的重要保障，安全领导引领力是指法人单位各级负责人对安全实验工作的领导能力，是法人单位推动安全实验工作的主要动力源，是实验过程安全管理的核心要素。

（2）建立健全全员安全生产责任制。全员安全生产责任制是实验过程安全管理的关键要素，建立健全并落实全员安全生产责任制，明晰、落实各部门、人员的安全实验责任是做好实验过程安全的根本。

（3）实验过程安全的合规性要求。合规性是实验过程安全的最基本的要求，合规性管理的目的是确保法人单位所有的规章、制度、实验方案、现场管理、实验活动都符合法律法规、标准规范的要求。

（4）实验过程安全信息管理。实验过程安全信息的收集、识别和应用贯穿于实验过程的各个阶段，是实验过程危害识别和风险分析的基础和依据，也是落实实验过程安全管理其他要素的基础信息。

（5）安全教育和培训。安全实验教育和培训是实验过程安全的重要基础性工作，是减少实验安全事故和伤亡人数的源头性、根本性措施，是提升实验安全管理水平和员工安全素质，构建安全实验长效机制的重要措施。

（6）风险管理。风险管理是实验过程安全的基础，贯穿于实验过程全生命周期的各个阶段和过程，也是实验过程安全管理的核心要素。所有实验过程安全工作都应围绕风险识别、风险管控和风险万一失控后的应急处置等三个方面的工作展开。

（7）危险化学品全生命周期管理。实验所需的原料、中间产物、最终产物大多属于危险化学品，因其本身的易燃、易爆、有毒、有害等危险特性，在储存、使用过程中操作或管理不当，就会发生泄漏、火灾、爆炸、中毒或灼伤事故。因此做好危险化学品采购、出入库、储存、使用及废弃处置的全生命周期管理是实验过程安全的基础。

（8）实验过程操作安全。做好实验单元操作的安全规范，落实实验化学反应的安全措施，编写切实可行的实验安全操作规程和设备安全操作规程，规范其实验操作，就可有效控制实验过程的安全风险。

（9）设备完好性管理。实验仪器设备是实验物料的容纳、反应容器，完好的仪器设备是实验过程安全的物质基础，许多实验安全事故都与仪器设备的泄漏有关。要实现实验过程安全，各类仪器设备必须部件齐全、功能完备，安全设施正确配置，才能满足安全实验的需要。

（10）应急准备与响应。应急处置是防范事故、减少事故损失的最后一道屏障。安全事故（事件）的早期有效的应急处置可以"大事化小、小事化了"。制定良好的应急处置预案、充足的应急物资、有效的应急预案演练、事故早期的有效处置，在遏制事故发展、减少人员伤亡和财产损失方面起着重要的、不可替代的作用。

（11）事故调查和管理。为了切实吸取事故教训，防止类似事故再次发生，必须对发生的事故进行认真、严谨的全面调查。事故事件调查的核心是查清原因、吸取教训、举一反三，避免类似事故的再次发生。

## 五、实验过程安全管理层级

国内高等院校实验室、科研院所实验室、企事业单位实验室（含化验室）、公共实验平台的管理层级各有不同，为便于描述、清晰实验安全管理各层级的关系，本书将实验室所在法人单位列为一级管理单位；一级单位下设的相关职能管理部门和研究室（所），为二级管理单位；研究室（所）下设的课题（班）组，为三级管理单位。这三级管理单位分别承担实验过程中不同安全管理职责。

# 第四节　实验过程安全合规性要求

防止和减少实验安全事故，保障实验操作人员生命和财产安全，是各级实验室管理者的首要职责和根本宗旨。有关部门针对实验安全出台了许多法律法规、规章制度、标准规范及管理规定，在实验过程中只有遵守这些规定，才能有效避免实验安全事故的发生。

法人单位管理者应把遵守国家有关安全生产的法律法规、规章制度、标准规范、政策性文件及其他要求作为实验安全管理的最基本要求，并动态收集最新版本规范性文本，结合实验过程特点，准确识别本单位应执行的相关内容，将其转化、落实为安全实验的管理制度、运行规范和操作规程，并严格执行。

## 一、安全相关法律法规及其他要求

根据《中华人民共和国立法法》规定，安全法律法规按其立法主体、法律效力高低，依次分为宪法、安全法律、安全行政法规、地方性安全法规、安全规章。安全法律法规效力的层次主要内容如下：

1. 宪法

宪法是国家的根本法，具有最高的法律地位和法规效力。宪法所规定的是国家生活中最根本、最重要的原则和制度，因此宪法是立法机关进行立法活动的法律基础，具有最高的法律效力等级，是其他法的立法依据或基础，其他法的内容或精神必须符合或不得违背宪法的规定或精神，否则无效。因此宪法也被称为"母法"。

2. 安全法律

安全法律是指全国人大及其常委会制定的安全方面法律规范性文件的统称。其法律地位和法律效力低于宪法，但高于行政法规、地方性法规、部门规章、地方政府规章等下位法。法律是行政法规、地方性法规和行政规章的立法依据或基础，行政法规、地方性法规和行政规章不得违反法律，否则无效。

化学化工实验安全管理应遵守的部分法律如下：

（1）中华人民共和国劳动合同法（2012 年）

（2）中华人民共和国特种设备安全法（2013 年）

（3）中华人民共和国环境保护法（2014 年）

（4）中华人民共和国水污染防治法（2017 年）

（5）中华人民共和国宪法（2018 年）

（6）中华人民共和国土壤污染防治法（2018 年）

（7）中华人民共和国职业病防治法（2018 年）

（8）中华人民共和国劳动法（2018 年）

（9）中华人民共和国大气污染防治法（2018 年）

（10）中华人民共和国城乡规划法（2019 年）

（11）中华人民共和国固体废物污染环境防治法（2020 年）

（12）中华人民共和国民法典（2020 年）

（13）中华人民共和国刑法（2020 年）

（14）中华人民共和国刑法修正案（2021 年）

（15）中华人民共和国行政处罚法（2021 年）

（16）中华人民共和国安全生产法（2021 年）

（17）中华人民共和国消防法（2021 年）

（18）中华人民共和国工会法（2021 年）

（19）中华人民共和国噪声污染防治法（2021 年）

（20）中华人民共和国海洋环境保护法（2023 年）

（21）中华人民共和国突发事件应对法（2024 年）

## 3. 安全生产法规

安全生产法规分为行政法规和地方性法规。行政法规、地方性法规均是对安全法律的必要补充或具体化。

行政法规，是专指最高国家行政机关，即国务院制定的规范性文件。行政法规的名称通常为条例、办法、规定、实施细则、决定等，如《危险化学品安全管理条例》《易制毒化学品管理条例》等。行政法规的法律地位和法律效力低于有关法律，但高于地方性法规、地方政府规章等。

地方性法规，是指省、自治区、直辖市及计划单列市、设区的市、自治州的人民代表大会及其常务委员会，为执行和实施宪法、安全法律、法规，根据本行政区域的具体情况和实际需要，在法定权限内制定、发布的、施行于本行政区域的规范性文件。通常以"条例""办法"等形式出现。如《北京市安全生产条例》《天津市安全生产条例》等。地方性法规的法律效力和法律地位低于有关的法律、行政法规，但高于地方政府规章。

化学化工实验安全管理应遵守的部分行政法规如下：

（1）使用有毒物品作业场所劳动保护条例（2002 年）

（2）劳动保障监察条例（2004 年）

（3）生产安全事故报告和调查处理条例（2007 年）

（4）中华人民共和国劳动合同法实施条例（2008 年）

（5）特种设备安全监察条例（2009 年）

（6）工伤保险条例（2010 年）

（7）放射性废物安全管理条例（2011 年）

（8）中华人民共和国监控化学品管理条例（2011 年）

（9）女职工劳动保护特别规定（2012 年）

（10）危险化学品安全管理条例（2013 年）

（11）民用爆炸物品安全管理条例（2014 年）

（12）企业事业单位内部治安保卫条例（2014 年）

（13）建设项目环境保护管理条例（2017 年）

（14）易制毒化学品管理条例（2018 年）

（15）生产安全事故应急条例（2019 年）

（16）放射性同位素与射线装置安全和防护条例（2019 年）

（17）放射性药品管理办法（2022 年）

（18）中华人民共和国道路运输条例（2023 年）

4. 行政规章

行政规章是有关行政机关依法制定的事关行政管理的规范性文件的总称，分为部门规章和政府规章两种。

部门规章，是国务院所属部委根据法律、行政法规的规定和国务院的授权制定发布的各种行政性的规范性文件，亦称部委规章。其法律效力和法律地位低于宪法、法律、行政法规，但高于地方政府规章。

政府规章，是有权制定地方性法规的地方人民政府根据法律、行政法规制定的规范性文件，亦称地方政府规章。政府规章除不得与宪法、法律、行政法规相抵触外，还不得与上级和同级地方性法规相抵触。

化学化工实验安全管理应遵守的部分行政规章如下：

（1）仓库防火安全管理规则（1990 年）

（2）高等学校实验室工作规程（1992 年）

（3）机关、团体、企业、事业单位消防安全管理规定（2002 年）

（4）剧毒化学品购买和公路运输许可证管理办法（2005 年）

（5）易制毒化学品购销和运输管理办法（2006 年）

（6）非药品类易制毒化学品生产、经营许可办法（2006 年）

（7）安全生产领域违法违纪行为政纪处分暂行规定（2006 年）

（8）安全生产行政复议规定（2007 年）

（9）安全生产事故隐患排查治理暂行规定（2008 年）

（10）生产安全事故信息报告和处置办法（2009 年）

（11）高等学校消防安全管理规定（2010 年）

（12）药品类易制毒化学品管理办法（2010 年）

（13）学生伤害事故处理办法（2010 年）

（14）工伤认定办法（2011 年）

（15）放射性同位素与射线装置安全和防护管理办法（2011 年）

（16）互联网危险物品信息发布管理规定（2011 年）

（17）特种设备作业人员监督管理办法（2011 年）

（18）危险化学品登记管理办法（2012 年）

（19）消防监督检查规定（2012 年）

（20）火灾事故调查规定（2012 年）

（21）注册安全工程师管理规定（2013 年）

（22）防雷减灾管理办法（2013 年）

（23）化学品物理危险性鉴定与分类管理办法（2013 年）

（24）工伤职工劳动能力鉴定管理办法（2014 年）

（25）危险化学品建设项目安全监督管理办法（2015 年）

（26）易制毒化学品进出口管理规定（2015 年）

（27）特种作业人员安全技术培训考核管理规定（2015 年）

（28）生产经营单位安全培训规定（2015 年）

（29）安全生产培训管理办法（2015 年）

（30）安全生产违法行为行政处罚办法（2015 年）

（31）生产安全事故罚款处罚规定（试行）（2024 年）

（32）工贸企业有限空间作业安全管理与监督暂行规定（2015 年）

（33）易制爆危险化学品治安管理办法（2019 年）

（34）安全生产检测检验机构管理规定（2019 年）

（35）生产安全事故应急预案管理办法（2019 年）

（36）各类监控化学品名录（2020 年）

（37）特种设备事故报告和调查处理规定（2022 年）

（38）特种设备现场安全监督检查规则（2022 年）

（39）高等学校实验室安全规范（2023 年）

（40）危险化学品目录（2023 年）

5. 安全生产标准

根据《中华人民共和国安全生产法》第十一条规定，国务院有关部门应当按照保障安全生产的要求，科学、合理地制定有关安全生产条件的国家标准或行业标准，包括生产作业场所的安全标准，生产作业、施工的工艺安全标准，安全设备设施、器材和安全防护用品的产品标准等。安全生产标准分为国家标准、行业标准、地方标准和团体标准、企业标准。

化学化工实验安全管理应遵守的部分安全标准如下：

（1）GA 1002—2012 剧毒化学品、放射源存放场所治安防范要求

（2）GA 1511—2018 易制爆危险化学品储存场所治安防范要求

（3）GB 11984—2008 氯气安全规程

（4）GB 12158—2006 防止静电事故通用导则

（5）GB 12268—2012 危险货物品名表

（6）GB 13495.1—2015 消防安全标志 第1部分：标志

（7）GB 13690—2009 化学品分类和危险性公示 通则

（8）GB 14500—2002 放射性废物管理规定

（9）GB 15258—2009 化学品安全标签编写规定

（10）GB 15346—2012 化学试剂 包装及标志

（11）GB 15603—2022 危险化学品仓库储存通则

（12）GB 15630—1995 消防安全标志设置要求

（13）GB 17914—2013 易燃易爆性商品储存养护技术条件

（14）GB 17915—2013 腐蚀性商品储存养护技术条件

（15）GB 17916—2013 毒害性商品储存养护技术条件

（16）GB 17945—2024 消防应急照明和疏散指示系统

（17）GB 18218—2018 危险化学品重大危险源辨识

（18）GB 18597—2023 危险废物储存污染控制标准

（19）GB 190—2009 危险货物包装标志

（20）GB 26851—2011 火灾声和/或光警报器

（21）GB 2893—2008 安全色

（22）GB 2894—2008 安全标志及其使用导则

（23）GB 30000.1—2013～GB 30000.29—2013 化学品分类和标签规范

（24）GB 39800.1—2020 个体防护装备配备规范 第1部分：总则

（25）GB 39800.2—2020 个体防护装备配备规范 第2部分：石油、化工、天然气

（26）GB 4053—2009 固定式钢梯及平台安全要求

（27）GB 4351—2023 手提式灭火器

（28）GB 4717—2024 火灾报警控制器

（29）GB 4962—2008 氢气使用安全技术规程

（30）GB 50016—2014 建筑设计防火规范（2018年版）

（31）GB 50034—2024 建筑照明设计标准

（32）GB 50084—2017 自动喷水灭火系统设计规范

（33）GB 50140—2005 建筑灭火器配置设计规范

（34）GB 50166—2019 火灾自动报警系统施工及验收标准

（35）GB 50261—2017 自动喷水灭火系统施工及验收规范

（36）GB 50311—2016 综合布线系统工程设计规范

（37）GB 50444—2008 建筑灭火器配置验收及检查规范

（38）GB 5085.7—2019 危险废物鉴别标准 通则

（39）GB 55036—2022 消防设施通用规范

（40）GB 55037—2022 建筑防火通用规范

（41）GB 5842—2023 液化石油气钢瓶

（42）GB 6944—2012 危险货物分类和品名编号

（43）GB 7512—2023 液化石油气瓶阀

（44）GB 8109—2005 推车式灭火器

（45）GB/T 13076—2009 溶解乙炔气瓶定期检验与评定

（46）GB/T 13591—2009 溶解乙炔充装规定

（47）GB/T 13861—2022 生产过程危险和有害因素分类与代码

（48）GB/T 14193—2009 液化气体气瓶充装规定

（49）GB/T 14194—2017 压缩气体气瓶充装规定

（50）GB/T 15383—2011 气瓶阀出气口连接型式和尺寸

（51）GB/T 16163—2012 瓶装气体分类

（52）GB/T 16483—2008 化学品安全技术说明书 内容和项目顺序

（53）GB/T 16804—2011 气瓶警示标签

（54）GB/T 22234—2008 基于 GHS 的化学品标签规范

（55）GB/T 2477—2009 化学品理化及其危险性检测实验室安全要求

（56）GB/T 24774—2009 化学品分类和危险性象形图标识 通则

（57）GB/T 27427—2022 实验室仪器设备管理指南

（58）GB/T 29639—2020 生产经营单位生产安全事故应急预案编制导则

（59）GB/T 30000.31—2023 化学品分类和标签规范 第 31 部分：化学品作业场所警示性标志

（60）GB/T 31190—2014 实验室废弃化学品收集技术规范

（61）GB/T 31857—2015 废弃固体化学品分类规范

（62）GB/T 34525—2017 气瓶搬运、装卸、储存和使用安全规定

（63）GB/T 34526—2017 混合气体气瓶充装规定

（64）GB/T 36381—2018 废弃液体化学品分类规范

（65）GB/T 38144.1—2019 眼面部防护 应急喷淋和洗眼设备 第 1 部分：技术要求

（66）GB/T 38144.2—2019 眼面部防护 应急喷淋和洗眼设备 第 2 部分：使用指南

（67）GB/T 7144—2016 气瓶颜色标志

（68）HJ 2025—2012 危险废物收集、储存运输技术规范

（69）JGJ 91—2019 科研建筑设计规范

（70）JY/T 0616—2023 高等学校实验室消防安全管理规范

（71）TSG 11—2020 锅炉安全技术规程（2024 年修订）

（72）TSG 23—2021 气瓶安全技术规程（2024 年修订）

（73）TSG 51—2023 起重机械安全技术规程（2024 年修订）

（74）TSG Z6001—2019 特种设备作业人员考核规则

（75）XF 480—2023 消防安全标志牌

## 6. 规范性文件

规范性文件是指除国务院的行政法规、决定、命令以及部门规章和地方政府规章外，由行政机关或者法律、法规授权的具有管理公共事务职能的组织依照法定权限、程序制定并公开发布的，在本行政区域或其管理范围内具有普遍约束力，在一定期限内反复适用的文件，名称一般为办法、规定、决定、意见、通知、通告、公告等，但不得使用"法""条例"。

鉴于我国安全生产仍处于事故的高发、易发期，安全生产的法律法规标准体系尚需要进一步完善，因此现阶段国家有关部门和地方政府相当部分的安全生产要求，特别是吸取近期事故教训的要求，政府有关部门，特别是负有安全生产监管职责部门，如应急管理部、教育部的事故通报、有关要求，大多以规范性文件的形式提出，基于刚刚发生事故的问题导向，是对有关事故的整改措施的要求。相对于法律法规、标准规范而言，规范性文件对事故的防范更有针对性。目前我国安全生产的许多要求是以规范性文件的形式提出，法人单位要认真对待政府部门有关文件中涉及实验室的安全内容，及时识别实验中未能识别的风险，查出隐患。

化学化工实验安全管理应遵守的部分规范性文件如下：

（1）教育部关于印发《高等学校仪器设备管理办法》的通知（教高〔2000〕9 号）

（2）教育部 国家环保总局《关于加强高等学校实验室排污管理的通知》（教技〔2005〕3 号）

（3）国务院安委会办公室《关于进一步加强危险化学品安全生产工作的指导意见》的通知（安委办〔2008〕26 号）

（4）国家安全监管总局《关于公布首批重点监管的危险化工工艺目录的通知》（安监总管三〔2009〕116 号）

（5）国家安全监管总局《关于公布首批重点监管的危险化学品名录的通知》（安监总管三〔2011〕95 号）

（6）国家安全监管总局办公厅关于印发《首批重点监管的危险化学品安全措施和应急处置原则》的通知（安监总厅管三〔2011〕142 号）

（7）教育部办公厅关于《进一步加强高等学校实验室危险化学品安全管理工作》的通知（教技厅〔2013〕1 号）

（8）国家安全监管总局《关于公布第二批重点监管危险化学品名录的通知》（安监总管三〔2013〕12 号）

（9）国家安全监管总局《关于公布第二批重点监管危险化工工艺目录和调整首批重点监管危险化工工艺中部分典型工艺的通知》（安监总管三〔2013〕3 号）

（10）中共中央 国务院《关于推进安全生产领域改革发展的意见》（2016 年 12 月 18 日）

（11）国家安全监管总局办公厅关于印发《生产安全事故统计管理办法》的通知（安监总厅统计〔2016〕80 号）

（12）国家邮政局 公安部 国家安全部关于发布《禁止寄递物品管理规定》的通告（国邮发〔2016〕107 号）

（13）国家安全监管总局《关于加强精细化工反应安全风险评估工作的指导意见》（安监总管三〔2017〕1号）

（14）教育部办公厅《关于加强高校教学实验室安全工作》的通知（教高厅〔2017〕2号）

（15）教育部办公厅关于印发《普通高等学校消防安全工作指南》的通知（教发厅函〔2017〕5号）

（16）国务院安委会关于印发《安全生产约谈实施办法（试行）》的通知（安委〔2018〕2号）

（17）国务院安委会关于印发《危险化学品安全专项整治三年行动方案》的通知

（18）教育部办公厅关于《立即开展实验室安全检查》的紧急通知（教发厅函〔2018〕216号）

（19）教育部办公厅关于《进一步加强高校教学实验室安全检查工作》的通知（教高厅〔2019〕1号）

（20）教育部关于《加强高校实验室安全工作》的意见（教技函〔2019〕36号）

（21）应急管理部关于印发《生产经营单位从业人员安全生产举报处理规定》的通知（应急〔2020〕69号）

（22）中共中央办公厅 国务院办公厅《关于全面加强危险化学品安全生产工作的意见》（2020年2月26日）

（23）教育部办公厅关于印发《教育系统安全专项整治三年行动实施方案》的通知（教发厅函〔2020〕23号）

（24）教育部办公厅《关于开展加强高校实验室安全专项行动的通知》（教科信厅〔2021〕38号）

（25）住房和城乡建设部 公安部 交通运输部 商务部 应急管理部 市场监管总局《关于加强瓶装液化石油气安全管理的指导意见》（建城〔2021〕23号）

（26）应急管理部关于印发《"十四五"危险化学品安全生产规划方案》的通知（应急〔2022〕22号）

（27）应急管理部《关于加强互联网销售危险化学品安全管理的通知》（应急〔2022〕119号）

（28）教育部关于印发《教育部直属高校实验室安全事故追责问责办法（试行）》的通知（教科信〔2022〕4号）

（29）教育部关于印发《高等学校实验室安全分级分类管理办法（试行）》的通知（教科信〔2024〕4号）

（30）国务院办公厅关于印发《突发事件应急预案管理办法》的通知（国办发〔2024〕5号）

7. 国际公约与协定

国际公约与协定是指我国签署并实施的直接与化学品管控相关的若干重要国际文书，是我国在控制化学品对人类健康和环境造成危害的人类共同行动中，对国际社会做出的庄严承诺。它们与我国颁布的法律法规、部门规章、标准规范及规范性文件，一起构成了实验安全管理的法律法规及其他要求的基本框架，实验安全管理同样依据公约与协定中的约束性条款，遵照执行。

化学化工实验安全管理应遵守的部分国际公约与协定如下：

（1）21 世纪议程

（2）可持续发展问题世界首脑会议实施计划

（3）维也纳公约

（4）蒙特利尔议定书

（5）巴塞尔公约

（6）鹿特丹公约

（7）斯德哥尔摩公约

（8）关于汞的水俣公约

（9）作业场所安全使用化学品公约

（10）国际化学品管理战略方针

（11）全球化学品统一分类和标签制度

（12）关于危险货物运输的建议书——规章范本

## 二、安全法律法规及其他要求的识别

法人单位应及时识别与安全管理相关的法律法规及其他要求，确保具备法律法规及其他要求规定的规范条件。为及时确定适用的安全法律法规及其他要求，法人单位需要建立定期识别、获取这些法律法规及其他要求的渠道，并定期评审是否满足安全法律法规及其他要求的要求。法人单位可以通过政府网站、上级单位部门、行业协会、网络、图书馆、书店、专业性报刊、咨询机构等渠道，对适用的安全法律法规及其他要求进行获取和及时跟踪。

当法律法规及其他要求更新或增加时，法人单位应及时进行识别、补充相关内容，将相关要求及时识别，并转换为规章制度、操作规程、应急处置等相关文件。获取、识别的法律法规和其他要求必须是有效的和最新版本。

法人单位应编制培训计划，利用广播、电视、网络、微信公众号、微博、宣传栏等现有手段和工具，多渠道开展安全法律法规及其他要求的培训，还可以通过组织知识竞赛、制作公益广告、开展岗位问答、现场演练等活动开展。

法人单位各相关部门应严格遵守相关安全法律法规及其他要求的规定，通过日常管理、专业检查、联合检查等活动，检查本部门适用法律法规的执行情况，法人单位应对执行情况进行监督、检查，及时纠正，并收集、保存相关的资料、文件和记录。法人单位应定期组织对法律法规及其他要求的遵守情况进行合规性评价，并编制符合性评审报告。对法律法规及其他要求的审查、评审过程中提出的不符合项，由相关部门组织整改闭环，相关主管部门对不符合整改情况的进行跟踪验证。

## 三、安全实验规章制度的制定

安全实验规章制度，是以法人单位名义颁布的有关安全实验的规范性文件，是根据识别的适用法律法规及其他要求，结合实验过程管理的实际情况，制定具有可操作性的、保障安全实验的管理制度。安全实验规章制度是以全员安全生产责任制为核心制定的，指引和约束实验人员在安全实验方面行为的制度，是安全实验的行为准则。其作用是明确各岗位安全职责，规范安全实验行为，建立和维护安全实验秩序。安全实验规章制度的建立与健全是安全实验管理的重要内容，是保证实验安全操作、顺利进行的重要手段。法人单位每年应定期审核现有安全实验规章制度的符合性、有效性，适时更新，并保存记录。

法人单位应当建立安全实验规章制度，安全实验规章制度无须与列举的名称一一对应，只要制度文本中有相关内容即可。安全实验规章制度包括但不限于以下内容：

（1）安全实验管理目标、指标和总体原则：应明确法人单位安全实验的具体目标、指标，安全实验的管理原则、责任，安全实验管理的体制、机制、组织机构，安全实验风险防范和控制的主要措施，日常安全实验监督管理的重点工作等内容。

（2）全员安全生产责任制：应明确法人单位各级领导、各职能部门、管理人员及各实验岗位的安全实验责任、权利和义务等内容。全员安全生产责任制是安全实验规章制度建立的基础，它的核心是清晰安全管理的责任界面。

（3）安全实验操作规程：是指在实验过程中，为消除导致人身伤亡或者造成设备、财产破坏以及危害环境而制定的实验过程、仪器设备操作具体技术要求和实施程序，安全操作注意事项。

（4）安全实验教育培训制度：规定组织安全教育和培训的实施部门及职责分工，法人单位各级管理人员安全管理知识培训、新员工三级安全教育培训、转岗培训，新材料、新工艺、新设备的使用培训，特种作业人员培训，岗位安全操作规程培训，应急培训等；明确各项培训的对象、内容、时间及考核标准等。

（5）安全风险分级管控和隐患排查治理双重预防工作制度：应辨识实验过程存在风险类别等级、可能发生事故的严重程度，根据法人单位组织结构，明确各级管理人员、各级组织应管控的安全风险；隐患排查的范围，排查的仪器设备、场所的名称，排查周期、排查人员、排查标准；发现隐患的处置程序、跟踪管理等。

（6）劳动防护用品配备和管理制度：应明确规定组织实施的部门及职责分工，劳动防护用品选择、种类、采购、发放、使用、维护、更换、报废及台账记录等要求。

（7）安全生产奖励和惩罚：规定组织实施的部门及职责分工，考核方法、内容及奖惩档案等要求。

（8）应急管理制度：应明确应急管理部门，应急预案的制定、发布、演练、修订和培训等；还应考虑周边企业、单位发生泄漏、爆炸事故后，可能给实验场所带来的安全风险。

（9）安全事故调查报告处理制度：规定实验事故的报告程序、现场应急处置、现场保护、资料收集、相关当事人调查、技术分析、调查处理流程、报告编制等内容和流程。

（10）特种作业及特殊危险作业管理制度：应明确实验操作过程特种作业的岗位、人员，特种作业及特殊危险作业安全措施要求等。

（11）危险化学品管理制度：应明确危险化学品管理的责任部门及职责分工，对危险化学品进行全生命周期管理。

（12）消防设施和器材管理：规定责任部门及职责分工，消防设施和器材配备、日常维护保养及档案等要求。

（13）职业卫生管理制度：应明确责任部门及职责分工，职业病危害告知、申报、职业病危害因素检测与评价，职业病防护设施维修和个人使用的职业病防护用品发放和佩戴、使用，职业健康监护及档案等要求。

（14）仪器设备安全管理制度：应明确责任部门及职责分工，仪器设备验收、定期检验检测、维护保养、报废及台账档案等要求。

（15）实验环境管理制度：应明确实验、作业场所的通道、照明、通风等管理标准，人员疏散方向，安全标志的种类、名称、数量、地点和位置；安全标志的定期检查、维护等。

（16）相关方(供应商和承包商)安全管理制度：规定责任部门及职责分工，准入条件、监督指导、评价考核等要求。

## 四、安全实验规章制度的执行

（1）安全实验规章制度的制定要严谨。在制定制度前，首先要做深入的调查研究，充分考虑制度的执行效果和实际的可操作性，以有效促进管理为出发点；其次是发动实验管理、操作人员积极参与制度制定，以提高制度的可执行性。

（2）建立制度评价机制。定期对制度的科学性、可行性与完善性进行评价，广泛征求各岗位员工的意见与建议。让安全实验规章制度在全体实验员工的共同参与下更完善，更符合实际工作的需求。

（3）动态收集最新的国家、行业和地方法律法规和其他要求，及时修改完善规章制度。要及时对制度进行梳理，及时完善相关条款，使之更加适应实验安全管理的需要。

（4）对违反安全实验规章制度的员工，必须按照制度的要求进行严格处理，要让违规者明白违规成本远大于违规所获收益。同时为保证处罚的及时性，还要建立处罚的快速反应处理机制，违反制度规定，就要及时给予相应的处分。

（5）法人单位各级领导要做制度执行的典范。法人单位制定的各种安全管理制度大多是靠基层实验操作人员去执行，各级领导既是指挥员又是战斗员，要身先士卒，带领员工践行每一项安全管理制度，杜绝事故的发生。

# 第二章　全员安全生产责任制

　　法人单位的安全工作不单单是安全管理部门、安全管理人员的责任，法人单位的每一个部门、每一个研究室、每一个岗位、每一名员工都不同程度地直接或者间接地影响安全实验，法人单位要把全体员工积极性和创造性调动起来，形成人人关心安全实验、人人提升安全素质、人人做好安全实验的局面，提升整体安全实验水平，形成全面遏制实验安全事故的良好局面。

　　安全实验人人有责、各负其责，是保证法人单位的实验过程安全进行的重要基础。法人单位应当建立纵向到底、横向到边的全员安全生产责任制，以保证安全实验工作人人有责、各负其责。在全员安全生产责任制中，法人单位主要负责人应对本单位的安全实验工作全面负责，其他各级管理人员、职能部门、实验技术人员和实验操作岗位人员，应当根据各自的工作任务、岗位特点，确定其在安全实验方面应做的工作和应负的责任，并与奖惩制度挂钩。

## 第一节　安全领导力

　　安全领导力是法人单位推动安全实验工作的主要动力源，是实现安全实验的重要保障，没有"管理者的安全领导力"，就没有"全员的安全执行力"。安全领导力主要指法人单位主要领导应具备安全实验理论素养，设定安全实验目标愿景，推进实验安全文化建设，践行实验安全职责，提供人力资源，建立一支懂安全的专业技术管理团队。各级领导要带头深入基层实验室、重视危险源管理、开展风险识别管控和隐患排查治理、实验安全事故（件）管理，强化安全管理考核，不断提高安全引领力。

### 一、安全领导力的作用

　　安全领导力的核心，是主要安全领导者带领所属团队实现安全实验的引领力。安全领导力有很强的示范效应。法人单位主要负责人是本单位的主要决策者和决定者，须切实承担发挥安全领导力作用；通过展现其安全领导力，能带动中层领导重视、提升其安全领导力；中层领导通过展现其安全领导力，能带动基层领导；基层领导（项目组长、课题组长）通过展现其安全领导力，能带动实验人员增强安全意识、主动遵章守纪，安全地完成各项实验操作，从而提升法人单位的整体安全水平。

## 二、安全领导力建设重点内容

法人单位各级领导是本级安全实验工作的第一责任人，应贯彻落实"安全第一、预防为主、综合治理"的安全生产方针和"以人为本、安全第一"的安全理念。法人单位主要负责人应建立实验安全管理体系，对实验过程安全管理体系的正常运行负责，为实验过程安全管理体系的有效运行提供充足的人力、物力、财力和信息等资源保障；选择懂安全、懂工艺、懂设备、懂管理的复合型人才担任实验安全管理部门负责人，建立一支懂安全的专业技术管理团队。

法人单位主要负责人应建立和落实全员安全生产责任制。全员安全生产责任制是法人单位安全管理工作的灵魂和核心，是实现安全实验的根基。实验安全工作不单单是安全管理部门、安全管理人员的责任，法人单位的每一个部门、每一个研究室、每一个岗位、每一名员工都不同程度地直接或者间接地影响安全实验。所以建立的全员安全生产责任制应覆盖法人单位的所有组织部门和各岗位，建立"层层负责、人人有责、各负其责"的实验安全责任体系，确保每名员工都能清楚认识到自己在实验安全中所肩负的安全责任。

法人单位主要负责人组织制定安全实验规章制度和操作规程，并保证其有效实施。法人单位的安全实验规章制度和操作规程是根据实验范围、危害程度、实验性质及具体实验内容，依照国家有关法律法规及其他要求，制定的具有可操作性的、保障安全实验的工作管理制度和操作规程。

法人单位主要负责人建立包括以安全实验的愿景目标、安全实验发展战略、安全实验使命精神等为内容的安全实验核心价值观，建设敬畏生命、敬畏规章、敬畏职责的实验安全文化。

法人单位主要负责人应以问题为导向，定期召开安全实验工作会议，研究和审查有关安全实验工作的重大事项，研究解决实验安全管理中存在的主要问题，推进安全实验工作开展。

法人单位主要负责人应组织建立并落实安全风险分级管控和隐患排查治理双重预防工作机制。安全风险分级管控和隐患排查治理双重预防工作机制，是贯彻落实坚持源头防范的重要预防措施，做到防患于未然，牢牢把握安全实验工作的主动权。法人单位的主要负责人和各分管负责人应定期组织并参加相关专业性安全风险分级管控和隐患排查治理工作；各课题（班）组负责人积极参与本课题（班）组的安全风险分级管控和隐患排查治理工作。

法人单位主要负责人是安全实验的第一责任人，其他负责人按照"管业务必须管安全、管实验运行必须管安全"的要求，负责将安全管理要求融入分管业务中、融入相关制度中，将安全实验管理和专业管理深度融合，促进实验安全管理体系有效运行。

法人单位各级负责人应具备基本的安全实验素养，包括法律意识、风险意识、风险辨识能力、安全管理知识和技能。应不断提升自身安全意识，用自己的实际行动引导建设高标准实验室全员安全意识。

法人单位主要负责人应定期检查，推动全员履行安全职责，组织评估所有岗位人员的安全履职能力和表现，及时奖励安全绩效突出的员工，并对其进行优先任命和提拔。

### 三、提升安全领导力的途径

法人单位主要领导人要认真贯彻落实国家安全生产方针，要始终坚守"安全第一"的底线，牢固树立"不安全、不实验"的理念；坚决遏制安全实验工作"说起来重要、干起来次要、忙起来不要"的现象；建立一套可执行、可操作的安全管理机制来保证任何情况下都能做到"安全第一"。

法人单位主要领导要明白只有加大投入保障，才能做好实验安全工作。一是做好资金保障，建设实验室的一次性投入是比较大的，投产后的日常维护运行费用也不低，如何在安全实验的前提下最大限度地节约成本确实是对法人单位负责人的巨大考验；二是做好组织保障，建立有效的安全实验管理组织保障体系是做好安全实验工作的必要条件；三是做好人力资源保障，安全实验的根本问题是人的问题，建立高素质的员工队伍是做好安全实验工作的基础。

法人单位各级领导要坚定"一切事故都是可以避免的"信念，要有做好实验安全工作的信心和决心，但同时也要清醒认识到，影响安全实验的因素多而且十分复杂，特别是涉及实验人员的安全意识和正确操作问题，能做到有效控制确实不容易；而且安全事故的发生发展有其周期性，不可能在较短的时间内，一蹴而就解决安全实验的所有问题，必须要通过"反复抓、抓反复"方式，持续做好安全事故的防范工作。

法人单位各级领导要按照"党政同责、一岗双责""谁主管、谁负责""管业务必须管安全""谁的属地谁负责"的原则，做到守土有责、守土尽责。要深刻认识到抓好安全实验工作是分内应尽的义务，认真履行安全生产责任制，加强对安全工作的组织领导。

法人单位各级领导对于实验过程中发生的各类事故（包括未遂事故）要高度重视，认真组织相关部门进行事故调查分析，查明事故直接原因后，还要认真分析发生事故的管理原因，举一反三、坚决杜绝同类事故再次发生。

"上级领导在安全实验方面的最低行为，就是对下一级领导安全实验的最高要求"，这就是安全实验工作层层衰减的内在原因。安全领导力体现在安全实验工作中的执行力和穿透力，法人单位各级领导层，特别是主要领导在安全实验工作方面的一言一行、一举一动都潜移默化地影响全体员工安全实验工作的理念和行为。

## 第二节　法人单位安全责任体系

法人单位应建立实验过程安全管理责任体系，对法人单位实验过程的总体安全管理，负责制定实验安全工作方针、政策，整体统筹安排法人单位的安全工作，把实验安全工作纳入法人单位总体发展规划，树牢安全发展理念，强化安全实验底线思维和红线意识。

法人单位应成立安全管理委员会，委员会主任由法人单位主要负责人担任，副主任由法人单位其他负责人担任，成员为各职能部门、各研究室主要负责人等。定期召开安全管理委员会会议，讨论实验安全重大事项。

法人单位安全管理工作按照"党政同责、一岗双责、齐抓共管、失职追责"和"管实验业务必须管安全"的"三必须"原则，进一步落实各单位党政领导干部安全责任。法人单位的党政主要负责人是实验安全工作的第一责任人；分管实验安全工作的负责人是重要领导责任人，协助第一责任人负责法人单位的安全工作；法人单位其他各级负责人在其分管领域、工作范围内对安全工作负责。

法人单位应建立健全实验安全风险识别与隐患排查体系，各职能部门和研究室开展安全风险辨识评估，形成安全风险清单，落实安全风险防控措施；开展隐患治理工作，把隐患排查治理挺在事故前面，切实做好隐患治理工作，努力做到防患于未然，是预防实验安全事故发生的关键。

法人单位的主要负责人对本单位安全实验工作应履行下列职责：

（1）建立健全并落实本单位全员安全生产责任制。

（2）组织制定并实施本单位安全实验规章制度和操作规程。

（3）组织制定并实施本单位安全实验教育和培训计划。

（4）保证本单位安全实验投入的有效实施。

（5）组织建立并落实安全风险分级管控和隐患排查治理双重预防工作机制。

（6）组织制定并实施本单位的实验安全事故应急救援预案。

（7）及时、如实报告实验安全事故。

法人单位应设置主管实验安全的职能部门，配备业务能力强、素质高的安全管理人员，主要履行下列职责：

（1）组织或者参与拟订本单位安全实验规章制度、操作规程和实验安全事故应急救援预案。

（2）组织或参与本单位安全实验教育和培训，如实记录安全实验教育和培训情况。

（3）组织开展危险源辨识和评估，督促落实本单位重大危险源的安全管理措施。

（4）组织或参与本单位应急救援演练。

（5）检查本单位的安全实验状况，及时排查实验安全事故隐患，提出改进安全实验管理的建议。

（6）制止和纠正违章指挥及强令冒险作业和违反操作规程等的行为。

（7）督促落实本单位安全实验整改措施。

法人单位应建立一支熟悉实验工作和安全要求的安全监督队伍，对开展的各项实验工作进行监督。要赋予安全监督人员所需权力，履行评估和报告实验活动风险、制定和实施安全保障及应急措施、阻止不安全行为或活动的职责。法人单位的其他相关职能部门按照"管业务、管安全"的原则，负责其分管领域的安全工作。各职能部门、研究室和课题（项目）组配备足额的专（兼）职安全管理人员。

法人单位主要负责人应与各职能部门、研究室单位等二级单位主要负责人签订实验安全管理责任书，将实验安全目标指标、安全任务分解落实到各部门、各单位，明确其实验安全管理责任、权利和义务。

## 第三节　二级单位安全责任体系

法人单位所属各二级单位党政负责人是本单位安全实验工作主要责任人，应明确分管实验安全的班子成员和各课题班（组）安全管理人员，成立实验安全工作领导小组，由二级单位党政负责人作为负责人，成员包括分管实验的领导班子成员、安全管理人员、各课题（班）组长、实验场所责任人等。

二级单位应设置专（兼）职安全管理人员，明确每间实验用房的安全责任人，协助分管实验安全领导做好相关工作。

建立二级单位安全责任体系，将实验安全责任分解落实到各课题班（组），二级单位主要负责人与课题（班）组长签订安全责任书。

二级单位应制定本单位的实验安全工作计划并组织实施，对本单位科研和实验项目安全状况的评价进行审核。

二级单位应组织开展实验风险分级管控和隐患排查治理工作；组织编制岗位安全操作规程，编制实验室现场应急处置方案并定期进行培训和实施演练。

二级单位应完善实验室的安全基础设施并定期检维修；建立实验场所物品管理台账（包括设备、试剂药品、剧毒化学品、气瓶钢瓶等），做好实验记录、化学药品使用记录、设备使用记录等。

组织开展二级单位级安全教育培训工作。

## 第四节　课题（班）组安全责任体系

课题（班）组长是本课题（班）组安全工作的第一责任人，应对所开展的实验操作过程组织、开展风险评估和隐患排查治理，编制操作规程并制定防范措施及现场处置方案。认真落实上级管理部门的实验安全工作要求和任务，并根据本课题（班）组的实际情况，严格落实实验安全准入、隐患整改、个人防护等日常安全管理工作，切实保障实验安全。课题（班）组应设立兼职安全员，负责本课题（班）组日常安全管理；每个实验用房设立 1 名安全责任人，每个实验用房门口张贴安全责任人信息，负责本房间的实验安全工作。课题（班）组长应与课题负责人、实验用房安全责任人签订安全责任书或承诺书，促进实验安全责任制的落实及履行各自的职责。

课题负责人和实验用房安全责任人应保持实验场所干净整洁，禁止存放与实验无关的物品，建立各类实验物品管理台账（包括实验仪器设备、危险化学品、剧毒化学品、易制爆危险化学品、易制毒化学品、气瓶钢瓶等），做好各类记录（仪器设备使用记录、危险化学品使用记录、实验记录等）。

## 第五节　全员参与

全员参与，就是通过安全实验教育，提高广大员工的自我保护意识和安全实验意识，员工有权对本单位安全实验工作提出建议；对本单位实验过程工作中存在的问题，有权提出批评、检举和控告，有权拒绝违章指挥和强令冒险作业。

法人单位应建立健全全员协商和参与机制，畅通双向沟通渠道，充分发挥工会、共青团、妇联组织的作用，利用信息门户网站、公示栏、微信、微博、通知文件、会议及班组学习，将实验安全信息、管理要求和风险管控等情况传达给各级员工，保障员工的安全知情权、建议权、监督权，鼓励员工监督举报各类安全隐患，对举报者予以奖励。

法人单位应通过全员参与的方式，持续完善安全实验规章制度和操作规程，采取针对性措施保证各类规章制度和操作规程的有效执行。

员工应积极参与安全实验工作，主动接受安全培训和技能培训，掌握本岗位工作所需要的安全知识、提高安全技能，增强事故预防和应急处置能力。开展风险分级管控和隐患排查治理工作，及时报告安全信息，参与管理制度的有效性检查，提出安全合理化建议等。工作期间，员工应当严格遵守安全实验规章、制度及岗位安全操作规程，正确佩戴和使用劳动防护用品。员工发现安全隐患后，应当立即向现场安全管理人员或法人单位负责人报告，接到报告的人应立即予以处理。

工会应通过职工大会、职工代表大会或者其他形式，组织员工群众参加单位安全实验工作的民主管理和民主监督，维护员工合法权益。法人单位在制定或者修改安全实验方面的规章制度时，应当听取工会的意见；员工可通过职代会、合理化建议等方式和渠道提交有关实验安全管理的意见和建议，各相关主管职能部门收到意见和建议后，应及时给予反馈。

# 第三章　安全信息管理

实验过程安全信息的收集、识别和充分应用是实验过程安全管理的重要基础性工作，是开展实验过程的危险源辨识、实验反应、仪器设备等风险识别的基础和依据，是编写实验操作规程、仪器设备操作手册及编制应急预案的重要基础资料。实验过程安全信息，主要包括危险化学品试剂危害信息、实验反应技术安全信息、实验仪器设备安全信息、同类实验事故及法人单位内部的事故事件信息、安全实验经验等五类。

## 第一节　实验过程安全信息的主要内容

全面收集、利用和管理实验过程安全信息，充分辨识实验过程存在的风险从而有效地防范实验安全事故。实验过程安全信息是记录和积累实验设计、实验操作、实验过程变更、仪器设备维护保养和实验方案改造及经验教训的重要载体。

在实验开始前，实验人员应完成实验过程安全信息的书面收集工作。

### 一、危险化学品试剂危害信息

危险化学品试剂危害信息，主要包括参与实验反应的各种原辅材料、催化剂、助剂、中间产物、最终产物和副产物、化学固废和液废等的危害信息。

（1）危险化学品试剂的物理化学特征参数，如沸点、密度、溶解度、闪点、爆炸极限、自燃点、pH值、熔点、相对密度（水＝1）、相对蒸气密度（空气＝1）、饱和蒸气压、燃烧热、溶解性、毒性等；允许暴露限值；火灾危险性类别。

（2）单一危险化学品试剂的反应物性或不同试剂相互接触以后的反应特性，如分解、聚合、氧化还原等反应特性及释放有毒有害气体等产物。

（3）腐蚀性数据，危险化学品试剂的腐蚀性及其对材质的相容性要求。

（4）热稳定性和化学稳定性，如受热是否分解，暴露于空气中或被撞击时是否稳定。

（5）发生危险化学品试剂泄漏的处置方法。

（6）危险化学品试剂活性危害、混储危险性数据，如与其他试剂混合时的不良后果，混合后是否发生反应，应该避免接触的条件等。

（7）实验过程产生的废液、废渣、废气的危害信息。

（8）与危险化学品危险性有关的其他信息。

化学品安全技术说明书（SDS）是获取危险化学品试剂危害信息的重要途径。化学品安全技术说明书可以提供有关健康、安全和环境保护方面的重要信息，并能够提供有关危险化学品试剂基础信息、危险特性、防护措施、泄漏处置和应急处置等方面的资料。化学品安全技术说明书可以从危险化学品试剂制造商或供应商处获得。

在实验方案设计时，应建立实验所使用危险化学品试剂之间的相互反应矩阵表，以便全面掌握该实验所用危险化学品试剂的活性危害、混储危险性及化学反应相容信息。

## 二、实验反应技术安全信息

1. 实验反应技术安全信息主要内容

实验反应技术安全信息，主要包括实验化学反应类型、实验化学反应原理、实验参数控制范围、异常工况处置、安全控制设施等。

（1）实验化学反应类型，实验反应的详细或简版工艺流程图；实验化学反应类型决定了实验过程的危险性。

（2）实验化学反应原理，实验化学反应方程式，是放热反应还是吸热反应，使用催化剂的类型、物化性质。

（3）实验原辅材料、催化剂、助剂、添加剂等物料的配比、加料速度、加料时间、升温速率、保温时间、反应条件、反应温度、反应压力等。

（4）实验反应的关键参数，如起始放热温度、比热容、反应热、绝热温升、达到最大反应速率时间、不归温度、最大放热速率、自加速分解温度、主反应失控能达到的最大反应速度、达到最大反应速率的时间、极限氧含量、爆炸压力、最小点火能等。

（5）实验反应过程的关键参数控制点。反应过程参数的控制范围（如温度、压力、流量、液位或组分的安全上、下限）。

（6）实验反应容器所能承载物料的最大反应量、最高压力及最高温度。

（7）实验反应参数偏离正常操作范围的异常情况后果评估，包括对操作人员的安全和健康影响。

2. 实验反应技术安全信息的获取方式

（1）实验的开题报告、实验设计方案等资料。

（2）实验装置设计单位获得详细的实验反应信息。

（3）实验操作手册。

（4）实验的风险分析评估报告。

3. 相关控制措施

应评估实验反应条件异常变化可能造成的火灾爆炸风险。为提升实验过程的本质安全，在实验过程中应设置必要的控制措施、报警和联锁等，如：

（1）掌握实验的反应温度、压力、流量、液位等工艺参数的正常范围。

（2）掌握实验反应参数偏离正常范围后可能导致的后果，设置必要的温度和压力等关键参数的报警、联锁或物料紧急切断措施。

（3）掌握加料错误、催化剂失效、搅拌失效、冷却失效、温度波动等实验情况下可能引发的后果。

（4）针对强放热的实验反应，应设置紧急冷却系统、反应抑制系统。

（5）实验物料平衡表、能量平衡表，采用流程模拟软件模拟实验反应工艺过程，物料与能量平衡的计算结果。

（6）对于有氧化性气体存在的实验过程，应设置惰性气体保护措施和氧含量监测措施。

> **警示案例**
>
> 事故经过：2001 年 11 月 2 日，广东省某大学实验人员在一个 30m² 的实验室中，进行某攻关实验时，一个高约 2m，直径 70~80cm 的玻璃容器突然发生爆炸，三名实验人员当场被炸伤，其中两名人员为重伤。爆炸还波及另外两个房间，造成约 60m² 的实验室被破坏。
>
> 事故原因：经广东省教育厅组织的事故鉴定专家组认定，事故发生是科学实验探索中的意外，是玻璃容器中环氧乙烷、丙烯酸等化学药剂在加温聚合时发生爆聚，导致了爆炸事故的发生。

## 三、实验仪器设备安全信息

1. **实验仪器设备安全信息主要内容**

（1）实验仪器设备的规格图或表，设备采购规格、设备出厂测试记录。

（2）实验仪器设备的材质、设计压力及工作压力、设计温度及工作温度等参数，压力容器出厂检验报告，仪器设备的使用操作规程、保养说明、检维修规程、维护检查报告。

（3）实验场所平面布置图、仪器设备平面布置图、安全设备设施、消防设施平面布置图。

（4）电气系统相关资料，电气设备的规格、参数、配置。

（5）专用设备商提供的专用设备安装调试要求、操作手册、维护保养说明书等。

（6）气瓶种类、气体管路设置资料。

（7）泄压、通风系统相关资料。

（8）主要安全设施台账(安全阀、安全防护用具、应急喷淋设施、洗眼器、可燃和有毒气体报警仪、防雷防静电接地等)，实验安全控制措施、控制设施、控制系统等。

2. **实验仪器设备安全信息的获取方式**

仪器设备供应商提供的仪器设备信息，包括仪器设备的操作手册、设计图纸、维修和操作指南、故障处理的相关信息。

特种设备检验报告、消防验收报告、安全验收报告、安全评价报告、设备检验检测报告等文件和资料中提供的相关信息。

## 四、同类实验事故、法人单位内部事故事件信息

同类实验的事故案例是最好的"导师",法人单位内部的事故事件是实验安全事故倾向性、苗头性问题的反映,是重要的预警信息。因此,法人单位一定要重视同类实验事故、法人单位内部事故事件的信息收集。

法人单位应安排专人收集同类单位,特别是同类实验发生的安全实验事故信息。不仅要收集事故发生的部位、伤亡情况和直接原因等事故的一般资料,更要了解事故的管理原因和暴露的深层次问题,结合本实验的自身实际,举一反三,深刻吸取同类实验事故教训,确保本单位不再发生类似事故。

当实验场所发生多起不太严重的事件,海因里希法则提示我们,这往往是严重事故要发生的前期预警,所以不能因为该事件没有造成死亡和重伤,就不认真对待,大事化小、小事化了。法人单位一定要认真分析统计,严肃对待,建立安全事件数据库并长期坚持,积极探索安全实验规律。

同类实验事故、法人单位内部事故事件信息收集途径分为:

(1)同类实验事故信息收集,可以从政府、高校、企事业及有关部门的官方网站、互联网上收集。

(2)法人单位内部事故事件信息收集,要鼓励实验人员上报实验过程中发生的每一起意外事故事件。

## 五、安全实验经验的收集与传承

安全实验经验的收集与传承,是法人单位做好安全实验的重要措施。一是建立"导师带徒"制度,新入职的员工或新进实验场所学生要安排一名有经验的"老"员工,对其进行"传、帮、带",在保障新入职员工或新进实验室学生安全实验的同时,加强安全实验操作经验的传授,加快新员工或新进学生成长;二是定期组织员工或学生进行安全实验经验的分享交流,鼓励所有员工或学生把安全实验的经验体会和个人安全实验的"绝招儿"贡献出来,发扬团队精神,共同提高;三是有经验员工退休或优秀学生毕业时,要制定有关政策,将他们的安全实验操作经验通过口头传述和文字记录等方式传承下去,发扬光大,使安全实验工作少走弯路。

# 第二节　安全实验信息的识别、使用与管理

获取安全实验信息的目的在于应用。获取的安全实验信息经过识别筛选后,适用于实验的信息必须尽快转化为法人单位的安全风险评估、规章制度、操作规程及应急处置卡的编写等工作。对于同类实验事故教训信息,必须通报给相关实验人员,组织相关人员进行学习,举一反三,避免同类事故再次发生。

安全实验信息的分类与归档,属于安全实验信息的技术文件须加唯一性标识,以便于识别。统一编制目录索引,并注明保存地点、责任人、最新的修订日期或版本号。目录索引和安全实验信息以电子文档或纸质文件进行存档,确保可能接触有害物质的实验人员(包

括承包商员工）都能便捷地获取安全实验信息。

法人单位要及时获取相关实验最新的相关信息，以防止错误使用过期或失效版本的文件。完整的安全实验信息档案至少保留一个冗余备份，并存放于安全地点。

法人单位要定期对安全实验信息的获取、识别和应用的效果进行评估，以便及时发现、纠正安全实验信息管理工作中存在的问题。建议至少每年对安全实验信息管理效果评估一次。发现重大问题和漏洞时，要及时组织评估。持续改进安全实验信息的管理工作。

# 第四章  安全教育和培训

化学化工实验是一个涉及专业多、知识面广、风险高、技术含量高的行业，使用新技术、新方法、新设备、新材料较多，安全信息更新快，因此持续的安全实验教育培训是安全实验管理工作的一个重要组成部分，是实现安全实验的一项重要基础性工作。加强实验从业人员的安全实验教育和培训，对防范化解安全实验风险，切实防止实验安全事故的发生，效果明显。实验从业人员作为实验过程安全管理的主体，加强对其安全教育和培训，有助于提高实验过程风险的辨识、控制、应急处置和自救能力，是提高实验人员安全意识和综合素质，防止产生不安全行为、减少人为失误的重要途径。

为贯彻落实《中华人民共和国安全生产法》的要求，原国家安全监管总局先后发布《生产经营单位安全培训规定》《特种作业人员安全技术培训考核管理规定》《安全生产培训管理办法》等文件；《教育部关于加强高校实验室安全工作的意见》明确要求：要把安全宣传教育作为日常安全检查的必查内容，对安全责任事故一律倒查安全教育培训责任；教育部2023年发布的《高等学校实验室安全规范》，要求学校每年开展面向全校教职工和学生的安全教育培训活动，并存档记录。

## 第一节  安全实验教育培训对象

对国内化学化工实验室1993—2023年177起实验事故发生的原因进行分析，涉及人的因素的事故有107起，占事故总起数60.5%。主要为违章作业、误操作、脱岗、泄愤心理等四类。其中因违章作业和误操作引发的事故最多，达87起，占人的因素类事故总起数的81.3%；实验活动最直接的承担者是实验从业人员，只有每个实验从业人员的具体实验活动安全了，整个法人单位的安全实验才能得到保障。对实验从业人员进行安全教育和培训，控制人的不安全行为，对减少实验安全事故极为重要。通过安全实验教育和培训，可以使广大实验从业人员，严格执行安全实验操作规程，认识实验过程的危险因素和掌握实验安全事故的发生规律，并正确运用科学技术加强治理和预防，及时发现和消除事故隐患，保证安全实验。

实验从业人员是指法人单位的全体人员，包括法人单位主要负责人、安全实验管理人员、特种作业人员、新招录的人员、转岗人员、实习人员和其他从业人员等。对实验从业人员进行安全培训是法人单位的法定义务，法人单位应建立健全安全培训制度，加强对从业人员的安全培训，提高从业人员的安全素质和技能，从而促进安全实验。

实验从业人员应当接受安全培训，熟悉有关安全实验规章制度和操作规程，具备必要的安全实验知识，掌握本实验的安全操作技能，了解事故应急处理措施，增强预防事故、控制职业危害和应急处理的能力，知悉自身在安全实验方面的权利和义务。

根据《劳动合同法》规定，被派遣劳动者不是与法人单位建立劳动关系的人员，但法人单位是实际用工单位，被派遣劳动者在日常工作中直接接受法人单位的劳动监督和管理，被派遣劳动者的安全素质和操作技能高低，直接影响法人单位的安全实验。所以使用被派遣劳动者的法人单位，应当将被派遣劳动者纳入本单位从业人员统一管理，对被派遣劳动者进行岗位安全操作规程和安全操作技能的教育和培训。劳务派遣单位作为被派遣劳动者的管理单位，应当组织本单位的人员对被派遣劳动者进行必要的安全实验教育和培训。

法人单位必须对新招录的人员、转岗人员、实验人员、被派遣劳动者等进行强制性安全培训，保证其具备本岗位安全操作、自救互救以及应急处置所需的知识和技能，经考核合格后，方能安排上岗进行实验操作。

法人单位应对相关方作业人员（短期临时作业人员、学习参观人员及其他外来人员）进行安全教育培训。

## 第二节　岗位安全能力要求

法人单位应对各岗位人员需具备的安全能力进行评估识别，并对之进行相应的安全培训。确保员工在从事任何实验工作之前，接受与该工作相适应的安全培训。法人单位负责人、有关职能部门、安全管理人员要具备相应的实验安全管理专业知识和能力。进入实验室的人员必须先进行安全技能和操作规范培训，掌握实验安全设备设施、防护用品的使用维护方法，未通过考核的人员不得进行实验操作。

法人单位应根据从业人员的教育、专业和经历选聘合适的人员，确保其满足相应岗位的安全履职能力要求。

法人单位要识别各岗位安全履职能力所需的学历、专业、执业资格等要求，在岗位说明书中明确岗位安全履职能力要求，重点关注：

（1）法人单位负责人、二级单位负责人、课题（班）组长的守法合规意识、风险意识、领导力、风险管理能力和应急管理能力等。

（2）安全管理专业技术人员的守法合规意识、风险意识、专业技术能力、专业安全管理能力、风险管控和隐患排查治理能力、应急处置能力等。

（3）实验操作人员的安全操作能力。

### 一、法人单位主要负责人应具备的岗位能力要求

法人单位主要负责人是本单位安全生产第一责任人，对本单位安全生产工作全面负责。负有下列职责：

（1）建立健全本单位全员安全生产责任制。

（2）组织制定并实施本单位安全实验规章制度和操作规程。

（3）组织制定并实施本单位安全实验教育和培训计划。

（4）保证本单位安全实验投入的有效实施。

（5）组织建立并落实安全风险分级管控和隐患排查治理双重预防工作机制，督促、检查本单位的安全实验工作，及时消除实验安全事故隐患。

（6）组织制定并实施本单位的实验安全事故应急救援预案。

（7）及时、如实报告实验安全事故。

根据法人单位主要负责人所负安全实验责任，法人单位主要负责人应具备以下岗位能力：

（1）熟悉和了解并能认真贯彻国家有关安全实验的法律法规、规章制度、方针政策，以及与本单位实验相关的标准规范。

（2）具有一定的从事实验管理工作的经验，基本熟悉和掌握本单位实验活动必需的安全知识。

（3）具备与本单位所从事实验活动相应的安全实验知识；具有领导安全实验工作和处理实验安全事故的能力。

（4）基本掌握危险源辨识、风险分析、安全决策及事故预测和防护知识等。

（5）受过一定的安全技术培训。

## 二、法人单位安全管理人员应具备的岗位能力要求

法人单位安全管理人员是直接、具体承担本单位安全实验管理工作的人员，负有下列职责：

（1）组织或者参与拟订本单位安全实验规章制度、操作规程和实验安全事故应急救援预案。

（2）组织或者参与本单位安全实验教育和培训，如实记录安全实验教育和培训情况。

（3）组织开展危险源辨识和评估，督促落实本单位重要危险源的安全管理措施。

（4）组织或者参与本单位应急救援演练。

（5）检查本单位的安全实验状况，及时排查实验安全事故隐患，提出改进安全实验管理的建议。

（6）制止和纠正违章指挥、强令冒险作业、违反操作规程的行为。

（7）督促落实本单位安全实验整改措施。

根据法人单位安全实验管理机构以及安全实验管理人员所履行的安全职责，安全实验管理人员应具备以下岗位能力：

（1）熟悉并能认真贯彻国家有关安全实验的法律法规、规章制度、方针政策，以及与本单位有关的安全实验规章制度、操作规程有关的标准规范。

（2）具有危险源辨识、风险分析评估及制定风险管控措施的能力。

（3）掌握安全分析、安全决策及事故预测和防护知识，具有审查实验室规划、建设、改造方案的安全决策能力。

（4）具有本科及以上文化程度，受过一定的安全技术培训，具有从事实验安全管理工作的经验。

（5）熟悉和掌握本单位所从事的实验活动必需的安全基本知识，并能够熟练地在安全

实验管理工作中运用。

（6）具有一定的组织管理能力，较好地组织和领导相应的安全实验工作，具有较好的现场安全实验管理能力。

## 三、实验操作人员应具备的岗位能力要求

实验操作人员具备必要的安全实验知识，熟悉有关安全实验规章制度和操作规程，掌握本岗位的安全操作技能，了解事故应急处理措施，知悉自身在安全实验方面的权利和义务。实验操作人员需具备"五懂、五会、五能"能力。"五懂"是提升实验操作人员实验安全的理论基础；"五会"是实验操作人员进行安全实验必须掌握的技能；"五能"是提升实验操作人员安全实验的行为要求。

1．"五懂"

"五懂"是提升实验操作人员实验安全的理论基础。"五懂"，即懂实验反应原理和实验流程、懂危险化学品的危险特性、懂实验仪器设备的操作、懂实验安全管理的相关要求、懂实验的安全管理制度要求。

（1）懂实验反应原理和实验流程。实验操作人员要熟悉实验反应原理、反应流程及操作各环节，掌握压力、温度、流量、浓度等实验反应的主要控制参数，知晓是吸热反应还是放热反应，知晓反应产物的危害性。对实验反应原理和实验流程及操作各环节熟悉和掌握，是正确分析实验风险的基础。

（2）懂危险化学品的危险特性。实验操作人员要熟悉并掌握所使用危险化学品的安全技术说明书（SDS），知晓其危险性、存放要求及应急处置措施。掌握实验过程中涉及物质的危险特性，对准确操作、应急处置具有重要指导作用。

（3）懂实验仪器设备的操作。实验操作人员要掌握仪器设备的正确启停方式及安全操作规程。仪器设备是实验安全运行的主要承载工具，仪器设备的安全运行是防止实验过程事故发生的关键。

（4）懂实验安全管理的相关要求。实验操作人员要掌握与实验安全管理相关的要求，尤其是标准规范中的一些强制执行条款。掌握实验安全管理的相关要求，是法律法规赋予实验操作人员的权利和义务。

（5）懂单位的安全管理制度要求。实验操作人员要熟悉本单位的实验安全管理制度，掌握安全管理制度要求和各项工作流程，严格遵守并执行，才能保证实验过程安全。

2．"五会"

"五会"是实验操作人员进行安全实验必须掌握的技能，"五会"，即会实验操作、会排除故障、会检查仪器设备、会风险分析、会应急处置。

（1）会实验操作。即在实验进行前，编写可行实验操作方案，能知晓实验的整体反应过程及实验步骤，清楚各类反应物料的加料顺序、用量、反应时长，物料的添加时间、节点，实验过程的温度、压力、液位等关键参数。

（2）会排除故障。即能对实验过程中的突发状况和设备故障进行有效处置。实验操作人员应清楚实验过程中停水、停电、停气等带来的后果，并会及时进行处理。还应会当实

验反应突然中断时的处置操作步骤，以及当设备突发故障时的安全处置方法。

（3）会检查仪器设备。即要知晓仪器设备在实验的开始、运行、结束阶段的不同检查要点和要求。

（4）会风险分析。即会从人员、设备、物品、环境等方面对实验过程中存在的危险源和风险进行系统性的辨识和评估，并制定相应的管控措施。

（5）会应急处置。即会对实验过程中的异常状况进行处置，具备事故应急处置、自救互救和紧急避险能力。实验操作人员要掌握实验室应急预案及岗位应急处置卡的内容，并定期进行演练。

3．"五能"

"五能"是提升实验操作人员安全实验的行为要求。"五能"，即能遵守实验操作纪律、能遵守安全纪律、能遵守劳动纪律、能制止他人违章操作、能抵制违章指挥。

（1）能遵守实验操作纪律。即要求实验操作人员遵守实验操作基本行为规范，严格按照实验步骤进行操作；在未经充分的风险辨识和采取有效的防控措施前，不随意变更实验参数和反应条件。

（2）能遵守安全纪律。即能遵守实验安全管理制度，正确佩戴个人防护用品，并在实验过程中做好自身防护。

（3）能遵守劳动纪律。即在实验过程中专注于实验，认真观察实验过程，不做与实验无关的事项。

（4）能制止他人违章操作。即能对其他实验操作人员的违章行为进行制止。

（5）能抵制违章指挥。即能抵制违反实验安全管理规定和操作要求的操作指令。

## 第三节　安全培训内容

### 一、法人单位主要负责人的培训内容

法人单位主要负责人应当接受安全培训，具备相应的安全实验知识和管理能力，其初次安全培训内容主要包括但不限于以下内容：

（1）国家关于实验方面的安全生产方针、政策和有关的法律法规、规章标准。

（2）安全实验管理基本知识、安全实验技术、安全实验专业、职业卫生等知识。

（3）本单位重大危险源管理、重大事故防范、应急管理和救援组织以及事故调查处理的有关规定。

（4）本单位职业危害及其预防措施。

（5）国内外先进的安全实验管理经验。

（6）实验典型事故和应急救援案例分析。

（7）其他需要培训的内容。

法人单位主要负责人再培训的主要内容包括新颁布的法规，有关安全实验的法律法规、规章制度、标准规范和政策，安全实验的新技术、新知识，安全实验管理经验，典型事故案例。

## 二、法人单位安全管理人员的培训内容

法人单位安全管理人员应当接受安全培训，具备与所从事的实验经营活动相适应的安全实验知识和管理能力，其初次安全培训内容主要包括以下几个方面：

（1）国家关于安全生产方针、政策和有关安全实验的法律法规、规章标准。

（2）本单位安全生产责任制、规章制度、操作规程、应急预案。

（3）安全实验管理基本知识、安全实验技术、安全实验专业、职业卫生等知识。

（4）伤亡事故统计、报告及职业危害的调查处理方法。

（5）实验应急管理、应急预案编制以及应急处置的内容和要求。

（6）国内外先进实验安全管理经验。

（7）实验典型事故和应急救援案例分析。

（8）其他需要培训的内容。

法人单位安全管理人员应定期进行再培训。再培训的主要内容包括新颁布的政策、法规，有关安全实验的法律法规、规章制度、标准规范和政策，安全实验的新技术、新知识，安全实验管理经验，典型事故案例。

## 三、实验从业人员的安全教育培训内容

法人单位必须对新上岗的合同工、临时工、劳务工、实习学生等实验从业人员，进行"法人单位级""二级单位级""课题（班）组级"三级安全培训教育，经考核合格后，方可上岗从事实验操作。

1. 法人单位级安全教育培训主要内容

（1）本单位的安全实验管理目标和管理规章制度、劳动纪律及安全考核奖惩制度。

（2）本单位的安全实验情况及安全实验基本知识。

（3）本单位的危险有害因素、职业病危害因素、安全设备设施、劳动防护用品的使用和维护，疏散和现场紧急情况的处理应对措施。

（4）安全技术知识教育和培训，包括一般性安全技术知识，如实验过程中不安全因素及规律；预防事故的基本知识，如防火、防爆、防毒等知识。

（5）从业人员在实验过程中的相关权利和义务。

（6）实验安全事故应急救援、事故应急演练及防洪措施。

（7）有关实验事故典型案例等。

2. 二级单位级安全教育培训主要内容

（1）本单位安全风险辨识、评价和控制措施，本单位的实验环境、危险源及主要危险因素、职业病危害因素辨识。

（2）岗位安全职责操作技能及强制性标准。

（3）所从事实验可能遭受的伤亡事故和职业伤害。

（4）所从事实验的安全职责、操作技能及强制性标准。

（5）研究室的安全实验状况及规章制度。

（6）预防实验安全事故和职业危害的措施及应注意的安全事项。

（7）有关实验安全事故案例。

3. 课题（班）组级安全教育培训主要内容

（1）本课题（班）组的岗位安全操作规程。

（2）实验过程的安全风险分析法和控制对策，本课题（班）组的危险有害因素、职业病危害因素辨识。

（3）本课题（班）组的危险源、风险及管控措施，安全设备设施等。

（4）现场疏散和现场紧急情况的处理应对措施。

（5）本单位的安全设备设施、个人防护用品的使用和维护。

（6）发生事故后的自救互救、急救方法、疏散和现场紧急情况的处理措施。

（7）有关实验安全事故案例。

## 四、岗位安全教育培训

岗位安全教育培训是指连续在岗位工作的安全教育培训工作，主要包括日常安全教育培训、定期安全教育考试和专题安全教育培训三个方面。

（1）日常安全教育培训主要是以研究室级、课题（班）组为单位组织开展，重点是安全操作规程的演习培训、安全实验规章制度的演习培训、实验岗位安全风险辨识培训、事故案例教育等。

（2）定期安全教育考试是指组织的定期安全操作规程、规章制度、事故案例的演习和培训，学习培训的方式较为灵活，但统一组织考试。定期安全考试不合格者，应下岗接受培训，考试合格后方可上岗实验作业。

（3）专题安全教育培训是指针对某一具体问题进行专门的培训工作。专题安全教育培训工作针对性强，效果比较突出。通常开展的内容有"三新"安全教育培训、法律法规及规章制度培训、事故案例培训、安全知识竞赛、技术比武等。

法人单位应当按照本单位安全实验教育和培训计划的总体要求，结合各个实验工作岗位的特点，科学、合理安排教育和培训工作。采取多种形式开展教育和培训，包括组织专门的安全教育培训、实验现场模拟操作培训、召开事故现场分析会等，确保取得实效。通过安全实验教育和培训，法人单位要保证从业人员具备从事本职工作应当具备的安全实验知识，熟悉有关的安全实验规章制度和操作规程，掌握本岗位的安全操作技能，了解实验事故应急处理措施。知悉自身在安全实验方面的权利和义务。对于没有经过安全实验教育和培训，包括培训不合格的从业人员，法人单位不得安排其上岗从事实验工作。

## 第四节　安全培训学时

参照《生产经营单位安全培训规定》《高等学校实验室安全规范》《北京市科研单位危险化学品安全工作指引》相关规定，法人单位主要负责人和安全实验管理人员初次培训时间不得少于32学时，每年再培训时间不得少于12学时。

参照《生产经营单位安全培训规定》《高等学校实验室安全规范》《北京市科研单位危险化学品安全工作指引》相关规定，法人单位新上岗的从业人员，岗位安全培训时间不得少于24学时，每年再培训时间不得少于8学时。

参照《生产经营单位安全培训规定》《高等学校实验室安全规范》《北京市科研单位危险化学品安全工作指引》相关规定，外来实习和短期工作人员上岗前应接受危险化学品相关的安全知识技能培训，培训时间应不低于24学时。

参照《特种作业安全技术培训考核管理规定》，法人单位的特种作业人员必须经专门的安全技术培训并考核合格，取得中华人民共和国特种作业操作证后，方可上岗作业。特种作业操作证每3年应当参加必要的安全培训并考试合格后，经原考核发证机关或从业所在地考核发证机关签章、登记，予以确认，完成复审工作。

实验操作人员在实验室内调整工作岗位或离岗一年以上重新上岗时，应当重新接受二级和课题（班）组级的安全培训。

采用新工艺、新技术、新材料或使用新设备时，应当对有关从业人员重新进行有针对性的安全培训。实验人员在开展新实验活动之前，应接受与实验相关的培训，经考核合格后，方能开展此项实验工作。

# 第五章　风险管理

纵观纷杂众多的化学化工实验过程，都是由化学反应及若干物理操作有机组合而成，其中化学反应及反应器是实验过程的核心，物理过程则起到为化学反应准备适宜的反应条件及将反应物分离提纯而获得最终产品的作用。通过辨识实验过程的各种物理过程、化学反应过程中存在的危险源和危险有害因素，评估实验过程中存在的风险等级，采取有针对性的风险控制措施。

## 第一节　危险源和危险有害因素

### 一、危险源

危险源，是指系统中具有危险物质或能量的物质、部位、区域、场所、空间、设备及其位置，这些部位在一定的触发因素下可能导致危险物质或能量的意外释放并发生事故，也就是说，危险源是危险物质或能量集中的核心，是能量传出或爆发的地方。根据危险源在事故发生、发展中的作用，一般把危险源分为两大类：第一类危险源和第二类危险源。

1. 第一类危险源

根据能量意外释放理论，事故是能量或危险物质的意外释放并作用于人体的过量能量或干扰人体与外界能量交换的危险物质导致的，是造成人员或物体伤害的直接原因。于是就把实验过程中存在的，可能发生意外释放的能量源、能量载体或危险物质称作第一类危险源。

实验过程中常见的第一类危险源有：

（1）储存危险物质或正在进行实验的场所、仪器设备，在意外的情况下可能会泄漏，导致起火或爆炸。如危险化学品储存场所或仪器设备，正在进行实验的高压釜、反应罐等实验设备。

（2）产生、供给能量的装置或设备，如变电所、高压气瓶等。

（3）一旦失控可能导致巨大能量或危险废物意外释放的实验场所、仪器设备。这些仪器设备在正常情况下按照设计进行能量的转换和做功，但在设备腐蚀、容器设备压力过高等异常情况下，可能导致能量或危险物质的意外释放。如充满爆炸性气体的密闭实验设备或装置，腐蚀严重的高压气瓶等。

（4）一旦失控可能发生能量蓄积或危险物质突然释放的实验场所、仪器设备。在正常的实验过程中，系统中多余的能量被持续泄放而使其处于安全状态，当仪器设备失控时，可能导致系统产生的能量大量蓄积，在仪器设备无法承受其蓄积的能量时，可能导致大量能量或危险物质的意外释放。如各种压力容器、承压设备，容易产生静电蓄积的仪器设备、场所等。

（5）使人体或物体具有较高势能的实验场所、仪器设备。如起重机械、提升机械、高差较大的工作平台、场所、放置于高处的物体、站在高处的人等。

（6）危险物质。除了干扰人体与外界能量交换的有害物质，还包括具有化学能的危险物质。具有化学能的危险物质可分为可燃烧爆炸危险物质和有毒有害物质两类：可燃烧爆炸危险物质是能够引起火灾、爆炸的物质；有毒有害物质是直接作用于人体，导致人体中毒、致病、致畸、致癌等的化学物质。

（7）人体一旦与之接触，将导致能量向人体意外释放的物体。如裸露的电线、漏电的仪器设备、有腐蚀性的危险化学品、破碎的玻璃仪器、有尖锐棱角的物体等。

（8）拥有能量的人或物。如快速移动的人、运动中的车辆、旋转仪器设备的运动部件、带电的设备。

第一类危险源导致事故后果的影响因素，主要取决于以下几方面情况：

（1）能量的种类和危险物质的危险性质。不同种类的热能、电能、机械能等能量对人体、物体造成损坏的机理不同，其后果亦不相同。危险物质的危险性主要取决于自身的物理、化学性质，决定其导致泄漏、火灾、爆炸事故发生的难易程度及后果的严重程度。如乙炔泄漏造成的危害远超氮气泄漏造成的危害；一滴氟化氢对人体的伤害远超一滴盐酸对人体的伤害。

（2）意外释放的能量或危险物质的影响范围。事故发生时，意外释放的能量或危险物质的影响范围越大，可能遭受其作用的人或物就越多，事故造成的损失越大。例如：大量液化有毒有害气体泄漏时可能影响到下风向的大片区域。

（3）意外释放的能量或危险物质的释放量。导致事故后果的严重程度主要取决于事故发生时意外释放的能量或危险物质的多少。一般来说，第一类危险源拥有的能量或危险物质越多，则事故发生时可能意外释放的能量越大。当然，有时也会有例外情况，有些第一类危险源拥有的能量或危险物质只有小部分会意外释放。

（4）能量或危险物质意外释放的强度。能量或危险物质意外释放的强度是指事故发生时，单位时间内释放的能量或危险物质的数量。在释放的能量或危险物质的总量相同的情况下，释放强度越大，造成的后果也越严重。例如，一个氢气瓶的氢气在极短时间释放出来的后果，要比缓慢释放出来的后果严重数倍。

第一类危险源意外释放导致的事故类别详见表5-1。

**表5-1 第一类危险源意外释放导致的伤害事故类别**

| 第一类危险源 | 能量类型 | 能量载体或危险物 | 事故类型 |
|---|---|---|---|
| 产生物体落下、抛出、破裂、飞散的设备、场所或操作 | 机械能、势能、动能 | 落下、抛出、破裂飞散的物体 | 物体打击 |
| 车辆，使车辆移动的牵引设备、坡道 | 机械能 | 运动的车辆或车辆的活动部分 | 车辆伤害 |

| 第一类危险源 | 能量类型 | 能量载体或危险物 | 事故类型 |
|---|---|---|---|
| 机械的驱动装置 | 机械能 | 机械的运动部分 | 机械伤害 |
| 起重、提升机械 | 机械能 | 被吊起的重物 | 起重伤害 |
| 电源装置 | 电能 | 带电体、高跨步电压区域 | 触电 |
| 热源设备、加热设备、炉、灶、发热体 | 化学能、热能 | 高温物体、高温物质 | 灼烫 |
| 可燃物 | 化学能、热能 | 火焰、烟气 | 火灾 |
| 高度差大的场所、人员借以提升的设备、装置 | 机械能、势能 | 设备、人体 | 高处坠落 |
| 库房、实验场所内料堆、料仓、物料、建筑物、构筑物 | 机械能、势能 | 物料、建筑物、构筑物、载荷 | 坍塌 |
| 锅炉 | 机械能 | 蒸汽、破碎的物体碎片 | 锅炉爆炸 |
| 压力容器 | 化学能、机械能 | 内容物 | 容器爆炸 |
| 可燃危险物质 | 化学能 | 气浪、破碎的物体碎片 | 其他爆炸 |
| 产生、储存、聚积有毒有害物质的装置、容器、场所 | 干扰能量交换 | 有毒有害物质 | 中毒和窒息 |

### 2. 第二类危险源

为了利用能量或危险物质，让能量或危险物质按照实验人员的意图在实验系统中流动、转换和做功，就必须采取措施约束、限制能量或危险物质的流动、转换和做功强度、方式。约束、限制能量或危险物质的控制措施应该能够可靠地控制能量或危险物质，防止其意外释放。然而，在实验过程中，绝对可靠的控制措施并不存在，约束、限制能量或危险物质的控制措施可能失效，甚至可能被破坏，导致事故发生。把能导致能量或危险物质的约束、限制措施失效、破坏的各种不安全因素称作第二类危险源。第二类危险源一般包括人的因素、物的故障、实验环境不良、管理缺陷等四个因素。

（1）人的因素问题，一般分为两类：人的不安全行为和人失误。人的不安全行为一般指实验操作人员明显违反安全操作规程的行为，这类行为往往直接导致事故发生。例如，不物理断开电源就维修电气仪器设备，从而发生触电事故。人失误是指人的动作行为结果偏离了预定的标准或误操作。例如，误合电闸使检修的线路带电致维修人员伤亡。人的不安全行为、人失误可能直接破坏对第一类危险源的控制，造成能量或危险物质的意外释放，也可能造成物的故障发生，进而导致事故。

（2）物的故障问题，一般分为两类：物的不安全状态和物的故障（或失效）。物的不安全状态是指仪器设备等不符合安全要求的状态，例如，裸露的带电体、放置桌边的瓶装危险化学品。在实验安全管理中，往往也把物的不安全状态称作"事故隐患"。物的故障（或失效），是指仪器设备、控制部件等由于性能低下而不能实现预定功能的现象。物的不安全状态和物的故障（或失效）可能导致直接约束、限制能量或危险物质的控制措施失效而发生事故。例如，电线绝缘损坏发生漏电，管线或设备破裂使其中的有毒有害介质泄漏等。有时一种物的故障也可能导致另一种物的故障发生，最终造成能量或危险物质的意外释放。例如，压力容器的安全阀损坏，使压力容器内部压力持续上升，导致压力容器爆裂。

（3）环境因素，主要指实验的运行环境，包括实验场所的温度、湿度、照明、粉尘、通风换气、噪声和振动等物理环境，以及社会和单位的人文环境。不良的实验环境会引起物的故障或人失误。例如，有粉尘的环境导致仪器设备电路接触不良；实验场所转动设备发出的强烈噪声可影响人的情绪，分散人的注意力，从而发生人失误。单位的奖惩制度、人员之间的人际关系或社会环境也会影响人的心理、注意力，可能造成人的不安全行为或人失误。

（4）管理缺陷，是指管理和管理责任缺失所导致的危险有害因素，主要是从组织机构、责任制、管理规章制度、投入、职业健康安全等方面考虑。包括法人单位未遵守相关的安全法律法规、标准规范、规章制度；预防事故发生的组织措施不完善；对实验现场工作缺乏检查或指导错误；管理者违反安全生产责任制、违反劳动纪律、玩忽职守、下达错误的指令，导致员工实施不安全的行为；管理者和操作者安全意识淡漠、安全知识和技能不足，不能正确识别和控制不安全因素。

## 二、危险有害因素

危险有害因素，是指可对人造成伤亡、影响人的身体健康甚至导致疾病的因素。危险有害因素可分为危险因素和有害因素。危险因素是指能对人造成伤亡或对物造成突发性损害的因素，强调突发性和瞬间的作用；有害因素是指能影响人的身体健康，导致疾病或对物造成慢性损害的因素，强调在一定时期内的慢性损害和累积作用。分为危险因素和有害因素的目的是区别对人体不利影响的特点和效果，通常情况下，危险因素和有害因素二者并不严格加以区分，而统称为危险有害因素。

实验过程中的危险有害因素可按事故类别、导致事故的直接原因和职业健康影响危害性质三种方式进行分类。

1. 按事故类别分类

参照《企业职工伤亡事故分类》（GB 6441—1986），综合考虑起因物、引起事故的诱导性原因、致害物、伤害方式等，结合实验过程的实际情况，将实验过程中存在的危险有害因素分为物体打击、车辆伤害等 14 类，详见表 5-2。

表 5-2　实验过程危险有害因素的分类

| 序号 | 危险有害因素类别 | 能量类型 | 解释 | 伤害表现 |
|---|---|---|---|---|
| 1 | 物体打击 | 机械能 | 指失控物体在重力或其他外力的作用下产生运动，打击人体造成的人身伤害事故。如落物、滚石、锤击、碎裂、崩块、砸伤等造成的伤害。不包括因机械设备、车辆、起重机械、坍塌等引起的物体打击 | 落物、锤击、碎裂、崩伤、砸伤 |
| 2 | 车辆伤害 | 机械能 | 指本单位的机动车辆在行驶中引起的人体坠落和物体倒塌、下落、挤压伤亡事故。如机动车辆在行驶中的挤、压、撞车或倾覆等事故，在行驶中上下车引起的事故。不包括起重设备提升、牵引车辆和车辆停驶时发生的事故 | 挤、压、撞车或倾覆；挫伤、轧伤、压伤；骨折、撕脱伤 |

| 序号 | 危险有害因素类别 | 能量类型 | 解释 | 伤害表现 |
|---|---|---|---|---|
| 3 | 机械伤害 | 机械能 | 指机械设备运动或静止的部件、工具、加工件直接与人体接触引起的夹击、碰撞、剪切、卷入、绞、碾、碰、割、戳、切等伤害。如工件或刀具飞出伤人，切屑伤人，手或身体被卷入，手或其他部位被刀具碰伤，被转动的部位缠、压住等。不包括车辆、起重设备引起的机械伤害 | 绞、辗、碰、戳、切；割伤、擦伤、刺伤、撕脱伤、切断伤、夹伤、挤伤、骨折 |
| 4 | 起重伤害 | 机械能 | 指各种起重作业(包括起重机安装、检修、试验)中发生的挤压、坠落、(吊具、吊重)物体打击。包括各种起重作业引起的机械伤害，主要伤害类型有起重作业、脱钩砸人、钢丝绳断裂抽人、吊物摆动撞人等。不包括触电，制动失灵引起的伤害，上下驾驶室时引起的坠落式跌倒 | 含机械伤害、触电、坠落、跌倒 |
| 5 | 触电 | 电能 | 指电流流经人体，造成生理伤害的事故。适用于触电、雷击伤害。如人体接触带电的设备金属外壳或裸露的临时线，漏电的手持电动、照明工具；起重设备误触高压线或感应带电；雷击伤害；触电坠落等事故 | 电伤、雷击、烧伤 |
| 6 | 灼烫 | 化学能 热能 | 指强酸、强碱溅到身体引起的灼伤；因火焰引起的烧伤；高温物体引起的烫伤；放射线引起的皮肤损伤等事故。灼烫主要包括烧伤、烫伤、化学性灼伤、放射性皮肤损伤等伤害。不包括电灼伤以及火灾引起的烧伤 | 化学性灼伤、烧伤、烫伤、放射性皮肤损伤 |
| 7 | 火灾 | 化学能 热能 | 指造成人身伤亡的企业火灾事故。不适用于非企业原因造成的火灾。譬如，居民住宅火灾蔓延到企业的事故则不属于企业的火灾事故，此类事故属于消防部门统计的范围 | 烧伤、中毒、窒息 |
| 8 | 高处坠落 | 机械能 势能 | 指出于危险重力势能差引起的伤害事故。习惯上把作业场所高出基准面2m以上的称为高处作业。适用于脚手架、平台施工等高于基准面的坠落，也适用于地面踏空失足坠入洞、坑、沟、升降口、漏斗等情况。但排除因其他类别事故为诱发条件的坠落，如高处作业时，因触电失足坠落应定为触电事故，不能按高处坠落划分 | 挫伤、擦伤、骨折、坠落、擦伤 |
| 9 | 坍塌 | 机械能 势能 | 指建筑物、构筑物、堆置物等倒塌以及土石塌方引起的事故。适用于因设计或施工不合理而造成的倒塌，以及土方、岩石发生的塌陷事故。如建筑物倒塌、脚手架倒塌；挖掘沟、坑、洞时土石的塌方等情况 | 倒塌、压埋伤 |
| 10 | 锅炉爆炸 | 机械能 势能 | 指锅炉发生的物理性爆炸事故。适用于使用工作压力大于0.07MPa，以水为介质的蒸汽锅炉 | 冲击伤、撕脱伤、烫伤 |
| 11 | 容器爆炸 | 机械能 化学能 | 容器爆炸是压力容器破裂引起的气体爆炸，即物理性爆炸，也包括容器内盛装的可燃性液化气在容器破裂后立即蒸发，与周围的空气混合形成爆炸性气体混合物，遇到火源发生的化学爆炸，也称容器的二次爆炸 | 冲击伤、撕脱伤、灼伤、烧伤、烫伤 |

| 序号 | 危险有害因素类别 | 能量类型 | 解释 | 伤害表现 |
|---|---|---|---|---|
| 12 | 其他爆炸 | 机械能 化学能 | 凡不属于锅炉爆炸、容器爆炸的爆炸事故,均列为其他爆炸事故,如:可燃性气体、可燃蒸气与空气混合形成的爆炸性气体混合物;可燃性粉尘与空气混合后引起的爆炸 | 冲击伤、撕脱伤、灼伤、烧伤、烫伤 |
| 13 | 中毒和窒息 | 干扰能量交换 化学能 | 指人接触有毒物质,如误食有毒食物或吸入有毒气体引起人体急性中毒事故,或在暗井、涵洞、地下管道、受限空间等通风不良的地方工作,因为氧气缺乏,有时会发生突然晕倒,甚至死亡的事故为窒息。两种现象合为一体,称为中毒和窒息事故。不适用于病理变化导致的中毒和窒息的事故,也不适用于慢性中毒的职业病导致的死亡 | 中毒、窒息 |
| 14 | 其他伤害 | | 凡不属于上述伤害的事故均称为其他伤害,如扭伤、跌伤、冻伤、钉子扎伤等 | |

**2. 按导致事故的直接原因分类**

根据《生产过程危险和有害因素分类与代码》(GB/T 13861—2022)规定,按导致事故产生的直接原因,将实验过程中的危险和有害因素分为人的因素、物的因素、环境因素和管理因素等四类。

(1)人的因素。即在实验过程中,来自实验操作人员自身或人为性质的危险和有害因素。具体分类详见表5-3。

表5-3 人的因素

| 风险源或行为 | 危险和有害因素 |
|---|---|
| 负荷超限 | 体力负荷超限(包括劳动强度、劳动时间延长引起疲劳、劳损、伤害等负荷超限) |
| | 听力负荷超限 |
| | 视力负荷超限 |
| | 其他负荷超限 |
| 身体健康状况 | 健康状况异常(伤、病期等) |
| 从事禁忌作业 | 从事禁忌作业 |
| 心理异常 | 情绪异常 |
| | 冒险心理 |
| | 过度紧张 |
| | 其他心理异常(包括泄愤心理、嫉妒心理) |
| 辨识功能 | 感知延迟 |
| | 辨识错误 |
| | 其他辨识功能缺陷 |

| 风险源或行为 | 危险和有害因素 |
|---|---|
| 指挥失误 | 指挥失误（包括实验过程中的各级管理人员的指挥） |
| | 违章指挥 |
| | 其他指挥错误 |
| 操作错误 | 没有按照操作规程操作、仪器设备、装置、工具、附件等 |
| | 使用有故障的仪器设备、装置、工具、附件等 |
| | 长时间离开运转着的仪器设备、机械、装置等（脱岗等违反劳动纪律行为） |
| | 在易燃易爆区域用汽油、易挥发溶剂擦洗设备、衣物、工具及地面等 |
| | 运输超速 |
| | 送料或加料过快 |
| | 违章实验、作业 |
| 使安全防护装置失效 | 未经允许拆卸、移走安全防护装置 |
| | 使安全防护装置不起作用 |
| | 擅自停用可燃、有毒、火灾声光报警系统和安全联锁系统 |
| | 擅自关闭或调整视频监控设施或关闭各类报警声音 |
| | 堵塞消防通道及随意挪用或损坏消防设施 |
| | 安全防护装置调整错误 |
| | 去掉其他防护物 |
| 对运转着的仪器设备、带电设备、机械装置进行清洗、加油、维修等 | 对运转中的仪器设备、机械装置等 |
| | 对带电设备 |
| | 对高压容器 |
| | 对装有危险物 |
| | 对加热物 |
| 制造危险状态 | 过量装填危险化学品试剂、物料 |
| | 未按规定混合试剂、物料 |
| | 液化石油气、液氨或液氯等气瓶露天堆放 |
| | 在高处作业时抛掷材料、工具及其他杂物 |
| | 使用未安装漏电保护器装置的电气设备、电动工具 |
| | 使用不合格的绝缘工具和专用防护器具进行电气操作和作业 |
| | 仪器零散件堆积过高，靠近楼梯 |
| | 操作不当或操作失误，使送电的导线掉落在地上或设备上 |
| | 将三相插头擅自改为二相插头 |
| | 把规定的物品换成不安全物 |
| | 临时使用不安全设施 |

| 风险源或行为 | 危险和有害因素 |
|---|---|
| 不采取安全措施 | 没有采取防止意外风险的措施 |
| | 未采取防止仪器设备、装置、机械装置突然启动的措施 |
| | 没有指示信号就启动仪器设备、装置、机械装置 |
| | 没有指示信号就移动或放开物体 |
| 监护失误 | 监护失误 |
| 使用防护用具的缺陷 | 不正确佩戴个体防护用具从事有毒有害、腐蚀等介质和窒息环境下的危险作业 |
| | 不正确使用防护工具 |
| | 防护用具、服装的选择、使用方法有误 |
| 不安全放置仪器设备、物料 | 使仪器设备、机械装置在不安全状态下放置 |
| | 试剂、物料、工具、垃圾的不安全放置 |
| | 接近或接触运转中的机械、装置 |
| 接近危险场所 | 接触吊货、接近货物下面 |
| | 进入危险有害场所 |
| | 攀登或接触易倒塌的物体 |
| | 攀、坐不安全场所 |
| 误动作 | 一次拿、取过多物品 |
| | 拿、取物体的方法有误 |
| | 推、拉物体的方法不对 |
| 其他不安全行为 | 用手代替工具 |
| | 没有确定安全状态，就进行下一个动作 |
| | 从中间、底下抽取货物 |
| | 抛扔物体代替用手递物体 |
| | 飞降、飞乘 |
| | 不必要的奔跑 |
| | 在实验场所作弄人、恶作剧 |

（2）物的因素。实验过程中仪器设备、实验原辅材料等方面存在的危险和有害因素。具体分类详见表5-4。

表5-4 物的因素

| 风险源或位置 | 危险和有害因素 |
|---|---|
| 实验仪器设备、设施、工具附件缺陷 | 强度不够 |
| | 刚度不够 |
| | 稳定性差(抗倾覆、抗位移能力差，抗剪能力不够。包括重心过高、底座不稳定、支撑不正确不稳定等) |

| 风险源或位置 | 危险和有害因素 |
|---|---|
| 实验仪器设备、设施、工具附件缺陷 | 密封不良(密封件、密封介质、设备辅件、加工精度、装配工艺等缺陷以及磨损、变形、气蚀等造成的密封不良) |
| | 耐腐蚀性差 |
| | 应力集中 |
| | 外形缺陷(设备、设施表面的尖角利棱和不应有的凹凸部分等) |
| | 外露运动件(人员易触及的运行件) |
| | 操纵缺陷(结构、尺寸、形状、位置、操纵力不合理及操纵器失灵、损坏等) |
| | 压力容器未经检验,部件在高压作用下飞出 |
| | 仪器设备带病运转 |
| | 制动器缺陷 |
| | 控制器缺陷 |
| | 设计缺陷 |
| | 传感器缺陷(精度不够、灵敏度过高或过低) |
| | 设备、设施、工具、附件其他缺陷 |
| 实验仪器设备防护缺陷 | 无防护 |
| | 防护装置和设施缺陷(防护装置、设施本身安全性、可靠性差,包括防护装置、设施、防护用品损坏、失效、失灵等) |
| | 防护不当(防护装置、设施和防护用品不符合要求、使用不当。不包括防护距离不够) |
| | 支撑不当(包括矿井、隧道、建筑施工支护不符合要求) |
| | 带电仪器设备接地不良 |
| | 加热液体试管口对人 |
| | 防护距离不够(设备布置、机械、电气、防火、防爆等安全距离不够和卫生防护距离不够等) |
| 实验仪器设备维护不良 | 仪器设备、工具、附件废旧、疲劳、过期而不更新 |
| | 出故障未及时维修 |
| | 平时维护不善 |
| 电伤害 | 带电部位裸露(人员易触及的裸露带电部位) |
| | 漏电 |
| | 静电 |
| | 电火花 |
| | 电弧 |
| | 短路 |
| | 其他电伤害 |

| 风险源或位置 | 危险和有害因素 |
|---|---|
| 噪声 | 机械性噪声 |
| | 电磁性噪声 |
| | 流体动力性噪声 |
| | 其他噪声 |
| 振动危害 | 机械性振动 |
| | 电磁性振动 |
| | 流体动力性振动 |
| | 其他振动 |
| 电离辐射 | 电离辐射(包括 X 射线、γ 射线、α 粒子、β 粒子、中子、质子、高能电子束等) |
| 非电离辐射 | 紫外辐射 |
| | 激光辐射 |
| | 微波辐射 |
| | 超高频辐射 |
| | 高频电磁场 |
| | 工频电场 |
| | 其他非电离辐射 |
| 运动物伤害 | 抛射物 |
| | 飞溅物 |
| | 坠落物 |
| | 反弹物 |
| | 料堆(垛)滑动 |
| | 气流卷动 |
| | 撞击 |
| | 其他运动物伤害 |
| 明火 | 明火 |
| 信号缺陷 | 无信号设施(应设信号设施处无信号,例如无紧急撤离信号等) |
| | 信号选用不当 |
| | 信号位置不当 |
| | 信号不清(信号量不足,例如响度、亮度、对比度、信号维持时间不够等) |
| | 信号显示不准(包括信号显示错误、显示滞后或超前等) |
| | 其他信号缺陷 |
| 标志标识缺陷 | 无标志标识 |
| | 标志标识不清晰 |

| 风险源或位置 | 危险和有害因素 |
|---|---|
| 标志标识缺陷 | 标志标识不规范 |
| | 标志标识选用不当 |
| | 标志标识位置缺陷 |
| | 标志标识设置顺序不规范(例如多个标志牌在一起设置时,应按警告、禁止、指令、提示类型的顺序) |
| | 其他标志标识缺陷 |
| 有害光照 | 有害光照(包括直射光、反射光、眩光、频闪效应等) |
| 危险化学品的理化危险 | 爆炸物 |
| | 易燃气体 |
| | 易燃气溶胶 |
| | 氧化性气体 |
| | 压力下气体 |
| | 易燃液体 |
| | 易燃固体 |
| | 自反应物质或混合物 |
| | 自燃液体 |
| | 自燃固体 |
| | 自热物质和混合物 |
| | 遇水放出易燃气体的物质或混合物 |
| | 氧化性液体 |
| | 氧化性固体 |
| | 有机过氧化物 |
| | 金属腐蚀物 |
| 危险化学品的健康危险 | 急性毒性 |
| | 皮肤腐蚀/刺激 |
| | 严重眼损伤/眼刺激 |
| | 呼吸或皮肤过敏 |
| | 生殖细胞致突变性 |
| | 致癌性 |
| | 生殖毒性 |
| | 特异性靶器官毒性——一次接触 |
| | 特异性靶器官毒性——反复接触 |
| | 吸入危险 |

| 风险源或位置 | 危险和有害因素 |
|---|---|
| 高温物质 | 高温气体 |
| | 高温固体 |
| | 高温液体 |
| | 其他高温物质 |
| 低温物质 | 低温气体 |
| | 低温固体 |
| | 低温液体 |
| | 其他低温物质 |

（3）环境因素。指在实验场所环境中的危险和有害因素。具体分类详见表5-5。

表5-5　环境因素

| 风险源或位置 | 危险和有害因素 |
|---|---|
| 室内作业场所环境不良 | 实验场所安全出口缺陷(无安全出口、设置不合理等) |
| | 实验场所安全通道缺陷(无安全通道、安全通道狭窄、不畅等) |
| | 室内地面滑(室内地面、通道、楼梯被任何液体、熔融物质润湿,结冰、有其他易滑物等) |
| | 室内梯架缺陷(包括楼梯、阶梯、电动梯或活动梯架,以及这些设施的扶手、扶栏和护栏、护网等) |
| | 仪器设备、机械、装置、用具、实验用品配置的缺陷 |
| | 仪器设备、实验物料、实验用品放置的位置不当 |
| | 仪器设备、实验物料堆积方式不当 |
| | 对意外的摆动防范不够 |
| | 采光照明不良 |
| | 室内作业场所空气不良(自然通风差、无强制通风、风量不足或气流过大、缺氧、有害气体超限等) |
| | 室内温度、湿度、气压不适 |
| | 室内给排水不良 |
| | 室内实验作业场所狭窄 |
| | 室内实验作业场所杂乱 |
| 室外作业场地环境不良 | 恶劣气候与环境(包括风、极端的温度、雷电、大雾、冰雹、暴雨雪、洪水、浪涌、泥石流、地震、海啸等) |
| | 作业场地和交通设施湿滑 |
| | 作业场地狭窄 |
| | 作业场地杂乱 |

| 风险源或位置 | 危险和有害因素 |
| --- | --- |
| 室外作业场地环境<br>不良 | 作业场地不平 |
| | 室外气压过高或过低 |
| | 给排水不良 |
| | 作业场地安全通道缺陷 |
| | 作业场地安全出口缺陷 |
| | 作业场地光照不良 |
| | 作业场地空气不良 |
| | 作业场地温度、湿度、气压不适 |
| | 外部噪声 |
| | 自然危险源(风、雨、雷、电、地形等) |
| 其他作业环境<br>不良 | 强迫体位(实验设备、设施的设计和作业位置不符合人类工效学要求而易引起实验人员疲劳、劳损或事故的一种作业姿势) |
| | 综合性作业环境不良(显示有两种以上作业环境因素且不能分清主次的情况) |

（4）管理因素。因单位管理和管理责任缺失所导致的危险和有害因素。具体分类详见表 5-6。

表 5-6　管理因素

| 风险源 | 危险和有害因素 |
| --- | --- |
| 安全实验保障 | 安全实验条件不具备 |
| | 安全管理机构设置和人员配备不健全 |
| | 安全实验投入不足 |
| | 违反法规、标准 |
| 危险评价与控制 | 未充分识别实验活动中的隐患(包括与新的或引进的工艺、技术、设备、材料有关的隐患) |
| | 未正确评价实验活动中的危险(包括与新的或引进的工艺、技术、设备、材料有关的危险) |
| | 未开展安全风险分级管控 |
| | 对重要危险的控制措施不当 |
| 实验人员作用与职责 | 职责划分不清 |
| | 职责分配相矛盾 |
| | 授权不清或不妥 |
| | 报告关系不明确或不正确 |
| 培训与指导 | 没有提供必要的培训(包括针对变化的培训) |
| | 培训计划设计有缺陷 |
| | 培训目的或目标不明确 |

| 风险源 | 危险和有害因素 |
|---|---|
| 培训与指导 | 培训方法有缺陷(包括培训设备) |
| | 知识更新和再培训不够 |
| | 缺乏技术指导 |
| 实验人员管理与工作安排 | 实验人员无相应资质,技术水平不够 |
| | 实验人员生理、体力有问题 |
| | 实验人员心理、精神有问题 |
| | 安全行为受责备,不安全行为被奖励或漠视 |
| | 没有提供适当的劳动防护用品或设施 |
| | 没有安排或缺乏合适实验人员人选 |
| | 实验人力不足 |
| | 实验任务过重,工作时间过长 |
| | 未定期对有害作业人员进行体检 |
| 安全实验规章制度和操作规程 | 没有安全实验规章制度和操作规程 |
| | 安全实验规章制度和操作规程有缺陷(技术性错误、自相矛盾、混乱含糊、覆盖不全、不切合实际等) |
| | 操作过程中不落实安全实验规章制度和操作规程 |
| 实验设备和工具 | 选择不当,或关于实验设备的标准选用不当 |
| | 未验收或验收不当 |
| | 保养不当(保养计划、润滑、调节、装配、清洗等不当) |
| | 维修不当(信息传达、计划安排、部件检查、拆卸、更换等不当) |
| | 过度磨损(因超期服役、荷载过大、使用计划不当、使用者未经训练、错误使用等造成) |
| | 判废不当、废旧处理和再次利用不当 |
| | 无设备、工具档案或不全 |
| 实验物料(含零部件) | 运输方式或运输线路不妥 |
| | 保管、储存的缺陷(包括存放超期) |
| | 包装的缺陷 |
| | 未能正确识别危险物品 |
| | 使用不当,或废弃物料处置不当 |
| | 缺乏关于安全的资料(如 SDS 或其他资料) |
| 实验方案、工艺、技术设计不当 | 实验所采用的标准、规范或设计思路不当 |
| | 实验方案设计不当(不正确、陈旧或不可用) |
| | 未对实验方案的风险进行评估 |
| | 仪器设备选用不当,未考虑安全、职业卫生问题 |

| 风险源 | 危险和有害因素 |
|---|---|
| 实验方案、工艺、技术设计不当 | 实验场所设计不当(定置管理,物料堆放,安全通道,准入制度,照明、温湿度、气压、含氧量等环境参数) |
| | 设计不符合人机工效学要求 |
| 应急准备与响应 | 未制订必要的应急响应程序或预案 |
| | 应急资源调查不充分 |
| | 应急能力、风险评估不全面 |
| | 应急预案培训不到位 |
| | 应急预案演练不规范 |
| | 应急演练评估不到位 |
| | 应急设施或物资不足 |
| | 应急预案有缺陷,未评审和修改 |
| 监控机制 | 安全检查的频次、方法、内容、仪器等的缺陷 |
| | 安全检查记录的缺陷(记录格式、数据填写、保存等方面) |
| | 事故、事件、不符合报告、调查、原因分析、处理的缺陷 |
| | 整改措施未落实,未追踪验证 |
| | 未进行审核或管理评审,或开展不力 |
| | 无安全绩效考核和评估或欠妥 |
| 沟通与协商 | 内部信息沟通不畅(同事、班组、职能部门、上下级之间) |
| | 与相关方之间信息沟通不畅(设计者、承包商、供应商、交叉作业方、政府部门、行业组织、应急机构、邻居单位、公众等) |
| | 最新的文件和资讯未及时送达所有岗位 |
| | 通信方法和沟通手段有缺陷 |
| | 员工权益保护未得到充分重视,全员参与机制缺乏 |

3. **按职业健康影响危害性质进行分类**

职业病,是在生产劳动及其他职业活动中接触职业性有害因素引起的疾病。职业病与职业危害因素有直接关系,具有因果关系和某些规律性。职业危害因素是造成职业病的原因,依据《职业病危害因素分类目录》(2015 年)规定,将实验过程中的危害因素按职业健康影响危害性质进行分类可分为粉尘、化学因素、物理因素、放射性因素等四类。

(1)粉尘,包括活性炭粉尘、聚丙烯粉尘、聚氯乙烯粉尘、碳纤维粉尘、其他粉尘等。

(2)化学因素,包括铅、汞、锰、镉、磷、砷、铬、钴及其化合物等,以及一氧化碳、二氧化碳、氯气、硫酸、硝酸、盐酸、氢氧化钠等。

(3)物理因素,包括噪声、高温、振动、低温、紫外线、微波等。

(4)放射性因素,包括密闭放射源产生的电离辐射,非密封放射性物质、加速器产生的电离辐射等。

## 三、危险源与危险有害因素

实验过程的某个单元（实验物品、仪器设备、装置、部位或场所等）存在有害物质或能量，在一定的触发因素作用下有害物质或能量可能意外释放，导致人伤物损的事故，则这个单元被称为"危险源"。危险源是导致事故发生的源头，是有害物质或能量集中的核心，也是能量释放出来或爆发的地方。而实验过程某个单元的"有害物质或能量""触发因素"就是危险有害因素。"有害物质或能量"是危险源的固有危险，"触发因素"有可能将固有危险转化为事故，由此可见危险源是危险有害因素的载体。实验过程的某个单元，如果没有危险有害因素，就不是危险源，有危险有害因素，那就是"危险源"。

例如：某一个空置的房间，它不是一个危险源。若在该房间内放置盛装 5kg 甲苯的塑料桶，那此房间即成为一个危险源，甲苯的易燃易爆性就是这个房间的危险有害因素，这就是一个存在危险有害物质的"第一类危险源"；倘若盛装甲苯的塑料桶破裂，再遇到某人在这个房间抽烟，这种"人的不安全行为"或"物的不安全状态"就是"第二类危险源"，就可能导致火灾或爆炸事故。

在具体的实验过程中，人们更关心危险有害因素的作用。危险有害因素是导致事故发生的直接作用因素。危险有害因素是危险源的具体表现形式，危险有害因素不可脱离其载体而独立存在，承载体只有和危险有害因素在一起，才被称为"危险源"。危险源和危险有害因素密不可分。

在实验过程安全管理中，人们更关心实验过程中危险源的具体表现形式——危险有害因素，因为危险有害因素才是造成人员伤亡和财产损失的直接作用因素。在实验过程安全管理工作中，只有辨别出危险源中存在的危险有害因素，才能采取针对性的管控措施，防止事故发生。

在对危险源进行分析研究时，要重点考虑其表现出来的危险有害因素的特点；在研究危险有害因素时，不能脱离危险源的特性及其存在的位置和周边环境。

## 四、危险源与事故的关系

事故的发生是两类危险源共同作用的结果，第一类危险源的存在是事故发生的前提，是事故发生的内因；没有第一类危险源就没有能量或危险物质的意外释放，也就无所谓事故，第一类危险源在事故发生时释放出的有害物质或能量导致人员伤亡或财产损失，释放的有害物质的数量或能量强度决定事故后果的严重程度。

第二类危险源是事故发生的外因，如果没有第二类危险源，第一类危险源就处于相对安全的状态，能量或危险物质就不会意外释放。第二类危险源出现的概率越大，第一类危险源释放危险物质或能量的概率也就越大，发生事故的可能性也就越大。第二类危险源是事故发生的必要条件，第二类危险源（人的因素、物的故障、环境不良、管理缺陷）出现的概率，决定事故发生的可能性。两类危险源共同决定了危险源风险的大小。

# 第二节　危险有害因素辨识

危险有害因素辨识是危险源控制的基础，是实验过程安全管理一项非常重要的工作。只有辨识确定了危险有害因素之后，才能有的放矢地考虑采取何种措施予以控制和消减。

## 一、危险有害因素的辨识原则和能力

### 1. 危险有害因素辨识原则

（1）科学性原则。危险有害因素的辨识是分辨、识别、分析确定系统存在的危险，而并非研究防止事故发生或控制事故发生的实际措施。它是预测实验过程的安全状态和事故发生途径的一种手段，这就要求危险有害因素辨识必须有科学系统的安全理论作指导，使之能揭示实验过程系统安全状态，即危险有害因素存在的部位、存在的方式、事故发生的途径及其变化的规律，以定性或定量的概念清楚地描述出来，用严密的合乎逻辑的语言予以解释清楚。

（2）系统性原则。危险有害因素存在于实验过程的各个方面，因此，要对实验过程进行全面、详细的剖析，研究实验过程各个阶段之间的相关和约束关系，确定实验过程的主要危险有害因素及其相关的危险、有害性。

（3）全面性原则。辨识实验过程的危险有害因素时不要发生遗漏，以免留下隐患，要从实验场所位置、自然条件、总平面布置、建（构）筑物、实验过程、实验原辅材料、实验仪器设备、特种设备、公用工程、安全管理系统、管理制度等各方面进行分析、辨识，不仅要分析实验运行过程存在的危险有害因素，还要分析、辨识实验开始、停止及仪器设备检修及操作失误情况下的危险。

（4）预测性原则。对于危险有害因素辨识，还要预测分析其触发条件，即危险有害因素出现的条件或设想的事故模式。

### 2. 危险有害因素辨识所需能力

危险有害因素辨识人员，不但需要掌握科学的方法，还需要具备一定的专业知识、实验经验和工作能力。

（1）有关实验知识，诸如实验路径、反应类型、实验装置的构造、实验所需或产生危险物质的种类、数量及物化性质，实验过程中的能量、物质和信息流转情况等。

（2）与实验的设计、运行、维护等相关的标准规范、知识、操作经验、实验安全操作规程等。

（3）关于实验过程的危险有害因素辨识及其危害方面的知识。

## 二、危险有害因素辨识方法

危险有害因素的辨识方法，要根据分析实验对象的性质、特点、全生命周期的不同阶段和分析人员的知识、经验和习惯来定。常用的危险有害因素辨识的方法有经验分析法和系统安全分析法。

1. 经验分析法

适用于有可供参考的先例、有以往经验可以借鉴的实验过程。

（1）对照分析法。是对照有关的法律、法规、标准、规范、安全检查表或依靠分析人员的观察分析能力，借助于经验和判断能力，直观地评价实验过程的危险有害因素而进行分析的方法。其优点是简便、易行，缺点是容易受到分析人员的经验、知识和占有资料局限等方面的限制。有关的标准、规范、规程以及常用的安全检查表都是在大量实践经验的基础上编制而成的，具有应用范围广、针对性强、操作性强、形式简单等特点。安全检查表对危险有害因素的辨识具有极为重要的作用。

安全检查表用于辨识危险有害因素，需预先制定各个方面的安全检查项目内容，依据安全相关法律、法规、标准、规范，参考相应专业知识和经验，检查内容针对实验过程的每个阶段，逐项予以回答"是""否"或"有""无"，凡不具备的条款均为问题所在。对照《生产过程危险和有害因素分类与代码》（GB/T 13861—2022）得出危险有害因素的名称、分类和代码；对照《企业职工伤亡事故分类》（GB 6441—1986）和《职业病危害因素分类目录》（2015 年）得出可能发生的事故和职业病。

（2）类比推断法。是利用相同或类似实验过程的评价辨识经验和各类安全数据的统计资料来类推、分析实验过程的危险和有害因素。类比推断法也是实践经验的积累和总结。对那些相同或类似的实验过程，它们在事故类别、伤害方式、伤害部位、事故概率等方面极其相近，这说明其危险有害因素和导致的后果是可以类推的。新的实验过程可以借鉴同类实验或类似实验过程的经验来辨识危险有害因素，结果具有较高的置信度。类比推断法是一种基于经验的方法，适用于有可供参考先例、有以往经验可以借鉴的实验。此法不能应用在没有可供参考先例的、采用新实验方法或新物质参与的实验过程中。

（3）专家评议法。专家评议法实质上集中了专家的经验、知识和分析、推理能力，特别是针对同类实验过程进行类比分析、辨识危险有害因素不失为一种好方法。

2. 系统安全分析法

是从系统安全的角度来进行分析的方法，通过揭示实验过程中可能导致实验故障或事故的各种因素及其相互关联来辨识实验过程中的危险有害因素。常用于复杂实验过程、可能带来严重事故后果的实验过程，也可用于辨识没有事故教训的实验过程。常用的系统安全分析有预先危险分析法（PHA）、故障类型及影响分析法（FMEA）、危险与可操作性研究（HAZOP）、故障树分析法（FTA）等。

## 三、危险源区域

辨识危险有害因素时，首先应了解危险源所在的区域。一般情况下，把产生能量或具有能量的物质、实验操作人员作业区域、产生聚集危险物质的设备、容器所在区域作为危险源区域。为了有序、方便地进行分析，防止遗漏，宜从实验场所、平面布局、建（构）筑物、实验原辅材料、实验反应工艺、实验仪器设备、辅助实验设施、实验环境等方面分析评价对象存在的危险有害因素，列表综合归纳。

1. 危险源区域划分的原则

（1）按实验装置、仪器设备、作业区域划分，也包括功能上相互连接的实验装置、建筑物和构筑物等。

（2）按独立进行实验或作业的实验装置、仪器设备、储存场所划分。

（3）按危险操作区域划分。危险操作区域是指完成一定操作过程的作业场所。

2. 危险源所在作业区域划分应重点关注的实验过程、场所

（1）有发生爆炸、火灾危险的实验过程、场所。

（2）有触电危险的实验过程、场所。

（3）有高处坠落危险的实验过程、场所。

（4）有烧伤、烫伤危险的实验过程、场所。

（5）有腐蚀、放射、辐射、中毒和窒息危险的实验过程、场所。

（6）有落物、飞溅危险的实验过程、场所。

（7）有被物体碾、绞、挫、夹、刺和撞击危险的实验过程、场所。

（8）其他容易致伤的实验过程、场所。

### 四、危险有害因素辨识范围及内容

1. 危险有害因素辨识范围

开展实验过程的危险有害因素辨识，要系统性、全面性，包含实验反应类型、参与实验反应的原辅材料、实验装置的规划、设计、建造、运行、改造、变更、废弃和实验场所的人员、仪器设备、操作法、实验环境等要素。

（1）实验反应类型、参与实验反应的原辅材料、中间产物、最终产物。

（2）常规和非常规的实验活动和状态。

（3）所有进入实验场所的人员（包括合作方人员、参观者）的活动，实验场所附近、可能受实验活动影响的人员。

（4）实验人员的行为、能力和其他人的因素。

（5）源自实验场所外，但对在实验场所内受控制的人员产生负面影响的危险源。

（6）由其他临近实验活动引起的，可能影响实验场所的危险源。

（7）实验场所的实验基础设施、仪器设备。

（8）实验区域、实验流程、运行操作和实验组织的设计，包括与实验人员的能力相适应性。

（9）当实验操作、实验流程和实验活动修改、调整、变更时，可能产生新的或变化的危险有害因素。

（10）实验场所的危险有害因素的相关信息及变更信息的通知途径和方式。

2. 危险有害因素辨识内容

危险有害因素辨识内容主要包括实验场所环境、实验反应类型、实验仪器设备、实验所需的能量及提供方式、实验所需的原辅材料、中间产物及最终产物、实验操作人员操作能力和水平、安全防护措施、事故存在条件及触发因素等。

（1）实验场所的平面布局、实验台布局、仪器设备布局等是否合理，危险化学品、辐射仪器、高噪声设备的布置情况。

（2）实验安全操作规程内容能否满足实验要求；实验操作过程中存在的危险，失误操作存在的危险。

（3）实验仪器设备的名称、容积、工作温度、工作压力、性能、缺陷、维修保养情况、本质安全化水平，仪器设备故障处理措施、仪器设备之间的安全距离。

（4）实验过程所涉及危险物料的种类、数量、物理化学性质及储存方式及条件等。

（5）实验反应所需的温度、压力、实验及控制操作条件、事故及失控状态。

（6）本单位以前发生的事故，以及类似实验曾经发生的事故，包括紧急情况及发生的原因。

（7）实验操作人员的操作技术水平、操作失误率等，接触危险源的频次及接触时间、日常巡检、维护内容。

（8）实验反应过程可能发生的事故类别、危险等级，对友邻实验装置的危害及防护措施。

（9）实验现场的消防器材、安全防护设施是否满足要求，是否按时进行维护；安全通道是否符合要求。

（10）使用能量、危险物料的危险作业场所有无安全警示标志、安全防护措施；涉及粉尘、毒物、噪声、高温、低温、振动、辐射等有毒有害岗位，有无安全警示标识及防护设施。

（11）发生事故后的应急处理措施及方法。

## 五、实验过程危险有害因素的辨识

一个实验过程是通过若干个物理操作与若干个化学反应实现的，这些物理操作、化学反应过程，本身就存在一定的危险性。一方面，实验过程使用各种易燃易爆、有毒有害的危险化学品，在高温高压、低温低压状态下的仪器设备中反应，也会存在很多危险因素；另一方面，实验过程中产生的新物质又有可能会导致新的危险因素出现。

1. 危险有害因素辨识应重点关注的实验过程

不同的实验过程，因使用不同的化学试剂、产物、中间产物、工艺流程、控制参数等，其危险有害因素类型也不尽相同。应重点关注以下实验过程的危险有害因素辨识：

（1）有不稳定物质参与的实验过程。这些不稳定物质可能是化学试剂、添加剂、中间产物、副产物、最终产物或杂质等。

（2）温度、压力、浓度、流量等参数难以严格控制并可能引发事故的实验过程。

（3）有剧烈放热反应的实验过程，或含有压力、能量较大的实验过程。

（4）有易燃、易爆物料且在低温、低压条件下运行的实验过程。

（5）有易燃、易爆物料且在高温、高压条件下运行的实验过程。

（6）有剧毒化学品、易制爆危险化学品、易制毒化学品或高毒物料参与的实验过程。

（7）在物料的爆炸极限范围附近进行反应的实验过程。

（8）有可能形成尘、雾爆炸性混合物的实验过程。

（9）可能使危险物防护状态遭到破坏或者损害的实验过程。

（10）实验过程反应参数与环境参数具有较大差异，实验系统内部或实验装置与环境之间在能量的控制方面处于严重不平衡的实验过程。

（11）一旦脱离防护状态后的危险物质，会引起或极易引起大量积聚的实验过程和实验场所。

（12）有产生电气火花、静电危险性或其他明火作业，或有炽热物、高温熔融物的实验过程。

（13）有强烈机械作用影响（如摩擦、冲击、压缩等）的实验过程。

（14）能使设备可靠性降低的实验过程，如低温、高温、振动和循环负荷疲劳影响等。

（15）由于实验仪器设备布置不合理较易引发事故的实验过程。

（16）容易产生物质混合危险的或有使危险物出现配伍禁忌可能的实验过程。

2. 实验方案设计阶段的危险有害因素辨识

实验方案设计是实验的顶层设计，是实验功能特性设计的总体设计。因此在实验方案设计时，应首先从总体上明确实验反应路线、实验原辅材料选取、实验仪器设备选择、几何形状与尺寸等设计准则，以减少或避免可能因实验原辅材料选取、仪器设备布局、防爆、防泄漏、防漏电、动力匹配等一项或多项设计不合理，所导致的有毒有害物料的意外泄漏、能量意外释放及其他各类灼烫、火灾、爆炸、中毒、窒息、噪声、触电、高处坠落、高空坠物及机械伤害等一项或多项危险源的意外产生。设计准则依其实验过程的复杂程度不同，可包括原辅材料及实验产物的少量化、无害化、环保化，环境友好型设计、冗余设计、防差错设计、可维修设计、失效分析，仪器设备的标准化、通用化、系列化、组合化设计等多项要求。

（1）实验方案是否通过本质安全的合理设计，尽可能从根本上消除危险有害因素的发生。查看实验方案是否使用有毒有害物质，是否采用风险小的实验反应路线、采用无害化工艺技术、以无害物质代替有害物质，实验过程是否实行自动化等，以减少实验过程存在的危险性。

（2）在实验方案设计阶段，可利用已有的行业和专业的安全标准、规程进行危险源辨识。例如对涉及危险化工工艺的实验过程的危险有害因素进行辨识，可根据原国家安全生产监督管理总局颁布的《首批重点监管的危险化工工艺目录》《第二批重点监管危险化工工艺目录》认定的18种重点监管的危险化工工艺，对其实验过程中的危险有害因素进行辨识。

（3）当消除危险源有困难时，在实验过程中是否采取了预防性技术措施来预防或消除危害、危险的发生。如是否设置了安全阀、防爆阀（膜），是否有有效的泄压面积和可靠的防静电接地、防雷接地、保护接地、漏电保护装置等。

（4）当无法消除危险或危险难以预防时，对是否采取了减少危险、危害的措施进行考察辨识。如是否设置了合适的防火间距、通风设施是否设置并符合相关要求，是否以低毒物质代替高毒物质，是否采取减振、消声和防湿措施等。

（5）当无法消除、预防和减少危险发生时，对是否将人员与危险源进行物理隔离进行辨识。如是否设置远程控制操作、设置隔离操作室、安装安全防护罩、防护屏、配备劳动防护用品等。

（6）当操作者失误或仪器设备运行一旦达到危险状态时，对是否能通过联锁装置来终止危险的发生进行考察辨识。如升温、升压操作超过设定值时，是否可启动联锁报警保护装置避免事故发生等。

（7）对于确定的防护设施、易发生故障和危险性较大的部位，对是否设置了醒目的安全色、安全标志和声、光警示标识等进行辨识。如高温高压区、危险化学品储存、易燃易爆物质区等是否设置了标识。

3. 实验场所的危险有害因素辨识

（1）实验场所位置。从实验所在场所的工程地质、地形地貌、水文、气象条件、周围环境、环境敏感目标分布情况、建筑物朝向、交通运输条件、自然灾害、消防支撑等方面进行辨识。

（2）实验场所总体平面布置。从实验功能分区、防火间距和安全间距、内外部安全距离、建筑物朝向、危险物质储存设施［危险化学品试剂库、气瓶（间）库、压缩空气站等］的防火间距和安全间距、风向、安全通道等方面进行分析辨识。

（3）实验场所的建（构）筑物。通过实验过程所需危险物质的种类、数量判断分析可能产生的火灾危险性分类，从建（构）筑物的耐火等级、结构，实验场所所在层数、占地面积、防火间距、安全疏散、安全警示标志、禁烟禁火等方面进行分析辨识。

（4）道路及运输。从危险有害物质、仪器设备的运输、装卸、消防、疏散、人流、物流、平面交叉运输等方面进行分析辨识。

4. 实验过程原辅物料的危险有害因素辨识

实验过程中所需的原辅物料、中间产物、最终产物、副反应物、废弃物以及储存物质气、液、固态等不同的存在方式，它们在不同的状态下分别具有不同的理化性质及危险特性。了解并掌握这些原辅物料固有的危险特性是进行危险有害因素辨识、分析和评价的基础。

实验原辅物料的危险有害因素辨识，可从其理化性质、稳定性、化学反应活性、燃烧及爆炸特性、毒性及健康危害等方面进行分析辨识。

（1）在进行危险物料的危险有害因素辨识时，应考虑以下几个方面：

哪些是易燃、易爆物质？

哪些是可燃物质？

哪些是不稳定、振敏性、热敏性或自燃性物质？

哪些是急性有毒物质？

哪些是剧毒物质？

哪些是腐蚀性物质？

哪些是慢性有毒物质、致癌物质、诱导有机体突变的物质或导致胎儿畸形的物质？

是否会形成蒸气云？

是否管制类、重点监管类物质？

（2）物料的火灾危险性。依据《建筑设计防火规范（2018 年版）》（GB 50016—2014），在单个实验场所内，使用或产生的甲类、乙类火灾危险性物品的总量同其室内容积之比，是否超过单位容积的最大允许量，如果超过最大允许量，则应按《建筑设计防火规范（2018 年版）》（GB 50016—2014）规定确定生产火灾危险性分类设计实验场所的防火等级。

$$\frac{甲、乙类物品的总量（kg）}{厂房或实验室的容积（m^3）} < 单位容积的最大允许量$$

注：本公式中物品的总量为质量 kg，当为液体或气体时，应转换为体积 L。

表 5-7 列举了可不按物质危险性确定实验火灾危险性类别的最大允许量。

表 5-7  可不按物质危险性确定实验火灾危险性类别的最大允许量

| 实验的火灾危险性类别 | 使用或产生下列物质实验的火灾危险性特征 | 示例 | 最大允许量 | |
|---|---|---|---|---|
| | | | 与房间容积的比值 | 总量 |
| 甲 | （1）闪点<28℃的液体 | 汽油、丙酮、乙醚 | 0.004L/m³ | 100L |
| | （2）爆炸下限<10%的气体 | 乙炔、氢、甲烷、乙烯、硫化氢 | 1L/m³（标准状态） | 25m³（标准状态） |
| | （3）常温下能自行分解导致迅速自燃爆炸的物质 | 硝化棉、硝化纤维胶片、喷漆棉、火胶棉、赛璐珞棉 | 0.003kg/m³ | 10kg |
| | （4）在空气中氧化即能导致迅速自燃的物质 | 黄磷 | 0.006kg/m³ | 10kg |
| | （5）常温下受到水或空气中水蒸气的作用，能产生可燃气体并引起燃烧或爆炸的物质 | 金属钾、钠、锂 | 0.002kg/m³ | 5kg |
| | （6）遇酸、受热、撞击、摩擦、催化及遇有机物或硫黄等易燃的无机物能引起爆炸的强氧化剂 | 硝酸胍、高氯酸铵 | 0.006kg/m³ | 20kg |
| | （7）遇酸、受热、撞击、摩擦、催化及遇有机物或硫黄等易燃的极易分解引起燃烧的强氧化剂 | 氯酸钾、氯酸钠、过氧化钠 | 0.015kg/m³ | 50kg |
| | （8）与氧化剂、有机物接触时能引起燃烧或爆炸的物质 | 赤磷、五硫化磷 | 0.015kg/m³ | 50kg |
| | （9）受到水或空气中水蒸气的作用能产生爆炸下限<10%的固体物质 | 碳化钙（电石） | 0.075kg/m³ | 100kg |
| 乙 | （1）28℃≤闪点<60℃的液体 | 煤油、松节油 | 0.02L/m³ | 200L |
| | （2）爆炸下限≥10%的气体 | 氨气 | 5L/m³（标准状态） | 50m³（标准状态） |
| | （3）助燃气体 | 氧气、氟气 | 5L/m³（标准状态） | 50m³（标准状态） |
| | （4）不属于甲类的氧化剂 | 硝酸、硝酸铜、铬酸、发烟硫酸、铬酸钾 | 0.025kg/m³ | 80kg |
| | （5）不属于甲类的化学易燃危险固体 | 赛璐珞板、硝化纤维色片、镁粉、铝粉 | 0.015kg/m³ | 50kg |
| | | 硫黄、生松香 | 0.075kg/m³ | 100kg |

（3）物料的性质

① 物理性质（如沸点、熔点、蒸气压等）。

② 剧毒物质的性质及暴露极限（如 *IDLH* 和 *LD*$_{50}$）。

③ 慢性有毒物质的性质及暴露极限（如 *TLV* 和 *PEL*）。

④ 反应性质（如不相容或腐蚀性物质、聚合等）。

⑤ 燃烧及爆炸性质（如闪点、自燃温度、爆炸极限等）。

（4）危险物料可能导致的危险

① 泄漏。

② 燃烧。

③ 火灾。

④ 爆炸。

⑤ 化学性灼伤及腐蚀。

⑥ 急性中毒。

⑦ 放射性。

**5. 危险物料包装物的危险有害因素辨识**

（1）危险物料包装的结构是否合理，强度是否足够，防护性能是否完好，包装物的材质、形式、规格、方法和单位质量是否与所装危险货物的性质和用途相适应，以便于装卸、运输和储存。

（2）盛装液体的容器是否能经受在高温、高热条件下产生的内部压力；灌装时是否留有足够的膨胀余量（预留容积）。

（3）盛装需浸湿或加有稳定剂的物质时，在储存期间，容器封闭形式是否能有效保证内装液体（水、溶剂和稳定剂）的百分比，使其保持在规定的范围以内。

（4）盛装液体爆炸品容器的封闭形式，是否具有防止渗漏的双重保护功能；内包装能否防止爆炸品和金属物与其接触；铁钉和其他没有防护涂层的金属部件是否能穿透外包装。

**6. 危险化学品储运过程的危险有害因素辨识**

（1）可从危险化学品库房储存条件方面辨识。着重辨识其防火间距、耐火等级、防毒设施、消防设施、防火防爆措施等方面的危险因素，以及潮湿、腐蚀和疏散的危险因素；占地面积与火灾危险等级要求方面的危险因素也应着重识别。依据《建筑设计防火规范（2018 年版）》（GB 50016—2014），危险化学品的危险性可分为甲、乙、丙、丁、戊类（表 5-8）。

表 5-8　储存物品的火灾危险性分类

| 储存物品的火灾危险性类别 | 储存物品的火灾危险性特征 | 示例 |
| --- | --- | --- |
| 甲 | （1）闪点<28℃的液体；<br>（2）爆炸下限<10%的气体，以及受到水或空气中水蒸气的作用，能产生爆炸下限<10%气体的固体物质；<br>（3）常温下能自行分解或在空气中氧化，即能导致迅速自燃或爆炸的物质；<br>（4）常温下受到水或空气中水蒸气的作用，能产生可燃气体并引起燃烧或爆炸的物质；<br>（5）遇酸、受热、撞击、摩擦以及遇有机物或硫黄等易燃的无机物，极易引起燃烧或爆炸的强氧化剂；<br>（6）受撞击、摩擦或与氧化剂、有机物接触时能引起燃烧或爆炸的物质 | （1）己烷、戊烷、石脑油、环戊烷、二硫化碳、苯、甲苯、甲醇、乙醇、乙醚、甲酸甲酯、乙酸甲酯、硝酸乙酯、汽油、丙酮、丙烯、酒精度为38%及以上的白酒；<br>（2）乙炔、氢、甲烷、乙烯、丙烯、丁二烯、环氧乙烷、水煤气、硫化氢、氯乙烯、液化石油气、电石、碳化铝；<br>（3）硝化棉、硝化纤维胶片、喷漆棉、火胶棉、赛璐珞棉、黄磷；<br>（4）金属钾、钠、锂、钙、锶、氢化锂、氢化钠、四氢化铝锂；<br>（5）氯酸钾、氯酸钠、过氧化钾、过氧化钠、硝酸铵；<br>（6）赤磷、五硫化二磷、三硫化二磷 |

| 储存物品的火灾危险性类别 | 储存物品的火灾危险性特征 | 示例 |
|---|---|---|
| 乙 | (1) 28℃≤闪点<60℃的液体；<br>(2) 爆炸下限≥10%的气体；<br>(3) 不属于甲类的氧化剂；<br>(4) 不属于甲类的易燃固体；<br>(5) 助燃气体；<br>(6) 常温下与空气接触能缓慢氧化，积热不散引起自燃的物品 | (1) 煤油，松节油，丁烯醇，异戊醇，丁醚，醋酸丁酯，硝酸戊酯，乙酰丙酮，环己胺，溶剂油，冰醋酸，樟脑油，甲酸；<br>(2) 氨气，一氧化碳；<br>(3) 硝酸铜，铬酸，亚硝酸钾，重铬酸钠，铬酸钾，硝酸，硝酸汞，硝酸钴，发烟硫酸，漂白粉；<br>(4) 硫黄，镁粉，铝粉，赛璐珞板（片），樟脑，萘，生松香，硝化纤维漆布，硝化纤维色片；<br>(5) 氧气，氟气，液氯；<br>(6) 漆布及其制品，油布及其制品，油纸及其制品，油绸及其制品 |
| 丙 | (1) 闪点≥60℃的液体；<br>(2) 可燃固体 | (1) 动物油，植物油，沥青，蜡，润滑油，机油，重油，闪点≥60℃的柴油、糖醛、白兰地成品库；<br>(2) 粒径>2mm的工业成型硫黄、天然橡胶及其制品 |
| 丁 | 难燃烧物品 | 自熄性塑料及其制品，酚醛泡沫塑料及其制品，水泥刨花板 |
| 戊 | 不燃烧物品 | 钢材，铝材，玻璃及其制品，搪瓷制品，陶瓷制品，不燃气体，玻璃棉，岩棉，陶瓷棉，硅酸铝纤维，矿棉，石膏及其无纸制品，膨胀珍珠岩 |

（2）从危险化学品的储存技术条件方面辨识。着重辨识是否针对危险化学品具有的危险特性，如易燃性、腐蚀性、挥发性、遇湿反应性等采取了相应的措施；是否采取了分离储存、隔开储存和隔离储存的措施；是否存在危险化学品包装及封口方面的泄漏危险；是否存在库房温度、湿度方面不满足储存条件的危险；另外还有操作人员作业中失误的危险以及作业环境空气中有毒物质浓度方面的危险。

7. 实验仪器设备危险有害因素辨识

实验仪器设备的危险有害因素辨识一般可从以下几个方面辨识：仪器设备本身是否满足实验反应所需的要求；这些仪器设备是否由具有相应生产资质的专业工厂所生产、制造；特种设备的设计、生产、安装、使用单位是否具有相应的资质或许可证；是否具有相应的安全附件或安全防护装置，如安全阀、压力表、温度计、阻火器、防爆阀等；是否具备指标性安全技术措施，如超限报警、故障报警、状态异常报警等；是否具备紧急停止实验的安全设施；是否具有检修时不能自动投入运行、不能自动反向运转的安全装置。仪器设备是否有足够的强度；是否密封安全可靠；安全保护装置是否配套。

（1）反应釜、罐等设备的危险有害因素辨识

主要辨识这些设备是否有足够的强度、刚度；是否有可靠的耐腐蚀性；是否有足够的抗高温蠕变性；是否有足够的抗疲劳性；密封是否安全可靠；安全保护装置是否配套。

（2）机械加工设备的危险有害因素辨识

主要根据机械加工设备相关的标准、规程进行辨识，例如机械加工设备的一般安全要求；磨削机械安全规程；剪切机械安全规程；电机外壳防护等级等。

（3）电气设备的危险有害因素辨识

主要是根据电气设备相关的标准、规程进行辨识，还应紧密结合实验工艺的要求和实验环境的状况来进行。

① 电气设备的工作环境是否属于爆炸和火灾危险环境，是否属于粉尘、潮湿或腐蚀环境。在这些环境进行实验时，电气设备的相应防护是否满足要求。

② 电气设备是否具有国家指定机构的安全认证标志，特别是防爆电器的防爆等级是否符合实验场所环境。

③ 电气设备是否为国家明令的淘汰产品。

④ 用电负荷等级（一级、二级、三级）对电力装置的要求。

⑤ 触电保护、漏电保护、短路保护、过载保护、绝缘、电气隔离、屏护、电气安全距离等是否可靠。Ⅱ类设备外壳绝缘是否为双重绝缘或加强绝缘。

⑥ 电气火花引燃源。

⑦ 是否根据实验环境和条件选择安全电压，安全电压值和设施是否符合规定。

⑧ 防静电、防雷击（根据重要性、使用性质、发生雷电事故的可能性和后果，按防雷要求分为三类）等电气接地连接措施是否可靠；防雷装置设置是否合乎要求。

⑨ 事故状态下的照明、消防、疏散用电及应急措施用电的可靠性。

⑩ 自动控制装置的电源的可靠性，如不间断电源、双回路电源、冗余装置等。

（4）特种设备的危险有害因素辨识

锅炉、压力容器、压力管道内具有一定温度的带压介质，主要从以下几个方面对危险有害因素进行辨识：

① 锅炉、压力容器内具有一定温度的带压介质是否失效。

② 承压元件是否失效。

③ 安全防护装置是否失效。

由于安全防护装置失效、承压元件失效或密封元件失效，使其内部具有一定温度和压力的工作介质失控，从而导致事故的发生。

（5）法人单位内部机动车辆的危险有害因素辨识

实验场所常用的机动车辆有叉车和运送气瓶、化学试剂的电动车。机动车辆的危险有害因素有：

① 厂内机动车辆的载重量、容量及类型是否与其用途相适应，车辆内部的安全防护措施是否到位。

② 所使用车辆的动力类型是否与作业区域风险性质相一致。

③ 机动车辆制动效果如何。

④ 车辆是否定期进行维护保养，以免重要部件（如刹车、方向盘及提升部件）发生故障。

⑤ 车辆司乘人员是否有相应的操作资格证书。

⑥ 是否存在车辆超载、超限行驶。

⑦ 载物脱落或遗撒的风险，如果设备、容器不合适，会造成载物脱落或遗撒。

⑧ 车辆发生爆炸及燃烧的风险。车辆电缆线短路、油管破裂、粉尘堆积或电池充电时产生氢气等情况下，都有可能导致爆炸及燃烧。运载易燃易爆试剂和可燃气体时，车辆本身也有可能成为火源。

（6）常用传送设备的危险有害因素辨识

实验场所中常用的传送设备有滚轴和齿轮传送装置。其主要危险有害因素有：

① 夹钳：肢体被夹入运动的装置中。

② 擦伤：肢体与运动部件接触而被擦伤。

③ 卷入伤害：肢体绊卷到机器齿轮、皮带之中。

④ 撞击伤害：不正确的操作或者物料高空坠落造成的伤害。

（7）登高工具的危险有害因素辨识

实验室场所主要登高工具有直梯、活梯、活动架、脚手架（通用的或塔式的）、吊笼、吊椅、升降工作台和动力工作台。主要辨识以下危险有害因素：

① 登高装置自身结构方面的设计缺陷、悬挂系统结构失效。

② 工具的支撑基础下沉或毁坏。

③ 不恰当地选择了不够安全的攀登作业方法，如负载爬高。

④ 悬挂系统结构失效。

⑤ 因承载超重而使结构损坏。

⑥ 因安装、检查、维护不当而造成结构失效，因承载超重而使结构损坏，因不平衡造成的结构失效。

⑦ 所选设施的高度及臂长不能满足要求而超限使用。

⑧ 攀登方式不对或脚上穿着物不合适、不清洁造成跌落。

⑨ 未经批准使用或更改作业设备。

⑩ 与障碍物或建筑物碰撞。

⑪ 电动、液压系统失效，运动部件卡住。

8. 实验环境的危险有害因素辨识

实验环境中的危险有害因素主要有粉尘、噪声与振动、温度与湿度以及辐射等。

（1）粉尘的危险有害因素辨识

① 实验环境的粉尘主要来自破碎、粉碎、筛分、包装、配料、搅拌、散粉装卸及输送除尘等过程中。在对其进行危险源辨识时，应根据实验工艺、反应条件、实验设备、物料等方面，分析可能产生的粉尘种类和部位。

② 分析粉尘产生的原因、粉尘扩散传播的途径、实验时间、粉尘特性来确定其危害方式和危害范围。

③ 当爆炸性粉尘在空气中达到一定浓度（爆炸下限浓度）时，遇火源会发生爆炸。在进行爆炸性粉尘识别时，应根据粉尘的化学组成和性质、粉尘的粒度和粒度分布、粉尘的形

状与表面状态及粉尘中的水分，分析是否具备形成爆炸粉尘及其爆炸的条件。

（2）噪声的危险有害因素辨识

① 实验场所的噪声能引起职业性耳聋或引起神经衰弱、心血管疾病及消化道疾病的高发，会使实验操作人员的操作失误率上升，严重时会导致事故发生。

② 实验场所噪声可以分为机械噪声、空气动力性噪声和电磁噪声等三类。噪声危害的辨识主要是根据已掌握的实验仪器设备或实验场所的噪声确定噪声源、声级和频率。

（3）振动的危险有害因素辨识

① 振动危害分为整体振动危害和局部振动危害，振动可导致人的中枢神经、植物神经功能紊乱，血压升高，还可导致实验仪器设备损坏。

② 振动危害的辨识应先找出产生振动的设备，然后根据国家标准，参照类比资料研究振动的危害程度。

（4）温度与湿度的危险有害因素辨识

高温除能造成灼伤外，还可以影响实验操作人员的体温调节、水代谢及循环系统、消化系统、泌尿系统等。当实验操作人员的热调节发生障碍时，轻者影响劳动能力，重者可引起中暑、热射病。

① 实验过程的热源及其发热量、表面绝热层的有无、表面温度高低、热源与实验操作人员的接触距离等情况。

② 是否采取了防灼伤、防暑、防冻措施，是否采取了空调措施，是否采取了通风（包括全面通风和局部通风）换气措施，是否有实验环境温度、湿度的自动调节控制措施等。

③ 当温度急剧变化时，因热胀冷缩造成仪器设备材料变形或热应力过大，会导致材料破坏，在低温环境下仪器设备会发生晶型转变，甚至破裂而引发事故。

④ 高温环境可使火灾危险性增大，高温、高湿环境会加速材料的腐蚀。

（5）辐射的危险有害因素辨识

随着科学技术的进步，在化学反应、测量与控制等领域，接触和使用各种辐射能的场所越来越多，存在着一定的辐射危害。辐射主要分为电离辐射（如 α 粒子、β 粒子、γ 粒子和中子、X 射线）和非电离辐射（如紫外线、射频电磁波、微波等）两类。

① 电离辐射伤害是由 α 粒子、β 粒子、γ 粒子和中子极高剂量的放射性作用所造成。

② 非电离辐射中的射频辐射危害主要表现为射频致热效应和非致热效应两个方面。

③ 在进行辐射危险危害辨识时，应了解是否采取了通过屏蔽降低辐射的措施，操作人员是否采取了个体防护措施等。

9. 实验过程与手工操作有关的危险有害因素辨识

在实验过程中，存在人工拿、搬、举、推、拉及运送等操作时，可能导致的伤害有椎间盘损伤、韧带拉伤、肌肉损伤、神经损伤、肋间神经痛、挫伤、擦伤、割伤等。与人工操作有关的危险有害因素主要有：

（1）远离身体躯干拿取或操纵重物。

（2）超负荷推、拉重物。

（3）不良的身体运动或工作姿势，尤其是躯干扭转、弯曲、伸展取东西。

（4）超负荷的负重运动，尤其是举起、搬下或搬运重物的距离过长。

（5）负荷物可能有掉落、滑动、脱落等运动风险。

（6）人工操作的时间及频率不合理。

（7）没有足够的休息及恢复体力的时间。

（8）工作的节奏及速度安排不合理等。

10. 实验安全管理方面的危险有害因素辨识

实验安全管理方面的危险有害因素可从以下几个方面进行辨识：

（1）法人单位是否建立、健全本单位全员安全生产责任制，组织制订本单位安全实验规章制度和操作规程，保证本单位的安全实验投入的有效实施。

（2）法人单位是否进行安全实验检查和日常的安全巡查，及时消除实验安全隐患，组织制定并实施本单位的实验安全事故应急救援预案。

（3）法人单位是否按照要求配备安全实验管理机构和安全实验管理人员，是否对实验从业人员进行安全实验教育和培训，保证实验从业人员具备必备的安全实验知识，熟悉有关的安全实验规章制度和操作规程，掌握本岗位的安全操作技能。

（4）当实验过程采用新工艺、新技术、新材料或使用新设备时，是否对其进行风险辨识评估并制定管控措施，是否了解、掌握其安全技术特性，采取有效的安全防护措施，并对从业人员进行专门的安全实验教育和培训。

（5）法人单位的特种从业人员是否按照国家有关规定经专门的安全作业培训，取得特种作业操作资格证书，再进行上岗作业。

## 第三节　实验过程风险分级管控

实验过程的风险是客观存在的，在确定实验过程存在的危险有害因素种类及数量后，选择一种或多种风险评估方法，评估事故发生的可能性及后果的严重性，确定风险等级。根据风险等级，采取不同的管控手段进行控制，从而将实验过程风险降低或控制在可以承受的程度。

### 一、风险辨识评估流程

1. 准备阶段

明确需评估的实验过程，组建风险评估小组，收集国内相关法律法规、规章制度、标准规范等，编制各类调查表，实地调查被评估实验项目的基础材料。

（1）成立评估小组。法人单位安全管理部门会同科研管理部门组成由管理人员、实验人员、设备人员、安全专家等共同组成的风险评估小组，制定评估方案，确立风险评估目标、范围、评估准则。

（2）收集国内相关法律法规、规章制度、标准规范等和类似的实验安全事故案例等。

（3）收集实验过程涉及的主要实验原辅材料的种类、数量、理化性质、危险特性及存储方式；实验的主要操作步骤和实验反应条件；实验过程所使用的主要仪器设备（特别是特种设备）的种类、数量。

（4）实验场所的防爆、防火、防中毒措施条件和设施情况。

（5）实验操作人员资质、培训情况；应急预案及演练情况等。

（6）对实验现场环境进行实地调查，对实验相关的资料进行初步调查分析。

2. 制定风险评估方案

评估方案的内容一般包括：

（1）评估目的。

（2）评估依据。

（3）评估原则。

（4）评估范围。

（5）任务分工。

（6）评估方法。

（7）风险评估各阶段的工作计划。

（8）实施的时间进度安排。

## 二、风险辨识评估阶段

1. 依据风险辨识评估方案开展分析和评估工作

通过危险源辨识与分析、现场调查，并进行危险有害因素定性、定量评估。

（1）危险有害因素辨识与分析。辨识实验过程的危险源和各种危险有害因素，识别其风险、分析判断安全风险程度。重点分析和列出危险化学品、实验步骤和操作方法、特种设备使用、应急处置等方面存在的危险有害因素。

（2）选择评估方法。根据实验过程的特点，选择合适的定性或定量评估方法对实验过程的风险进行整体性评估与分析。尽量使用定量评估的方法进行评估，实在不能进行定量评估的，可选用半定量或定性评估方法。对于不同的实验阶段或环节，可根据评估的需要和实验环节特征选择不同的评估方法。必要时，可选用几种分析评估方法对同一评估对象进行评估，相互验证，以提高评估结果的准确性。

（3）定性或定量评估。采用选定的评估方法，结合现场调查，并可参考类似实验过程的危险有害因素导致事故发生或造成急性职业危害的可能性和严重程度进行定性、定量评估与分析。

2. 评估结论

归纳总结实验反应工艺、实验物料、仪器设备、安全管理及防护措施等方面的评估结果；列出实验过程存在的较大风险，以及应重点防控的危险源和危险有害因素，指出存在的问题，确定危害类别，预测发生重大事故的可能性及其严重程度，提出拟采取关键性风险控制措施及其降低安全风险方面的可行性安全措施。

3. 提出风险控制措施与建议

根据危险源及危险有害因素辨识、分析结果及定性、定量分析结果，从实验场所条件、实验材料和设备、实验方法、人员教育培训、应急处置能力、安全管理等方面提出有针对性的风险控制措施与建议。

## 三、信息收集

在开展风险辨识评估前，应收集但不限于以下信息：

（1）实验场所结构和布局、区域功能、设备安装、运行程序和组织结果，以及实验人员的适应性。

（2）与实验过程或类似实验过程已发生的安全事故。借鉴过往和其他实验过程的事故案例。

（3）实验方案设计、实验操作、防护用品配备、安全保障措施的科学性、合理性及可操作性。

（4）实验过程中使用的实验原辅材料、仪器设备、化工工艺反应类型等。

（5）实验场所条件、实验技术及管理人员、从业人员的能力能否满足实验需要。

（6）实验仪器设备和材料等相关的风险，包括仪器设备本身的风险和可能造成的风险，无论是本单位提供的还是外界提供的。

（7）安全教育培训与准入方案、实验安全管理制度与措施。

（8）所有进入实验场所人员的活动。进入实验场所人员所带来的风险，包括行为、能力、身体状况、可能影响工作的压力等。

（9）实验场所附近、相邻区域的实验相关活动对实验操作人员产生的风险。

（10）应急预案、安全责任制落实等事项的准备情况。

（11）常规和非常规的实验活动，包括新引入的化学品危害及安全措施、新开放或新引入的化学反应或工艺等。

（12）实验场所功能、活动、材料、设备、环境、人员、相关要求等发生变化。

（13）法人单位安全管理体系的更改，涉及对运行、过程和活动的影响。

（14）任何与风险评估和必要的控制措施实施相应的法定要求。

（15）消除、减少和控制风险的管理措施和技术措施，及采取措施后残余风险或新带来风险的评估。实验所涉危险源种类、数量、特性及可能导致(引发)的风险。

## 四、风险辨识评估方法

风险辨识和评估是实验过程安全管理的基础。风险辨识一般要从识别可能存在或遇到的危险有害因素、危害事件开始，在此基础上，对辨识出的风险逐一进行可能导致后果的严重性和发生的可能性分析，综合两个方面的因素进行评估，从而确定是否需要将其纳入风险管控的范围。

实验过程的风险辨识评估既要防止遗漏风险，又要避免扩大风险，更要突出重大风险；既要管控到位、防止事故，又要避免因过度防控造成人力、物力和财力的浪费，耽误实验的进度。

实验过程风险分析既要对实验过程中的人、机、料、法、环等要素存在的风险进行分析，还要对实验工艺路线和方案的设计、实验装置的建设及运行、更新、改造、废弃等全生命周期的各个环节存在的风险进行分析。实验过程风险评估，是通过适用的评估方法对实验过程的风险进行分析评估，确定风险的级别。对实验过程的风险评估一般常用的方法有：经验法、作业条件危险性评价法（LEC）。

1. 经验法

经验法，根据实验过程中使用实验原辅材料、仪器设备、化工工艺反应类型等危险源的危险程度，以及实验现场是否存放大量危险性实验材料，将过程进行分类。参照教育部2024年发布的《高等学校实验室安全分级分类管理办法（试行）》文件要求，可以将实验过程的安全风险等级从高到低划分为重大风险（一级、红色）、较大风险（二级、橙色）、一般风险（三级、黄色）和低风险（四级、蓝色）等四个等级。见表5-9。

表5-9　实验过程的安全风险等级

| 风险级别 | 参考分级依据 |
| --- | --- |
| 重大风险<br>（一级、红色） | 实验过程有以下情况之一的：<br>（1）实验原料或产物含剧毒化学成分；<br>（2）使用剧毒化学品；<br>（3）存储、使用第一类易制毒品；<br>（4）存储、使用易燃易爆化学品总量大于50kg或50L；<br>（5）存储、使用有毒、易燃气瓶总量≥6瓶；<br>（6）使用Ⅰ、Ⅱ类射线设备；<br>（7）使用机电类特种设备；<br>（8）使用超高压等第三类压力容器；<br>（9）使用强磁、强电设备；<br>（10）使用富氧涉爆的自制设备 |
| 较大风险<br>（二级、橙色） | 实验过程有以下情况之一的：<br>（1）存储、使用易燃易爆化学品总量为20~50kg或20~50L；<br>（2）存储、使用有毒、易燃气瓶总量为3~6（不含）瓶；<br>（3）使用第一类、第二类压力容器 |
| 一般风险<br>（三级、黄色） | 实验过程有以下情况之一的：<br>（1）存储、使用第二/三类易制毒品；<br>（2）基础设备老化 |
| 低风险<br>（四级、蓝色） | 实验过程有以下情况之一的：<br>（1）不涉及重要危险源的实验室；<br>（2）主要涉及一般性消防安全、用电安全的实验室 |

## 2. 作业条件危险性评价法(LEC)

作业条件危险性评价法,是一种用于系统风险性的半定量的评价方法,是一种评价操作人员在具有潜在危险性环境中作业时的危险、危害程度。该方法是用和实验过程系统风险有关的三种因素指标值的乘积来评价实验操作人员伤亡风险大小。这三种因素分别是:

$L$ 代表事故发生的可能性。发生危险情况的可能性用可能发生事故的概率来表示,不可能发生的事故为0,而必然发生的事故为1。然而,在做安全系统考虑时,完全不发生事故是不可能的。所以,人为地将实际上不可能发生事故的情况的分值定为0.1,而必然发生事故的分值定为10,这两种之间的情况取中间值。

$E$ 代表作业人员暴露于危险环境的频繁程度。若人出现在危险情况中的时间越长,则危险性越大。所以将连续出现在危险环境中的情况定为10,而将非常罕见的暴露情况定为0.5。

$C$ 代表一旦发生事故可能造成后果的严重程度。事故发生后的危害程度变化范围很大,对于伤亡事故,可以是轻微的伤害、直到多人死亡的后果。把轻微伤害定为1,把大灾害三人及以上死亡的可能性分值定为100,其他伤亡情况的分值在1~100之间。

对于实验过程作业条件的三种因素的不同等级分别赋予不同的分值,再以三个分值的乘积 $D$ 来评价实验过程作业条件危险性的大小。

即 $D = L \times E \times C$

$L$、$E$、$C$ 三个因素的取值参考范围见表5-10~表5-12。

表5-10 $L$-事故发生可能性分值

| 分数值 $L$ | 10 | 6 | 3 | 1 | 0.5 | 0.2 | 0.1 |
|---|---|---|---|---|---|---|---|
| 事故发生的可能性 | 完全会被预料到 | 相当可能 | 可能但不经常 | 完全意外很少可能 | 可以设想很少可能 | 极少可能 | 实际上不可能 |

表5-11 $E$-暴露于危险环境的频繁程度分值

| 分数值 $E$ | 10 | 6 | 3 | 2 | 1 | 0.5 |
|---|---|---|---|---|---|---|
| 暴露于危险环境的频繁程度 | 连续暴露 | 每天工作时间内暴露 | 每周一次或偶然暴露 | 每月暴露一次 | 每年暴露几次 | 非常罕见的暴露 |

表5-12 $C$-事故造成的后果分值

| 分数值 $C$ | 100 | 60 | 15 | 7 | 5 | 3 | 1 |
|---|---|---|---|---|---|---|---|
| 事故造成的后果 | 三人及以上死亡 | 两人死亡 | 一人死亡 | 严重伤亡 | 职业病 | 有伤残 | 引人注意 |

风险等级划分。根据 $D$ 值的大小可以将实验过程作业风险分为四个等级。$D$ 值越大,表示实验过程作业的危险性越大。实验过程作业条件的危险性 $D$ 值的等级划分见表5-13。

(1)一级安全风险:根据作业条件危险性评价法判定的 $D \geq 320$ 的实验或实验项目;

(2)二级安全风险:根据作业条件危险性评价法判定的 $160 \leq D \leq 319$ 的实验或实验项目;

（3）三级安全风险：根据作业条件危险性评价法判定的 $70 \leqslant D \leqslant 159$ 的实验或实验项目；

（4）四级安全风险：根据作业条件危险性评价法判定的 $D<70$ 的实验或实验项目。

表 5-13　危险性等级划分

| 危险性分值（D） | ≥320 | 160~319 | 70~159 | <70 |
|---|---|---|---|---|
| 危险程度 | 极度危险<br>不能继续作业 | 高度危险<br>需要立即整改 | 显著危险<br>需要整改 | 较低危险<br>需要注意 |
| 风险等级 | 一级安全风险 | 二级安全风险 | 三级安全风险 | 四级安全风险 |
| 风险颜色 | | | | |

## 五、风险分级管控

风险分级管控，是针对实验过程的风险辨识评估结果，对每一处的风险都制定科学有效的管控措施，让实验过程的每个风险点的防范和控制措施都得到有效的落实，使每个风险点都处于有效受控状态。

对实验过程进行风险分级管控的主要目的，就是保障实验过程的危险化学品、仪器设备等能够安全正常地使用、运行，降低仪器设备等在使用过程中出现事故的可能性和发生的概率，保证实验人员的人身安全。

不同风险分析评估方法获得的结论可能有所差别，本着"就高不就低"的原则，选取风险等级最高的，确定为该实验的风险等级。

根据实验过程的风险辨识评估、风险管控措施的制定等工作，拟定一张包含主要风险、潜在引发事故隐患种类、事故后果、管控措施、应急预案以及事故情况报告的方式等信息的实验风险告知卡，并在各实验场所门口张贴公告，危险区域张贴警示牌，确定实验人员了解实验风险。实验的风险信息发生变动后须及时更新。

实验场所必须按照危险源和风险点采取相应的防控措施，并制定相应的应急预案。

参照教育部《高等学校实验室安全分级分类管理办法（试行）》要求，对不同级别的实验过程进行分级分类管理（表 5-14）。

表 5-14　实验过程分级管理要求

| 管理要求 | 实验过程分级 | | | |
|---|---|---|---|---|
| | 重大风险（一级、红色） | 较大风险（二级、橙色） | 一般风险（三级、黄色） | 低风险（四级、蓝色） |
| 安全检查 | 法人单位主要负责人每年牵头开展不少于 1 次安全检查；安全管理职能部门每月开展不少于 1 次安全检查；研究室每周开展不少于 1 次安全检查；课题（班）组做到"实验结束必巡" | 分管负责人每年牵头开展不少于 1 次安全检查；安全管理职能部门每季度开展不少于 1 次安全检查；研究室每月开展不少于 1 次安全检查；课题（班）组做到"实验结束必巡" | 安全管理职能部门每半年开展不少于 1 次安全检查；研究室每季度开展不少于 1 次安全检查；课题（班）组做到经常性检查 | 安全管理职能部门每年开展不少于 1 次安全检查；研究室每半年开展不少于 1 次安全检查；课题（班）组做到经常性检查 |

| 管理要求 | 实验过程分级 | | | |
|---|---|---|---|---|
| | 重大风险(一级、红色) | 较大风险(二级、橙色) | 一般风险(三级、黄色) | 低风险(四级、蓝色) |
| 安全评估 | 开始实验前应进行安全风险评估,在研究室备案,法人单位不定期抽查;针对实验活动制定相应的管理办法和应急措施,责任到人;每年开展不少于1次实验过程的应急演练 | 开始实验前应进行安全风险评估,在研究室备案,法人单位不定期抽查;针对实验活动制定相应的管理办法和应急措施,责任到人;每年开展不少于1次实验过程的应急演练 | 开始实验前应进行安全风险评估,在研究室备案,研究室不定期抽查;研究室判断如有必要,可临时按更高等级实验过程安全要求进行管理 | 开始实验前应进行安全风险评估,在研究室备案,研究室不定期抽查;研究室判断如有必要,可临时按更高等级实验过程安全要求进行管理 |
| 条件保障 | 在高风险点位安装监控和必要的监测报警装置;危化品等重要危险源存储严格执行治安管控或其他部门监管要求;配备充足的专职实验安全管理人员;配备必要的个体防护设备设施 | 高风险点位安装监控和必要的监测报警装置;危化品等重要危险源存储严格执行治安管控或其他部门监管要求;配备充足的专职实验安全管理人员;配备必要的个体防护设备设施 | 在重要风险点位安装监控和必要的监测报警装置;配备充足的兼职实验安全管理人员;配备必要的个体防护设备设施 | 配备必要的兼职实验安全管理人员;配备必要的个体防护设备设施 |

## 六、风险的重新评估

实验方案或实验(工艺)的危险源、流程如有重大调整或出现原先评估时未发现的重大安全风险,项目负责人应当按照流程重新进行安全风险评估,并及时主动采取有效管控防范措施。

（1）采用新设备、新工艺、新材料、新方法,人员、环境等发生变化或者改变实验场所结构功能时。

（2）有关法律法规、规章制度、标准规范、政策等新发布、修订后。

（3）发生安全事故或事件后。

（4）实验流程变更时。

（5）包括实验原辅材料存储或使用的实验场所分区执行的任务发生改变之前。

## 第四节　风险控制措施

风险控制措施是在实验项目设计、运行过程、管理中采取的消除或减弱危险有害因素的工程技术措施和管理措施,是预防事故和保障整个实验过程安全的对策措施。

### 一、工程技术措施

工程技术措施一般包括防止事故发生的安全技术和减少或避免事故损失的安全技术。防止事故发生的安全技术是约束、限制实验过程中能量或危险物质的意外释放;减少或避免事故损失的安全技术是避免或减轻意外释放的能量或危险物质对人或物的作用。显然,在制定风险控制措施时，应着眼于前者，做到防患于未然，另外也应做好充分准备，一旦发生事故应防止事故扩大或引起二次事故，把事故造成的损失控制在尽可能小的范围内。

1. 制定工程技术措施的基本原则

（1）消除。通过合理的设计和科学的管理，尽可能从根本上消除危险源及危险有害因素。如采用无害化实验工艺技术，以无害物质代替有害物质，实现自动化、遥控实验等。

（2）预防。当消除危险源及危险有害因素有困难时，可采取预防技术措施，预防危险、危害的发生。如使用安全阀、安全屏护、漏电保护装置、安全电压等。

（3）减弱。在无法消除和难以预防危险源及危险有害因素的情况下，可采取降低危险、危害的措施，如加局部通风排毒装置，以低毒性物质代替高毒性物质，采取降温措施，设置避雷、消除静电、减振、消声等装置。

（4）隔离。在无法消除、预防、减弱的情况下，应将实验人员与危险源及危险有害因素隔开，将与实验人员不能共存的物质分开。如遥控作业、安全罩、通风橱、防护屏、安全距离、事故发生时的自救装置（如防护服、各类防毒面具）等。

（5）联锁。当实验人员失误或设备运行一旦达到危险状态时，可以通过联锁装置终止危险、危害的发生。

（6）警告。在易发生故障和危险性较大的地方，应设置醒目的安全色、安全标志，必要时设置声、光或声光组合报警装置。

2. 工程技术措施的针对性、可操作性和经济合理性

风险控制措施应符合国家有关法律法规、规章制度、标准规范的规定，并应具有以下三个特性。

（1）针对性。针对性是针对不同类别实验过程的特点，通过辨识与评价得到的主要危险源及危险有害因素及可能发生的事故，提出对策措施。由于危险有害因素及其后果具有隐蔽性、随机性、交叉影响性，对策措施不仅要针对某项危险有害因素采取措施，还应为使整个实验过程达到安全的目的，采取优化组合的综合措施。

（2）可操作性。提出的工程技术措施在技术上是可行的，是能够落实和实施的。此外，应尽可能具体指明对策措施所依据的法规、标准，说明应采取的具体对策措施，以便于应用和操作，不应笼统地以"按某某标准有关规定执行"作为对策措施提出的依据。

（3）经济合理性。经济合理性是指提出的对策措施不应超过国家及实验项目、法人单位的经济、技术水平，追求绝对的安全，按过高的安全要求提出风险控制措施，即在采用先进技术的基础上，考虑到进一步发展的需要，以安全法规、标准和规范为依据，结合法人单位的经济、技术状况，使安全技术装备水平与实验装备水平相适应，取得经济、技术、安全的合理统一。

3. 工程技术措施的基本要求

提出的工程技术措施应满足以下基本要求：

（1）能消除或减弱实验过程中产生的危险、危害。

（2）处置危险和有害物，并使之降低到国家规定的限值内。

（3）预防实验装置失灵和操作失误产生的危险、危害。

（4）能有效地预防重大事故和职业危害的发生。

（5）当实验发生意外事故时，能为遇险人员提供自救和互救条件。

## 二、风险管理措施

风险管理措施涉及对人的管理和对物的管理。对人的管理，是指在人的工作周期，建立、实施、保持和改进用于控制人的不安全行为的管理过程及手段。涉及人的安全管理措施，主要包括实验从业人员的入职、风险及控制规则告知（包括培训、操作规程、规章制度、标识等）、工作安排、监督和检查、意识和文化等方面。

对物的管理，是指在系统的各生命周期阶段，建立、实施、保持和改进安全措施的管理过程及手段，主要包括实验方案、实验场所、仪器设备、所使用试剂的规划和设计、精确施工、采购和安装、评审和验收、监督和检查、维修、更新和改造等方面。

风险管理措施是通过一系列管理手段，将实验人员、仪器设备、危险物质、能量流、实验环境等涉及安全实验工作的各个环节有机地结合起来，并进行整合、完善、优化，以保证法人单位实验过程的安全，使已经采取的工程技术对策措施得到制度上、组织上、管理上的保证，实验过程中人的不安全行为、物的不安全状态和环境的不安全因素得到控制，以有效降低安全事故风险。

具体来讲，可从以下几个部分概括实验风险管理对策措施的内容：

（1）建立完善的安全管理体系。

（2）建立、健全全员安全生产责任制，制定各项安全实验管理规章制度及操作规程。

（3）配备实验安全管理机构和人员。

（4）配备实验安全培训教育的场所，制定实验安全培训的计划和制度。

（5）建立健全安全实验投入的长效保障机制，满足安全实验所必需的安全投入、安全工程技术措施的制定和安全设施的配备。

（6）实验的过程控制和管理。针对实验过程中存在的危害和风险进行控制和管理，制定相应的操作规程、管理制度，并严格执行，防止物的状态和人的不安全行为失控而引发事故。

（7）制定切实可行的应急处置方案、现场应急处置卡，并定期进行应急救援演练。

（8）与外界相关的安全部门建立紧密的联系，一旦发生事故，可立即动员各方力量进行救护。

（9）加强安全实验监督与检查。通过对国家有关安全的法律法规、标准规范、规章制度和本单位所制定的各类安全实验规章制度和全员责任制执行情况的监督与检查，促进和保证对实验全过程进行科学、规范、有序、有效的安全控制和管理。

（10）督促和检查个体防护用品的使用，并执行各项个体防护的规章制度。

（11）对于特种设备必须严格管理，按照规定进行检修。对于特种设备操作人员，严格执行持证上岗制度。

（12）严格执行国家法律法规、标准规范中规定的安全措施。

这里要特别说明：不能以风险管理措施替代工程技术措施。根据对 1993—2023 年 177

起实验事故发生的原因进行分析，涉及人的因素的事故有 107 起，占事故总起数 60.5%。不少实验管理人员以此为依据，认为降低"违章作业"的办法就是加强"安全管理"，提出"事故源于违章"的说法。只强调"安全管理"，而不注重"安全设施"，以管理制度代替安全设施，使危险有害因素及其对应的危险源没有真正得到控制，实验从业人员没有得到真正防护，实际上已经出现"事故隐患"，能量或危险物质已经具备释放和暴露的条件，一旦与人接触，就可能引发事故。由于人失误的概率远大于设备故障的概率，因此从业人员在进行实验时，只要稍不留意或失误，就会引发事故。

### 三、风险控制措施的评审

在实施风险控制措施前，应对风险控制措施进行评审，评审应针对以下内容进行：

（1）识别出的危险有害因素是否有配套风险控制措施，安全设施是否到位。

（2）风险控制措施的实施能否使风险降低到可接受的水平。

（3）风险控制措施实施后，是否会产生新的危险源。

（4）是否选定了投资效果最佳的解决方案。

## 第五节　实验事故隐患排查治理

### 一、实验安全事故隐患

参照《安全生产事故隐患排查治理暂行规定》（2007 年版）的相关规定，实验事故隐患，是指实验过程中违反安全生产法律、法规、规章、标准、规程和安全管理制度的规定，或者因其他因素在实验过程中存在的可能导致实验安全事故发生的物的危险状态、人的不安全行为和管理上的缺陷。

事故隐患是危险源及其风险未得到有效控制的结果；事故隐患与实验活动相伴而生，始终伴随实验活动的全过程。某些事故隐患一旦形成，即便停止实验活动也不能彻底消除事故风险。

1. 事故隐患的特性

（1）普遍性：由于实验人员的安全意识薄弱、仪器设备的缺陷、管理不到位等，事故隐患在实验过程经常重复出现。因此事故隐患排查不能中断。

（2）隐蔽性：事故隐患的形态千变万化，一些仪器设备的失效是潜在并发展的，一些违章行为通常不被旁人觉察。因此事故隐患排查的全员参与和专业技术队伍建设就尤其重要。

（3）动态性：实验过程是个动态过程，事故隐患也随着实验过程的不同阶段有所变化；旧的事故隐患消除了，新的事故隐患可能还会发生。因此，事故隐患排查治理必须常态化，不能一劳永逸。

2. 实验事故隐患分类

参照《生产过程危险和有害因素分类与代码》（GB/T 13861—2022），实验事故隐患可分为以下四类：

（1）人的因素事故隐患，包括人员的行为、操作等不符合法人单位规章制度和实验安全操作规程的要求，且可能导致未遂事件或事故发生的状况。

（2）物的因素事故隐患，包括仪器设备等物的状态不符合安全标准，或安全装置损坏失灵，或仪器设备等存在其他可能导致未遂事件或事故发生的状况。

（3）环境因素事故隐患，包括实验场所环境内职业危害因素出现异常或超过规定的限值，或现场照明、地面、通道、防护等存在可能导致未遂事件或事故发生的其他状况。

（4）管理因素事故隐患，包括相关管理工作不符合法人单位规章制度的要求，且由此会导致人员发生未遂事件或事故。

事故隐患的表现形式不同，事故隐患排查人员应熟悉并掌握各类安全实验事故隐患的特性及其表现形式，法人单位应对事故排查人员进行相关的知识培训。

3. 事故隐患的判定标准

事故隐患分为重大事故隐患和一般事故隐患。

（1）重大事故隐患，是指危害和整改难度较大，事故风险高、影响范围较大，应当全部或者局部停止实验，并经过一定时间整改治理方能排除的事故隐患，或者因外部因素影响致使法人单位自身难以治理的事故隐患。

（2）一般事故隐患，是指危害和整改难度较小，发现后能够自行组织治理、立即整改排除的事故隐患。法人单位可根据自身情况对一般事故隐患进一步细化分级：

① 事故隐患发现现场、实验人员可以立即采取措施消除的事故隐患，一般不需分级，也无须纳入事故隐患台账和统计分析。

② 事故隐患治理投入整改费用较小，研究室或责任部门能组织治理，且事故隐患风险不会导致伤亡事故的，可确定为轻微事故隐患或部门级事故隐患。

③ 事故隐患治理需投入整改费用较大，研究室或责任部门治理有难度、有困难，需要法人单位组织治理的，或事故隐患风险会导致伤亡事故的，可确定为重点事故隐患或研究室级事故隐患。

## 二、事故隐患排查

事故隐患的排查，是法人单位对事故隐患的主动性排查，而不是事故发生后的原因排查。由于法人单位、研究室开展事故隐患排查的频次往往高于风险评估的频次，因此可以通过事故隐患排查对实验过程风险辨识中遗漏的或者没有发现的风险点进行查找与治理。全面、准确地排查事故隐患，是消除事故隐患的前提，将风险隐患消灭在萌芽状态。

事故隐患排查要明确"谁在查"，法人单位、研究室、课题（班）组明确事故隐患排查人，开展系统化、规范化风险隐患排查，确保事故隐患排查工作全覆盖、无死角；明确"查什么"，制定隐患排查方案，明确排查内容标准，特别是对安全事故、事故隐患较多的实验领域、实验场所，要找准找实问题隐患，形成具体的隐患排查标准，确保隐患排查不打折扣、不走过场；做实"怎么查"，实验从业人员每天要开展事故隐患排查，管理人员每周要带头开展一次事故隐患排查，同时检查从业人员的事故隐患排查开展情况，法人单位每月要带头开展一次事故隐患排查工作，切实构建高效事故隐患监督检查工作体系，筑牢安全防线。

1. 事故隐患排查内容

（1）依据法律法规、规章制度、标准规范、安全实验管理制度和操作规程对实验过程开展事故隐患排查。

（2）排查实验过程中未发现的风险。未发现的风险是更大的隐患，及时发现、识别前期未识别的风险，是事故隐患排查治理的重要内容。

（3）排查核查已识别风险的管控措施是否落实到位，风险管控措施在异常情况下失效或者达不到预期效果会将风险进一步转化为隐患。

2. 事故隐患排查重点部位

在风险识别的基础上，将需要控制的风险所在部位，确定为实验场所事故隐患排查重点部位。一般包括：

（1）人的不安全行为频发、易发部位。

（2）仪器设备的不安全状态频发、易发部位。

（3）仪器设备及其作业风险较大的部位。

（4）以前发生过事故，但事故原因未得到根治的部位。

（5）其他根据实验场所仪器设备和作业活动特点，需重点监控的其他部位等。

3. 事故隐患排查方式

（1）检查表法，是指对实验过程存在的危险源、风险点和实验工艺流程、仪器设备、人员操作中存在的危险有害因素对照法律法规、规章制度、标准规范和实验安全管理制度、操作规程等进行识别与分析的判断方法。该方法以打分或者提问的方式，对需要检查的项目以表格方式列出，即安全检查表，如教育部发布的《高等学校实验室安全检查项目表（2023年）》，可作为实验安全隐患排查的检查表参考使用。通过外部安全检查、评价和检测等发现实验事故隐患。

（2）建立实验场所内外部的事故隐患举报、信息收集机制，包括建立举报电话、电邮、微信、微博等举报平台，也包括通过与工会、职工代表或岗位人员的交流，收集事故隐患信息等。

（3）通过事故隐患排查重点部位的日常监控发现现场事故隐患。

（4）通过岗位实验人员的实验过程检查等方式发现现场事故隐患。

（5）通过法人单位、研究室、课题(班)组的日常排查、专项排查、全面排查等定期检查方式发现各类事故隐患。

（6）通过安全评估等专业技术方式，发现隐蔽性、专业性的事故隐患。

（7）通过对实验场所及同类实验过程发生的未遂事件、事故的原因分析而发现的各类事故隐患。

4. 排查发现事故隐患

组织开展隐患排查治理是我国安全生产工作的重点，在防范遏制事故工作中发挥着巨大作用。隐患治理的前提是排查发现隐患。因此，法人单位要高度重视隐患排查工作，把隐患排查作为实验管理的重要一环做实做细。

排查事故隐患的工作目标有两个：一是排查未识别的风险，二是排查已识别风险的管控措施是否到位。

法人单位应当对实验过程的所有场所、物品、仪器设备、实验人员的操作活动，以及相关方在实验场所的作业活动进行事故隐患排查；根据各类实验、场所和仪器设备存在的事故风险，有针对性地开展事故隐患排查，特别是针对本实验领域发生伤亡事故的、本单位发生人员伤亡事故的，应针对事故发生原因举一反三，及时开展事故隐患排查。

法人单位要纵向落实从主要负责人到实验操作人员的隐患排查治理责任，要横向落实从实验安全管理部门到实验工艺、设备等相关管理部门的隐患排查治理责任，明确隐患排查治理各个参与角色的排查周期和排查内容。

法人单位应将隐患排查治理工作作为安全实验的日常工作，定期开展。事故隐患排查的周期频率可根据本单位的实验特点和危险程度开展。

5. 组织排查事故隐患的时机

当出现下列情况之一时，应当及时组织开展隐患排查。

（1）法律法规、规章制度、标准规范和法人单位实验安全管理制度、操作规程颁布执行或修订发布时，应当组织开展法规符合性隐患排查。

（2）同类实验领域发生实验安全事故时，或法人单位内部发生事故事件时，应当组织开展事故类比性隐患排查。

（3）实验场所环境、外部环境发生重大变化时，应当组织开展环境适应性隐患排查。

法人单位对排查出的隐患，要认真分析管理方面存在的责任不清，缺乏工作标准、检查频次不够，监督考核没有跟上等问题，要从管理方面找原因。查找是否存在类似的隐患，对发现的重大隐患，要组织有关人员开展"头脑风暴"，发挥群策群力的作用，切实做到举一反三。

## 三、事故隐患治理方案的制定

实验过程潜在危险源及其风险未得到有效控制，就会形成事故隐患，事故隐患如果得不到及时治理，其直接后果就是发生未遂事故或事件，造成人身伤害和财产损失。因此安全实验工作的关键环节之一就是排查和治理事故隐患。

法人单位应当遵守法律法规、规章制度、标准规范、操作规程和安全管理制度的规定，采取技术和管理措施，及时发现并消除事故隐患。对发现的事故隐患，研究室应当立即消除，无法立即消除的，应当按照事故隐患危害程度、影响范围、整改难度，制定治理方案，落实治理措施，消除事故隐患。

事故隐患治理方案必须符合法律法规、规章制度、标准规范和法人单位管理制度、操作规程的要求。治理方案要重视源头治理，严格过程控制，防止隐患治理过程中产生新的隐患和发生事故。事故隐患治理措施或方案的具体内容，应根据事故隐患的分类和分级情况确定。

重大事故隐患、法人单位确定的重点事故隐患或实验室级事故隐患的治理方案，通常由法人单位负责人组织，由安全管理部门、实验管理部门、设备管理部门、课题负责人及实验人员等共同讨论制定重大事故隐患的治理方案，并经过法人单位主要负责人批准实施。

一般事故隐患应由研究室负责人或法人单位安全管理部门确定治理措施。

对可能导致重伤、死亡的事故隐患，应采取根治性措施，常用的方法包括：

（1）停止使用，以无害物质或低害物质代替有害物质。

（2）采取技术手段、限制危害或隔离人员和危害，以根除事故隐患。

（3）采取技术监测措施，对可能发生的事故进行实时监控，确保事故得到有效控制。

（4）针对事故隐患制定切实有效的现场管理措施，从根本上杜绝因违章或其他操作不当、管理缺陷造成的事故隐患。

事故隐患未得到根治前，或事故隐患无法立即采取根治性治理措施时，应采取控制性措施，确保事故隐患得到有效控制，不会导致事故发生，常用的方法包括：

（1）采取虽然不能从根本上防止事故发生，但在一定程度上可达到减少事故发生的技术措施。

（2）采取管理措施，防止仪器设备等缺陷导致事故发生。

（3）加强管理性监测手段或增加监测频次，防止隐患演变为事故。

（4）采取个体防护措施，防止人体受到伤害。

## 四、做好排查问题的落实整改

对排查的问题要根据"五定"原则尽快整改：

定人员：定整改和验收人员，即要明确谁负责整改、谁负责验收，整改负责人和验收负责人不能是同一人。

定措施：定整改措施，即怎样整改。

定标准：定整改标准，即整改要达到什么样的标准要求。

定时间：定整改和验收时间，即整改需要多长时间，何时验收。

定责任：定整改责任人，即谁整改谁负责，谁验收谁负责。

## 五、事故隐患治理的实施

采取必要的技术和管理措施，确保隐患治理前和治理期间的安全；在事故隐患治理过程中，应当采取相应的监控防范措施，必要时应当派员值守。事故隐患排除前或排除过程中无法保证安全的，应当从危险区域撤出实验人员，疏散可能危及的人员，设置警戒标志，暂时停止使用相关装置、设备、设施。

事故隐患治理按照确定的措施或方案进行，如在实施过程需对原来的措施或方案进行修改，应经过批准，其中重大事故隐患、重点事故隐患或法人单位级事故隐患的治理方案应经过法人单位主要负责人批准。

## 六、事故隐患治理的验收

事故隐患的治理，关键在于治理效果是否能确保事故隐患不再发生，对治理情况和效果进行验收，是事故隐患排查治理工作的核心和关键环节。

1. 法人单位确定的轻微事故隐患或部门级事故隐患验收流程和要求

（1）可由研究室负责人和法人单位安全管理人员进行，也可由研究室组成验收组进行验收。

（2）事故隐患治理的效果评价，评价治理的有效性，确认是否能有效防止事故隐患再次发生。

（3）事故隐患治理的验收总体结论，包括验收是否合格的结论和进一步整改的要求等。

（4）事故隐患治理的验收人员签字。

2. 重大事故隐患、重点事故隐患或法人单位级事故隐患的验收流程和要求

（1）验收前应成立验收组，验收组由法人单位负责人或法人单位安全管理部门负责人担任组长，组内应包括事故隐患排查人员、安全管理人员、专业管理部门人员等，必要时邀请外部专家参加；小型法人单位可不成立验收组，而由法人单位领导组织专业技术队伍进行验收。

（2）验收组应根据治理方案确定的验收标准和方法，事先制定验收方案。

（3）事故隐患治理的效果评价，评价治理的有效性，确认是否能有效防止事故隐患再次发生。

（4）事故隐患治理的验收总体结论，包括验收是否合格的结论和进一步整改的要求等。

（5）事故隐患治理的验收人员签字。

# 第六章　危险化学品全生命周期管理

危险化学品是化学化工实验中常用的必需品，不同的危险化学品具有各不相同的物理、化学、毒理学特性，在储存、运输、使用以及废弃处置的过程中，可能会对实验从业人员健康造成直接或潜在的危害。实验管理者及使用者需熟悉危险化学品安全信息的获取渠道，充分了解危险化学品的分类、特性、危害、储存和使用等相关知识，加强危险化学品采购、储存、使用、废弃等全生命周期的管理和监管，才能有效避免危险化学品泄漏、火灾、爆炸、中毒及环境污染等事故发生。

## 第一节　危险化学品

据《危险化学品安全管理条例(2013年版)》，危险化学品是指具有毒害、腐蚀、爆炸、燃烧、助燃等性质，对人体、设施、环境具有危害的剧毒化学品和其他化学品。

### 一、危险化学品与危险货物区分

在危险化学品管理领域，危险化学品和危险货物的定义比较容易混淆，进而造成危险化学品管理上一定程度的模糊与混乱。为进一步厘清概念，现将危险化学品和危险货物的区别简述如下：

我国危险化学品的最早分类标准《常用危险化学品的分类及标志》(GB 13690—92)是参照《危险货物分类和品名编号》(GB 6944—86)编制的，将常用危险化学品分为8大类：第1类 爆炸品；第2类 压缩气体和液化气体；第3类 易燃液体；第4类 易燃固体、自燃物品、遇湿易燃物品；第5类 氧化剂和有机过氧化物；第6类 有毒品；第7类 放射性物品；第8类 腐蚀品。由于此类危险化学品分类方法采用类似于危险货物的分类方法，因此导致危险化学品和危险货物的概念有所混淆。

《常用危险化学品的分类及标志》(GB 13690—92)已经废止，被《化学品分类和危险性公示 通则》(GB 13690—2009)所替代，此种将危险化学品分为8类的方式已经不再用。

目前我国危险化学品的分类方式是基于《全球化学品统一分类和标签制度》(GHS)编制的《化学品分类和标签规范》(GB 30000.2—2013～GB 30000.29—2013)系列标准，最新的《危险化学品目录》(2023年版)与《化学品分类和危险性公示 通则》(GB 13690—2009)进行了统一，将危险化学品分为理化危险(16类)、健康危险(10类)及环境危险(2类)3大类、28小类，详见表6-1。

表 6-1　危险化学品危险分类

| 理化危险 | |
|---|---|
| 爆炸物 | 易燃气体 |
| 气溶胶 | 氧化性气体 |
| 加压气体 | 易燃液体 |
| 易燃固体 | 自反应物质和混合物 |
| 自燃液体 | 自燃固体 |
| 自热物质和混合物 | 遇水放出易燃气体的物质和混合物 |
| 氧化性液体 | 氧化性固体 |
| 有机过氧化物 | 金属腐蚀物 |
| 健康危险 | |
| 急性毒性 | 皮肤腐蚀/刺激 |
| 严重眼损伤/眼刺激 | 呼吸道或皮肤致敏 |
| 生殖细胞致突变性 | 致癌性 |
| 生殖毒性 | 特异性靶器官毒性——一次接触 |
| 特异性靶器官毒性——反复接触 | 吸入危害 |
| 环境危险 | |
| 危害水生环境 | 危害臭氧层 |

备注：最新版 GHS 制度（第六修订版）已将危险化学品扩充为 29 类（新增退敏爆炸物），国内标准尚未更新，危险化学品确认原则仍使用原 28 类分类。

　　企业生产的危险化学品未出厂运输前属于产品范畴，进入流通环节运输时属于危险货物，应按照危险货物包装运输的有关法律、法规和标准进行安全管理。日常中见到的危险化学品货物是以货物包装形式呈现。根据联合国《关于危险货物运输的建议书规章范本》（TDG），我国铁路、水路、航空运输危险货物都制定了相应的危险货物规则，目前危险货物的分类依据《危险货物分类和品名编号》（GB 6944—2012）分为 9 大类，详见表 6-2。

表 6-2　危险货物分类

| | |
|---|---|
| 第 1 类：爆炸品 | 第 5 类：氧化性物质和有机过氧化物 |
| 第 2 类：气体 | 第 6 类：毒性物质和感染性物质 |
| 第 3 类：易燃液体 | 第 7 类：放射性物质 |
| 第 4 类：易燃固体、易于自燃物质、遇水放出易燃气体的物质 | 第 8 类：腐蚀性物质 |
| | 第 9 类：杂项危险物质和物品，包括环境危害物质 |

## 二、危险化学品分类标准

　　《化学品分类和标签规范》（GB 30000.2—2013～GB 30000.29—2013）系列标准将危险化学品分为理化危险、健康危险及环境危险 3 大类、28 小类，详见表 6-3。

表 6-3　危险化学品分类标准一览表

| 编号 | 危险种类 | 危险类别 | 分类标准 |
|---|---|---|---|
| 1 | 爆炸物 | 不稳定爆炸物 1.1、1.2、1.3、1.4 | GB 30000.2 |
| 2 | 易燃气体 | 类别1、类别2、化学不稳定性气体类别A、化学不稳定性气体类别B | GB 30000.3 |
| 3 | 气溶胶(又称气雾剂) | 类别1 | GB 30000.4 |
| 4 | 氧化性气体 | 类别1 | GB 30000.5 |
| 5 | 加压气体 | 压缩气体、液化气体、冷冻液化气体、溶解气体 | GB 30000.6 |
| 6 | 易燃液体 | 类别1、类别2、类别3 | GB 30000.7 |
| 7 | 易燃固体 | 类别1、类别2 | GB 30000.8 |
| 8 | 自反应物质和混合物 | A 型、B 型、C 型、D 型、E 型 | GB 30000.9 |
| 9 | 自燃液体 | 类别1 | GB 30000.10 |
| 10 | 自燃固体 | 类别1 | GB 30000.11 |
| 11 | 自热物质和混合物 | 类别1、类别2 | GB 30000.12 |
| 12 | 遇水放出易燃气体的物质和混合物 | 类别1、类别2、类别3 | GB 30000.13 |
| 13 | 氧化性液体 | 类别1、类别2、类别3 | GB 30000.14 |
| 14 | 氧化性固体 | 类别1、类别2、类别3 | GB 30000.15 |
| 15 | 有机过氧化物 | A 型、B 型、C 型、D 型、E 型、F 型 | GB 30000.16 |
| 16 | 金属腐蚀物 | 类别1 | GB 30000.17 |
| 17 | 急性毒性 | 类别1、类别2、类别3 | GB 30000.18 |
| 18 | 皮肤腐蚀/刺激 | 类别1A、类别1B、类别1C、类别2 | GB 30000.19 |
| 19 | 严重眼损伤/眼刺激 | 类别1、类别2A、类别2B | GB 30000.20 |
| 20 | 呼吸道或皮肤致敏 | 呼吸道致敏物1A、呼吸道致敏物1B、皮肤致敏物1A、皮肤致敏物1B | GB 30000.21 |
| 21 | 生殖细胞致突变性 | 类别1A、类别1B、类别2 | GB 30000.22 |
| 22 | 致癌性 | 类别1A、类别1B、类别2 | GB 30000.23 |
| 23 | 生殖毒性 | 类别1A、类别1B、类别2、附加类别 | GB 30000.24 |
| 24 | 特异性靶器官毒性——一次接触 | 类别1、类别2、类别3 | GB 30000.25 |
| 25 | 特异性靶器官毒性——反复接触 | 类别1、类别2 | GB 30000.26 |
| 26 | 吸入危害 | 类别1 | GB 30000.27 |
| 27 | 危害水生环境 | 急性危害：类别1、类别2；长期危害：类别1、类别2、类别3 | GB 30000.28 |
| 28 | 危害臭氧层 | 类别1 | GB 30000.29 |

## 三、危险化学品按理化危险性分类

按照危险化学品的理化危险性，将危险化学品分为以下 16 类：

### 1. 爆炸物

爆炸物（或混合物），是一种固态或液态物质（或物质的混合物），其本身能够通过化学反应产生气体，而产生气体的温度、压力和速度能对周围环境造成破坏。其中也包括发火物质，即使它们不放出气体。发火物质（或发火混合物）是一种物质或物质的混合物，它能通过非爆炸自持放热化学反应产生热、光、声、气体、烟等一种或多种组合物。爆炸物包括：爆炸性物质和混合物，爆炸性物品及上述未提及的为产生实际爆炸或烟火效应而制造的物质、混合物和物品。

爆炸物的主要危险特性：

（1）爆炸性强，敏感度高。爆炸物都具有化学不稳定性，在一定的外界条件作用下，爆炸物受热、撞击、摩擦、遇明火或酸碱等因素的影响，能快速发生剧烈的化学反应，产生大量的热或气体在较短时间内无法逸散，致使周围温度迅速升高并产生巨大的压力而引起爆炸。

（2）很多爆炸物都有一定的毒性，例如，TNT、硝化甘油、雷汞酸等。

（3）有些爆炸品与某些化学药品如酸、碱、盐发生反应的生成物是更容易爆炸的化学品。例如，苦味酸遇某些碳酸盐能反应生成更易爆炸的苦味酸盐。

（4）燃烧危险性。很多爆炸品是含氧化合物或是可燃物与氧化剂的混合物，受激发能源作用发生氧化还原反应而形成分解式燃烧，而且燃烧不需要外界供给氧气。

（5）吸湿性。有些爆炸品具有较强的吸湿性，受潮或遇湿后会降低爆炸威力，甚至无法使用。

（6）殉爆。这是炸药所具有的特殊性质。当炸药爆炸时，能引起位于一定距离之内的炸药也发生爆炸，这种现象称为殉爆。产生殉爆的主要原因是冲击波的能量传播作用，距离越近冲击波强度越大，越易引起殉爆。因此在储存爆炸性物质时应保持一定的距离，以免发生殉爆。

### 2. 易燃气体

易燃气体，是指一种在 20℃ 和标准压力 101.3kPa 时与空气混合有一定易燃范围的气体。

其主要危险特性：

（1）能发生燃烧爆炸的危险，与空气混合能形成爆炸性混合物，遇热源和明火有燃烧爆炸的危险。

（2）易燃性。液体和固体物质要经过熔化、蒸发等过程，才能在气相条件下燃烧，而易燃气体在常温下就具备了燃烧条件，只需将其加热到燃点的热量，就会发生燃烧。故气体比液体和固体更易于起火燃烧。

（3）易爆性。有些气体的爆炸范围比较大，如氢气的爆炸极限范围为 4.1%～74.2%，一氧化碳的爆炸极限范围为 12.5%～74%，这类气体一旦泄漏，遇到火源，极易发生爆炸。

（4）扩散性强。比空气轻的易燃气体逸散在空气中，大部分向上部扩散，随风飘散，集聚的可能性较低；比空气重的易燃气体，特别是液化气体往往呈雾状沿地面飘浮扩散到较远的地方，或聚集于沟渠、建筑物死角处，长时间聚集不散，一遇到火源，极易发生大面积轰燃或爆炸。

（5）部分易燃气体的化学性质很活泼，在普通状态下可与很多物质发生反应或爆炸燃烧。例如，乙炔、乙烯与氯气混合在日光下会发生爆炸。

（6）腐蚀毒害性。主要是一些含氢元素、硫元素的易燃气体具有腐蚀作用。如氢气、氨气、硫化氢等能腐蚀设备，严重时可导致设备产生裂缝而漏气。

> **警示案例**
>
> 　　事故经过：1937年3月18日下午，美国得克萨斯州新伦敦社区学校正要放学时，突然一个巨大的火球从校舍中腾空而起，直接掀翻了学校屋顶，学校大半被夷为平地。该起爆炸导致295名学生当场丧命。
>
> 　　事故原因：学校使用的天然气发生泄漏，当时一位教员正在电动木材车间启动砂光机，产生的电火花引爆了积聚在学校地下室及墙体的天然气。

3. 气溶胶

喷雾器（系任何不可重新罐装的容器，该容器由金属、玻璃或塑料制成）内装压缩、液化或加压溶解的气体（包含或不包含液体、膏剂或粉末），并配有释放装置以使所装物质喷射出来，在气体中形成悬浮的固态或液态微粒或形成泡沫、膏剂或粉末或以液态或气态形式出现。

其主要危险特性：

（1）膨胀爆炸性。容器内装强制压缩、液化或加压溶解的气体，在处于高压、受热、撞击等作用时均易发生物理爆炸。

（2）与空气混合能形成爆炸性混合物，遇热源和明火有燃烧爆炸的危险。

4. 氧化性气体

氧化性气体，是指一般通过提供氧气，可引起或比空气更能导致或促使其他物质燃烧的任何气体。氧化性气体可引起或加剧燃烧，作为氧化剂助燃等。

其主要危险特性：

（1）极易氧化性。氧化性气体在遇到还原性气体或物质时，极易发生燃烧爆炸。

（2）易燃易爆性。发生火灾时，遇到氧化性气体，作为氧化剂助燃，会加剧火势的蔓延，甚至发生爆炸，造成更大的损失。

5. 加压气体

加压气体，是20℃下，压力等于或大于200kPa（表压）下装入贮器的气体，或是液化气体或冷冻液化气体。主要包括压缩气体、液化气体、溶解液体、冷冻液体气体。

其主要危险特性：

（1）内装高压气体的容器，遇热可能发生爆炸；若内装冷冻液化气体的容器发生爆炸则可能造成低温灼伤或损伤。

（2）物理性爆炸。储存于钢瓶内压力较高的压缩气体或液化气体，受热膨胀压力升高，当超过钢瓶的耐压强度时，即会发生钢瓶爆炸。钢瓶爆炸时，易燃气体及爆炸碎片的冲击能间接引起火灾。

（3）易燃易爆性。装有易燃气体的压力容器在受热、受到撞击或剧烈振动时，容器内压力急剧增大，易致容器破裂，易燃气体泄漏极易燃烧或爆炸等。此外，压缩氧与油脂接触很容易发生自燃。

（4）易扩散性。压缩气体和液化气体泄漏后，非常容易扩散。比空气轻的气体在空气中可以无限制地扩散，易与空气形成爆炸性混合物；比空气重的气体扩散后，往往聚集在地表、沟渠、隧道、厂房死角等，长时间不散，遇着火源即可发生燃烧或爆炸。

（5）膨胀性。压缩气体一般是通过加压降温后储存在钢瓶等密闭的容器中，受到光照或受热后，气体易膨胀产生较大的压力，当压力超过容器的耐压强度时就会造成爆炸事故。

（6）窒息性。由于气体的膨胀性，压缩气体一旦泄漏后，便迅速扩散到所在空间中，将氧气挤出。由于氧含量降低，会导致所在空间的人员窒息。

6. 易燃液体

易燃液体，是指闪点不大于93℃（闭杯）的液体。易燃液体是在常温下极易着火燃烧的液态物质，多数易燃液体有毒。

其主要危险特性：

（1）高度易燃性。由于易燃液体的闪点低，其燃点也低（燃点一般高于闪点1~5℃）；着火能量小（多数小于1mJ），甚至火星、未灭的烟头、热体表面也可将其点燃。因此易燃液体在接触火源后极易着火并持续燃烧；易燃液体多数是有机化合物，分子组成中含有碳原子和氢原子，易与氧反应而燃烧；大多数易燃液体分子量小，沸点低，容易挥发，造成这些液体液面的蒸气浓度也较大，遇明火或火花极易着火燃烧；有些易燃液体蒸气的密度比空气大，容易在低洼处聚集，更增加了着火的危险性。

（2）易爆性。易燃液体挥发性大，当挥发出来的易燃蒸气与空气混合，浓度达到一定范围时，可形成爆炸性混合气体。当蒸气与空气混合达到一定比例时（爆炸的上限和下限之间），遇火源即可引发燃烧或爆炸。凡是爆炸范围越大、爆炸下限越低的易燃液体危险性就越大。

（3）高度流动扩散性。易燃液体的黏度一般都很小，不仅本身极易流动，还因渗透、浸润及毛细现象等作用，使表面积扩大，加快挥发速率，增大空气中的蒸气浓度，从而增加了燃烧爆炸的危险性。

（4）易产生静电性。易燃液体电阻率大，极易产生静电。有不少易燃液体的电阻率较大（$10^8\Omega \cdot cm$以上），在操作、运送时容易产生和积聚静电，其能量足以引起燃烧或爆炸。

（5）沸点低。易燃液体的沸点多数低于100℃，气化快，可源源不断供应易燃蒸气。加之易燃液体的黏度大多比较低，具有很高的流动性，容易向四周扩散，因易燃液体蒸气大多比空气重，飘浮于地面、工作台面，更加增大了燃烧爆炸的危险性。

（6）受热膨胀性。易燃液体的膨胀系数比较大，受热后体积容易膨胀，从而使密封容器中内部压力增大，当容器承受不了这种压力时，容器就会发生爆裂，而引起燃烧爆炸。

（7）易氧化性。某些易燃液体与氧化剂或有氧化性的酸类（特别是硝酸）接触，能发生剧烈反应而引起着火爆炸。这是因为大部分易燃液体都是有机物，容易氧化，能与氧化剂发生氧化反应并产生大量的热，使温度升高到燃点引起着火和爆炸。

（8）毒害性。绝大多数易燃液体及其蒸气都具有一定的毒性，会通过皮肤接触或呼吸道进入体内，致人昏迷或窒息死亡。有些易燃气体蒸气还具有麻醉性，长时间吸入会使人失去知觉，深度或长时间麻醉可导致死亡。

### 7. 易燃固体

易燃固体，是指容易燃烧或通过摩擦可引燃或助燃的固体。易燃固体多为粉末、颗粒状或糊状物质，它们与火源短暂接触即可点燃，危险性较高。燃点越低，固体越易着火，危险性越大。

其主要危险特性：

（1）易燃性，燃点低。易燃固体常温下是固态，当受热后可熔融、蒸发气化、再分解氧化直至出现火焰燃烧。易燃固体着火点比较低，一般都在 300℃ 以下，在常温下只要有很小能量的着火源就能引起燃烧。有些易燃固体受到摩擦、撞击等外力作用时就能引起燃烧。

（2）易爆性。绝大多数易燃固体与酸、氧化剂接触，尤其是与强氧化剂接触时，能够立即引起着火和爆炸。

（3）毒害性。很多易燃固体本身具有毒害性，或燃烧后产生有毒的物质。

（4）自燃性。一些易燃固体的自燃点较低，如赛璐珞、硝化棉及其制品等在积热不散时，即使没有火源也能引起燃烧。

（5）敏感性。易燃固体对明火、热源、撞击比较敏感，见明火或受撞击后即可引起燃烧或爆炸。

（6）易分解或升华性。易燃固体受热分解或升华，遇火源、热源引起剧烈燃烧。

（7）热不稳定性。有些易燃固体受热不熔融，而是发生分解。有些受热后，边熔融、边分解，如硝酸铵在分解过程中，往往放出 $NH_3$ 或 $NO_2$、$NO$ 等有毒有害气体。一般来说，受热分解温度越低的物质，其发生火灾爆炸的危险性就越大。

### 8. 自反应物质和混合物

自反应物质和混合物，是指即使没有氧（或空气）也容易发生激烈放热分解的热不稳定液态或固态物质或混合物。主要是指除爆炸物、有机过氧化物或氧化物质或混合物以外，在没有氧（或空气）的条件下，易发生激烈放热分解的热不稳定物。自反应物质根据其危险程度分为 7 个类型，即 A 型、B 型、C 型、D 型、E 型、F 型、G 型。A 型的危险性最大。

其主要危险特性：

（1）易爆性。绝大多数自反应物质和混合物与酸、氧化剂接触，尤其是与强氧化剂接触时，能够立即引起着火和爆炸。

（2）易燃性和自燃性。有些自反应物质和混合物即使在无氧的情况下，也能发生激烈放热分解，最终导致自燃或热爆炸。

### 9. 自燃液体

自燃液体，是指即使数量小也能在与空气接触后 5min 之内着火的液体，多具有容易氧化、分解的性质，且燃点较低。在未发生自燃前，一般都经过缓慢的氧化过程，同时产生一定热量，当产生的热量越来越多，积热使温度达到该物质的自燃点时便会自发着火燃烧。凡能促进氧化反应的一切因素均能促进自燃。空气、受热、受潮、氧化剂、强酸、金属粉末等能与自燃液体发生化学反应或对氧化反应有促进作用，它们都是促使自燃液体自燃的因素。

其主要危险特性：

（1）自燃性。自燃液体都比较容易氧化，接触空气中的氧气时会产生大量的热，积热达到自燃点而着火、爆炸。

（2）易氧化。一般来讲，自燃液体本身的化学性质非常活泼，具有很强的还原性，接触空气中的氧气能迅速反应，产生大量的热。自燃的发生是由于物质的自行发热和散热速度处于不平稳状态而使热量积蓄的结果，如果散热受到阻碍，就会促进自燃。

（3）易分解。有些自燃液体的化学性质很不稳定，在空气中自行分解，积蓄的分解热也会引起自燃。如硝化纤维素、赛璐珞、硝化甘油等硝酸酯制品，暴露在空气中会发生缓慢分解，特别是受光和潮解作用会加速分解。若热量积聚过多，不但能引起自燃，还会因气体急剧膨胀引起爆炸。

10. 自燃固体

自燃固体，是指即使数量小也能在与空气接触后 5min 之内引燃的固体。自燃固体同自燃液体一样，多具有容易氧化、分解的性质，且燃点较低。在未发生自燃前，一般都经过缓慢的氧化过程，同时产生一定热量，当产生的热量越来越多，积热使温度达到该物质的自燃点便会自发地着火燃烧。凡能促进氧化反应的一切因素均能促进自燃，空气、受热、受潮、氧化剂、强酸、金属粉末等能与自燃固体发生化学反应或对氧化反应有促进作用的，都是促使自燃固体自燃的因素。

其主要危险特性：

（1）自燃性。自燃固体都比较容易氧化，与空气中的氧气接触时会产生大量的热，当积热达到自燃点后，会引发着火、爆炸。潮湿、高温、包装疏松、结构多孔（接触空气面积大）、助燃剂或催化剂存在等因素，可以促进发生自燃。

（2）易氧化。一般来讲，自燃固体本身的化学性质非常活泼，具有很强的还原性，接触空气中的氧气能迅速反应，产生大量的热，如果散热受到阻碍，就会促进自燃。

（3）易分解。某些自燃固体的化学性质很不稳定，在空气中自行分解，其积蓄的分解热也会引起自燃。

（4）遇水易反应。多数自燃固体遇水或受潮会发生反应，导致产生大量热量，更容易导致自燃的发生。

11. 自热物质和混合物

自热物质和混合物，是指除自燃液体或自燃固体外，与空气反应不需要外部能量供应就能够自热的固体、液体物质或混合物。这类物质或混合物与自燃液体或自燃固体不同之处在于大量（千克级）并经过与空气长时间（数小时或数天）接触才会发生自燃。

自热物质和混合物的自热导致的自发燃烧，是由于物质或混合物与氧气（或空气中的氧气)发生反应并且所产生的热没有足够迅速地传导到外界而引起的，当产生热的速度超过热损耗的速度而达到自燃温度时，自燃便会发生。

其主要危险特性：

（1）自燃危险性。自热物质和混合物暴露在空气中，不需要外部能量供应就能够发生自燃，从而引发火灾事故。

（2）易氧化性。一般来讲，自热物质和混合物本身的化学性质非常活泼，具有很强的还原性，接触空气中的氧气能迅速反应，产生大量的热。

12. 遇水放出易燃气体的物质或混合物

遇水放出易燃气体的物质或混合物是指通过与水作用，容易具有自燃性或放出危险数量的易燃气体的固体或液态物质或混合物。

遇水放出易燃气体的物质或混合物的危险类别共分为三类，第1类的危险性表现为遇水放出可自燃的易燃气体，其危险性较强；第2、3类的危险性表现为可放出易燃气体，危险性较第1类稍弱。释放出易燃气体后，与空气混合达到爆炸极限，遇点火源极易发生燃烧爆炸。

其主要危险特性：

（1）遇水易燃易爆性。此类物质遇水后发生剧烈反应，产生大量的易燃气体和热量，当易燃气体与空气混合达到爆炸极限时，遇明火或反应放出的热量达到引燃温度时，就会发生燃烧、爆炸。遇水放出易燃气体的物质也能在潮湿的空气中自燃，放出易燃气体和热量，如金属钠、碳化钙等。

（2）易氧化性。大多数遇水放出易燃气体的物质都有很强的还原性，遇到氧化剂时反应更为剧烈，燃烧爆炸的危险性更大。

（3）自燃危险性。多数遇水放出易燃气体的物质在空气中能自燃，且具有毒性。如磷化钙、磷化锌，遇水生成磷化氢，在空气中能自燃。

（4）毒害性和腐蚀性。多数遇水放出易燃气体的物质本身具有毒性，有些遇水或湿后还可放出有毒或腐蚀性的气体。由于易与水反应，故对有机体有腐蚀性，使用这类物质时应防止接触皮肤，以免灼伤。

---

**警示案例**

事故经过：2011年10月10日12时40分左右，湖南省某大学实验室起火，由于该楼房为纯木质结构，火势迅速蔓延，四楼基本被烧空，教师和学生的部分实验资料也被烧毁。过火面积近790m²，直接财产损失42.97万元。

事故原因：当地消防部门调查后，指出该校对实验用化学药品管理不善，未将遇水自燃的金属钠、三氯氧磷等危险化学品放置于符合条件的储存场所，在学生们离开实验室吃午饭时，发生故障的水龙头突然出水，导致上述药品遇水反应起火，引发火灾。

---

13. 氧化性液体

氧化性液体，是指本身未必可燃，但通常因放出氧气可能引起或促使其他物质燃烧的液体。氧化性液体的危险类别分为三类，第 1 类的危险性表现为可能引起燃烧或爆炸，或作为强氧化剂起作用；第 2、3 类的危险性表现为可能加剧燃烧，或作为氧化剂起作用。

其主要危险特性：

（1）强氧化性。氧化性液体最突出的特性是具有强氧化性，在遇到还原剂或有机物时，会发生剧烈的氧化还原反应，引起燃烧、爆炸。

（2）敏感性。多数氧化性液体对热、摩擦、撞击、振动等极为敏感，受热、撞击易分解，产生大量热量，引发易燃物的燃烧、爆炸。

（3）燃烧爆炸性。多数氧化性液体本身是不可燃的，但能导致或促进可燃物燃烧。多数氧化性液体遇酸反应剧烈，极易发生爆炸。

**警示案例**

事故经过：2009 年 9 月 2 日 10 时许，上海市某大学两名研究生在做氧化反应实验，正当两人忙于操作时，突然"嘭"的一声巨响，实验容器被炸开，碎玻璃飞溅到两人的身上和脸部。学校老师和同学闻讯，立即将他们送往医院。

事故原因：爆炸的发生可能是两人在做氧化反应实验时，添加双氧水、乙醇等化学原料速度太快所致。

14. 氧化性固体

氧化性固体，是指本身未必燃烧，但通常会与其他物质反应放出氧气，可能引起或促使其他物质燃烧的固体。

氧化性固体的危险类别分为三类，第 1 类的危险性表现为可能引起燃烧或爆炸，或作为强氧化剂起作用；第 2、3 类的危险性表现为可能加剧燃烧，或作为氧化剂起作用。

其主要危险特性：

（1）强氧化性。氧化性固体最突出的特性是具有强氧化性。在遇到还原剂或有机物时，会发生剧烈的氧化还原反应，引发燃烧或爆炸。

（2）敏感性。多数氧化性固体对热、摩擦、撞击、振动等极为敏感，受到外界刺激，极易发生分解放热反应，引发爆炸。

（3）燃烧爆炸性。多数氧化剂本身是不可燃的，但能导致或促进可燃物燃烧。多数氧化性固体遇酸反应剧烈，极易发生爆炸。

15. 有机过氧化物

有机过氧化物，是指含有二价—O—O—结构和可视为过氧化氢的一个或两个氢原子已被有机基团取代的衍生物的液态或固态有机物质。有机过氧化物是热不稳定物质或混合物，容易放热自加速分解。

其主要危险特性：

（1）强氧化性。无论是无机过氧化物还是有机过氧化物，结构中的过氧基易分解释放出原子氧，因而具有强的氧化性，在遇到还原剂或有机物时，会发生剧烈的氧化还原反应，引起燃烧或爆炸。

（2）易分解性。过氧化物易发生分解放热反应，促进可燃物的燃烧、爆炸。有机过氧化物本身就是可燃物，易发生放热的自加速分解而加剧燃烧或爆炸。

（3）燃烧爆炸性。有机过氧化物本身是可燃物，易着火燃烧，受热分解后更易燃烧爆炸。同时有机过氧化物的强氧化性使之遇到还原剂或有机物会发生剧烈反应引发燃烧或爆炸，遇酸反应剧烈，甚至发生爆炸。

（4）腐蚀毒害性。一些有机过氧化物具有不同程度的毒性、腐蚀性和刺激性，如重铬酸盐，既有毒性又会灼伤皮肤，活泼金属的过氧化物具有较强的腐蚀性。多数有机过氧化物具有刺激性和腐蚀性，容易对眼角膜和皮肤造成伤害。

（5）敏感性。多数有机过氧化物对热、摩擦、撞击、振动等极为敏感，受到外界刺激，极易发生分解放热反应，引发燃烧或爆炸。

16. 金属腐蚀物

金属腐蚀物，是指通过化学作用显著损伤，甚至毁坏金属的物质或混合物。金属腐蚀物与人体、设备、建筑物、金属等发生化学反应，可使之腐蚀。

其主要危险特性：

（1）腐蚀性。金属腐蚀物的主要危害在于可以腐蚀金属。金属腐蚀物与金属接触时在金属的界面上发生了化学或电化学多相反应，使金属转入氧化（离子）状态。这会显著降低金属材料的强度、塑性、韧性等力学性能，破坏金属构件的几何状态，增加零件间的磨损，恶化电学和化学等物理性能，缩短设备的使用寿命，甚至造成火灾、爆炸等灾难性事故。

（2）毒害性。部分金属腐蚀物能挥发出强烈腐蚀和毒害性气体。

（3）放热性。部分金属腐蚀物氧化性很强，在反应过程中能放出大量的热，容易引起燃烧。大多数金属腐蚀物遇水会放出大量的热，在操作中易使液体四溅灼伤人体。

## 四、危险化学品按健康危险性分类

按照危险化学品的健康危险性，危险化学品分为以下 10 类：

1. 急性毒性

急性毒性，是指在单剂量或在 24h 内多剂量口服或皮肤接触一种物质，或吸入接触 4h 之后出现的有害效应。

分类：根据经口、皮肤接触或吸入途径的急性毒性划入 5 种毒性类别之一。急性毒性值用（近似）$LD_{50}$值（经口、皮肤接触）或 $LC_{50}$值（吸入）表示，或用急性毒性估计值（$ATE$）表示。

2. 皮肤腐蚀/刺激

皮肤腐蚀，是指对皮肤造成不可逆损伤，即施用试验物质达到 4h 后，可观察到表皮和真皮坏死。腐蚀反应的特征是溃疡、出血、有血的结痂，而且在观察期 14d 结束时，皮肤、完全脱发区域或结痂处由于漂白而褪色。

皮肤刺激，是指施用试验物质达到 4h 后，对皮肤造成可逆损伤。刺激说明身体已与有毒化学品有相当的接触，一般受刺激的部位为皮肤、眼睛和呼吸系统。

3. 严重眼损伤/眼刺激

眼损伤，是将受试物施用于眼睛前部表面进行暴露接触，并引起眼部组织损伤，或出现严重的视力衰退，且在暴露后的21d内尚不能完全恢复。

眼刺激，是将受试物施用于眼睛前部表面进行暴露接触，眼睛发生的改变，且在暴露后的21d内出现的改变可完全消失，恢复正常。

### 4. 呼吸道或皮肤致敏

呼吸道或皮肤致敏物，是指吸入后会导致气管过敏反应。皮肤致敏物是皮肤接触后会导致过敏反应的物质。过敏包括两个阶段：第一个阶段是某人因接触变应原而引起特定免疫记忆。第二个阶段是引发，即某一致敏个体因接触某种变应原而产生细胞介导或抗体介导的过敏反应。

一些刺激性气体、尘雾可引起气管炎，甚至严重损害气管和肺组织。如二氧化硫、氯气、石棉尘。一些化学物质会渗透到肺泡区，引起强烈的刺激。

### 5. 生殖细胞致突变性

生殖细胞致突变性，主要是指可能导致人类生殖细胞发生突变，并可遗传给后代的化学品。

突变是指细胞中遗传物质的数量或结构发生永久性改变。

### 6. 致癌性

致癌性，是指会诱发致癌症或增加癌症发病率的化学物质或化学物质的混合物。长期接触一定量的化学物质可能引起细胞的无节制生长，形成恶性肿瘤，潜伏期一般为4~40年。造成职业肿瘤的部位是变化多样的，并不局限于接触区域。如砷、石棉、铬、镍等物质可能导致肺癌；铬、镍、木材、皮革粉尘等会引起鼻腔癌和鼻窦癌；苯胺、萘胺、皮革粉尘等会引起膀胱癌；皮肤癌与接触砷、炼焦油和石油产品等有关；接触氯乙烯单体可引起肝癌；接触苯可引起再生障碍性贫血等。

### 7. 生殖毒性

生殖毒性，包括对成年雄性和雌性性功能和生育能力的有害影响，以及在后代中的发育毒性。接触化学物质可能对未出生胎儿造成危害，干扰胎儿的正常发育。如麻醉性气体、水银和有机溶剂会导致胎儿畸形。某些化学品对人的遗传基因的影响可能导致后代发生异常，实验结果表明80%~85%的致癌化学物质对后代有影响。

### 8. 特异性靶器官毒性(一次接触)

特异性靶器官毒性(一次接触)，指一次接触物质的混合物引起的特异性、非致死性的靶器官毒性作用，包括所有明显的健康效应，可逆的和不可逆的，即时的和迟发的功能损害。

### 9. 特异性靶器官毒性(反复接触)

特异性靶器官毒性(多次接触)，指反复接触物质和混合物引起的特异性、非致死性的靶器官毒性作用，包括明显的健康效应，可逆的和不可逆的，即时的和迟发的功能损害。

### 10. 吸入危害

吸入，是指液态或固态化学品通过口腔或鼻腔直接进入或者因呕吐间接进入气管或下呼吸道系统。吸入危害，是指包括化学性肺炎、不同程度的肺损伤或吸入后死亡等严重急性效应。

事故经过：1996 年 8 月 14 日，47 岁的资深化学教授凯伦·韦特哈恩（Karen Wetter-hahn）在实验室中不慎滴落了几滴二甲基汞在她佩戴乳胶手套的手上。三个月后，韦特哈恩出现了一系列症状：腹部疼痛、体重减轻，紧随其后是平衡丧失和语言障碍，最终被诊断为严重汞中毒。仅仅不到一年，她便因此丧生。

事故原因：滴在韦特哈恩手上的是二甲基汞，二甲基汞被誉为目前已知最毒的汞化合物，仅需 0.1mL 就能轻易夺走一个成年人的生命。二甲基汞是一种易燃易挥发的试剂，但同时它还具有溶解橡胶制品的能力，所以即便当时韦特哈恩戴着手套，二甲基汞试剂依旧透过橡胶手套，进入她的身体内，导致她因汞中毒死亡。

## 五、危险化学品按环境危险性分类

化学品的泄漏和处置不当会对环境造成危害。由于水体和大气流动的特性，化学品在水中溶解或挥发进入大气后难以控制，对水生环境和臭氧层的危害较为显著。按照危险化学品对环境的危险性，分为两类：

1. 危害水生环境

化学品进入水体后，对鱼类、甲壳纲动物、藻类和其他水生生物造成的伤害称为水生环境危害。水生环境危害取决于化学物质的分解速率和作用期限，该危害分为急性水生毒性和慢性水生毒性。

（1）急性水生毒性，是指物质对短期接触它的水生生物体造成伤害的固有性质。

（2）慢性水生毒性，是指物质对水生有机体暴露过程中引起的相对于该有机体生命周期测定的有害影响的潜力或实际性质。

2. 危害臭氧层

危害臭氧层，是指对臭氧层造成破坏的化学品，主要是《关于消耗臭氧层物质的蒙特利尔议定书》附件中列出的受管制化学品物质；或在任何混合物中，至少含有一种浓度不小于 0.1% 的被列入该议定书的物质的组合。

# 第二节 化学品理化物性指标

## 一、闪点

闪点，是为易挥发可燃物质表面形成的蒸气和空气的混合物遇火发生闪燃的最低温度。闪燃是可燃物表面挥发出的可燃气体与空气混合后，遇火源发生一闪即灭的现象。闪点是可燃液体储存、运输和使用的重要安全指标，是判定液体化学品易燃危险性的重要参数。闪点越低，燃爆的危险性越大。闪点的概念主要用于可燃液体。但某些可燃固体，如樟脑、萘等，在室温下也能蒸发或升华为蒸气，因此也有闪点。

通常把闪点低于 60℃ 的液体称为易燃液体。《建筑设计防火规范(2018 年版)》(GB 50016—2014)中按照液体的闪点将易燃液体划分为三类:

(1)甲类液体:闪点小于 28℃ 的液体。如己烷、戊烷、石脑油、环戊烷、二硫化碳、苯、甲苯、甲醇、乙醇、乙醚、乙酸乙酯、醋酸甲酯、硝酸乙酯、汽油、丙酮、丙烯、乙醛等。

(2)乙类液体:闪点大于或等于 28℃ 但小于 60℃ 的液体。如煤油、松节油、丁烯醇、异戊醇、丁醚、醋酸丁酯、硝酸戊酯、乙酰丙酮、环己烷、溶剂油等。

(3)丙类液体:闪点大于或等于 60℃ 以上的液体。如沥青、蜡、润滑油、机油、重油、糠醛等。

实验室常用的闪点在-4℃ 以下的危险化学品,有石油醚、氯乙烷、乙醚、汽油、丙酮、苯、乙酸乙酯、乙酸甲酯等,这些危险化学品必须放置在防爆冰箱内,绝对不能使用明火加热。

## 二、燃点

燃点,是将物质在空气中加热时,开始并继续燃烧的最低温度。燃点是评定物质火灾危险性的主要指标。燃点越低,越容易着火,火灾危险性越大。可燃物质在达到了相应的燃点时,如果与火源相遇,就会发生燃烧。

燃点低的物质在接触明火、高热或受外力的作用时,可能引起剧烈连续地燃烧。如硫黄、樟脑等,由于其分子组成简单,熔点和燃点都低,受热后,迅速蒸发,其蒸气遇明火或高温即迅速燃烧。当实验温度大于物料介质的燃点时,要严防实验物料泄漏引发火灾事故。

## 三、自燃温度(自燃点、引燃点、引燃温度)

自燃温度又叫自燃点、引燃点、引燃温度,是可燃物质在没有火焰、电火花等明火源的作用下,由于自身受空气氧化而放出热量,或受外界温度、湿度影响使其温度升高而引起燃烧的最低温度。自燃温度越低,则该物质的燃烧危险性越大。

自燃可分两种情况,受热自燃和本身自燃。由于外来热源的作用而发生的自燃叫作受热自燃;某些可燃物质在没有外来热源作用的情况下,由于其本身内部进行的生物、物理或化学过程而产生热,这些热在条件适合时足以使物质燃烧起来,这叫作本身自燃。

易燃气体的自燃温度不是固定不变的数值,而是受压力、密度、容器直径、催化剂等因素的影响。一般规律是受压越高,自燃点越低;密度越大,自燃点越低;容器直径越小,自燃点越高。易燃气体在压缩过程中(如在压缩机中)较容易发生爆炸,其原因之一是自燃点降低。

## 四、爆炸极限

爆炸极限,是指可燃气体、可燃液体的蒸气或者固体粉末与空气或其他氧化性气体混合后,能发生爆炸的最低和最高浓度。低浓度侧的极限值为爆炸下限,高浓度侧的极限值为爆炸上限。爆炸极限不是定值,而是受到温度、压力、火焰传播方向、点火能量等因素影响。

可燃气体的爆炸极限，通常用在空气中的体积分数（%）表示；粉尘的爆炸极限用 mg/mg³ 表示。爆炸极限是评价可燃气体、易燃液体和固体粉末能否爆炸的重要参数。爆炸极限范围越宽，下限越低，爆炸危险性也就越大。

《建筑设计防火规范（2018 年版）》（GB 50016—2014）中按照气体的爆炸下限将生产场所划分为甲类和乙类火灾危险场所：

（1）甲类火灾危险场所：涉及爆炸下限小于 10%气体的区域，如乙炔、氢气、甲烷、乙烯、丙烯、丁二烯、环氧乙烷、水煤气、硫化氢、氯乙烯、液化石油气等。

（2）乙类火灾危险场所：涉及爆炸下限大于 10%的气体区域，如氨气。

## 五、饱和蒸气压

液体的饱和蒸气压，是指在一定温度下，气、液体两相平衡时液体表面蒸气的压力。饱和蒸气压的大小可表明液体蒸发能力的强弱、液体在管道运输系统中形成气阻的可能性以及储运时损失量的倾向。液体的饱和蒸气压大，蒸发性就强，形成气阻的可能性也大，在储运中蒸发损失也大。对于有吸入中毒风险的液体，饱和蒸气压越大，挥发性越高，越容易中毒。

液体的饱和蒸气压随温度变化而变化，温度升高时增大。当盛有挥发性液体的密闭容器受热时，容易造成容器变形或胀裂。盛装可燃和易燃液体的容器应留有不少于 5%的空隙，远离热源、火源，在夏季时，还要做好降温工作。

## 六、沸点

沸点，是指在 101.3kPa 大气压下，物质由液态转变为气态的温度。同时沸点也是液体的饱和蒸气压与外界压力相等时液体的温度。

沸点越低，饱和蒸气压越高，液体越容易蒸发。对于有吸入中毒风险的液体，沸点越低，挥发性越高，越容易中毒。

## 七、凝固点（冰点）、熔点、凝点

凝固点（冰点），是指在一定外压下，液体逐渐冷却开始析出固体的平衡温度称为液体的凝固点。

固体逐渐加热开始析出液体时的温度称为固体的熔点。

凝点，是指物质从气态变成液态的温度点，与凝固点不同。

对于纯物质在同样的外压下，凝固点和熔点是相同的。对于溶液及混合物，一般来说，凝固点和熔点并不同，凝固点高于熔点。

## 八、气体相对密度

气体相对密度（空气=1），是在给定的条件下（0℃时），某一物质的蒸气密度与参考物质（一般以空气作为参考物质）密度的比值，为该物质在 0℃时的蒸气与空气密度的比值。以空气作为参考物质时，空气在 0℃和 101.3kPa 的标准状态下，干燥空气的密度为 1.293kg/m³。

与空气密度相近的易燃气体，容易与空气互相均匀混合，形成爆炸性混合物。密度比空气大的气体沿着地面低洼处扩散，易串入地下沟渠、实验场所死角处，长时间聚集不散。易燃气体遇火源易发生燃烧或爆炸，有毒气体则容易引发中毒。密度比空气小的易燃气体容易扩散，会使燃烧火焰快速蔓延、扩散。密度比空气小的有毒气体泄漏后，会随空气扩散较远，形成较大范围的影响。

## 九、液体相对密度

液体相对密度（水＝1），是在给定的条件下（20℃），某一物质的密度与参考物质（水）密度的比值，即为20℃时物质的密度与4℃时水的密度比值。

## 十、燃烧热

燃烧热，是指在25℃、101.3kPa的标准状态下，1mol可燃物完全燃烧生成稳定的化合物时所放出的热量。一般地讲，可燃气体的燃烧热越大，发生燃烧和爆炸时的威力越大。

## 十一、临界温度

临界温度，是指物质处于临界状态的温度，就是加压后使气体液化时所允许的最高温度，用摄氏温度（℃）表示。

## 十二、临界压力

临界压力，是指物质处于临界状态的压力，气体的临界压力也可描述为在临界温度时使气体液化所需要的最小压力，也就是液体在临界温度时的饱和蒸气压，用MPa表示。临界压力越低，爆炸极限范围越窄，危险性越小。

## 十三、辛醇/水分配系数

当一种物质溶解在辛醇/水的混合物中时，该物质在辛醇和水中浓度的比值称为分配系数，通常以常用对数形式（$\lg K_{ow}$）表示。辛醇/水分配系数是用来预计一种物质在土壤中的吸附性、生物吸收量、亲脂性储存和生物富集性质的重要参数。

辛醇/水分配系数越大，化学品在土壤中的吸附性、生物吸收量、亲脂性储存和生物富集的量越大。

## 十四、溶解性

溶解性，是指在常温常压下物质在溶剂（以水为主）中的溶解性，分别用混溶、易溶、溶于、微溶于表示其溶解程度。

## 十五、黏度

黏度，是指流体对流动所表现的阻力。黏度较小的易燃液体不仅本身极易流动，还因渗透、浸润及毛细现象等作用而极易扩散。即使容器只有极细微裂纹，易燃液体也会渗出容器外，泄漏后很容易蒸发。

# 第三节 化学品的标志和标签

## 一、化学品的标志

《危险化学品安全管理条例》要求，危险化学品生产企业应当提供与其生产的危险化学品相符的化学品安全技术说明书，并在危险化学品（包括外包装件）上粘贴或者拴挂与包装内危险化学品相符的化学品安全标签。《化学品分类和危险性公示 通则》（GB 13690—2009）规定了化学品的包装标志，既适用于常用危险化学品的分类及包装标志，也适用于其他化学品的分类和包装标志。

根据常用危险化学品的危险特性和类别，化学品标志分为主标志和副标志。主标志为表示危险特性的图案、文字说明、底色和危险品类别号等 4 个部分组成的菱形标志，有 16 种；副标志图形中没有危险品类别号，有 11 种。当一种危险化学品具有一种以上的危险性时，应用主标志表示主要危险性类别，并用副标志来表示重要的其他的危险性类别；标志的尺寸、颜色及印刷应按《危险货物包装标志》（GB 190—2009）的有关规定执行。

## 二、化学品安全标签

化学品安全标签，是指危险化学品在市场流通时应由生产销售单位提供的附在化学品包装上的安全标签。它是用于标示化学品所具有的危险性和安全注意事项的一组文字、象形图和编码组合。它可粘贴、挂拴或喷印在化学品的外包装或容器上，分为化学品安全标签和作业场所化学品安全标签两种。

1. 化学品安全标签内容

化学品安全标签内容，主要包括化学品标识、象形图、信号词、危险性说明、防范说明、应急咨询电话、供应商标识、资料参阅提示语等要素。

（1）化学品标识，是用中文和英文分别标明化学品的化学名称或通用名称。名称要求醒目清晰，位于标签的正上方。名称应与化学品安全技术说明书中的名称一致。对于混合物应标出对其危险性分类有贡献的主要组分的化学名称或通用名、浓度或浓度范围。当需要标出的组分较多时，组分个数不超过 5 个为宜。对属于商业机密的成分可以不标明，但应列出其危险性。

（2）象形图，采用《化学品分类和标签规范》系列标准（GB 30000. 2—2013～GB 30000. 29—2013）规定的象形图。

（3）信号词，是位于化学品名称下方，根据化学品的危险程度和类别，用"危险""警告"两个词分别进行危险程度的警示。

（4）危险性说明，简要概述化学品的危险特性，居信号词下方。根据《化学品分类和标签规范》选择不同类别危险化学品的危险性说明。

（5）防范说明，表述化学品在处置、搬运、储存和使用作业中所必须注意的事项和发生意外时简单有效的救护措施等，要求内容简明扼要、重点突出。该部分包括安全预防措施、意外情况(如泄漏、人员接触或火灾等)的处理、安全储存及废弃处置等内容。

(6)应急咨询电话,填写化学品生产商或生产商委托的24h化学事故应急咨询电话。国外进口化学品安全标签上应至少有一家中国境内的24h化学事故应急咨询电话。

(7)供应商标识,包括供应商名称、地址、邮编和电话等信息。

(8)资料参阅提示语,提示化学品用户应参阅化学品安全技术说明书。

(9)危险信息的先后排序,当某种化学品具有两种及两种以上的危险性时,安全标签的象形图、信号词、危险性说明的先后顺序要按《化学品安全标签编写规定》(GB 15258—2009)的要求执行。

2. 化学品安全标签的使用

(1)安全标签应粘贴、挂拴或喷印在化学品包装或容器的明显位置,安全标签的粘贴、挂拴、喷印应牢固,确保在运输、储存、使用期间不脱落,不损坏。安全标签脱落后应及时补齐,如不能确认瓶内物质物性,则应按废弃化学品处置。

(2)安全标签应由生产企业在货物出厂前粘贴、挂拴、喷印。当化学品由原包装物转移或分装到其他包装物内时,转移或分装后的包装物应及时重新粘贴与原化学品安全标签内容一致的标识。

(3)盛装危险化学品的容器或包装,在经过处理并确认其危险性完全消除之后,方可撕下标签。

(4)对于组合容器,要求内包装加贴(挂)安全标签,外包装上加贴运输象形图,如果不需要运输标志可以加贴安全标签。

3. 简化标签

对于小于或等于100mL的化学品包装,为方便使用,安全标签的信息可以进行简化,但仍需包括化学品标识、象形图、信号词、危险性说明、应急咨询电话、供应商名称及联系电话、资料参阅提示语等关键内容。

> **警示案例**
>
> 事故经过:2022年6月4日,孟加拉国南部吉大港附近一座占地约3000m²,能容纳4000个货柜的集装箱仓库发生大火并引发装有化学品的集装箱爆炸,火势快速蔓延,造成至少49人丧生、300多人受伤,1000~1300个满载集装箱被烧毁或损坏。
>
> 事故原因:由于经营者贴错了过氧化氢(双氧水)货物上的标签,导致消防员误判,错用水灭火,致使过氧化氢货柜发生爆炸,引发大火。

# 第四节　化学品安全技术说明书

依据《危险化学品安全管理条例》第十五条要求,危险化学品生产企业应当提供与其生产的危险化学品相符的化学品安全技术说明书,并在危险化学品包装(包括外包装件)上粘贴或拴挂与包装内危险化学品相符的化学品安全标签。

化学品安全技术说明书，是化学品安全生产、安全流通、安全使用的指导性文件，是一份传递化学品危害信息的重要文件，简要说明了该种化学品在安全、健康和环境保护等方面的信息，及对人类健康和环境的危害性，并提供安全搬运、储存和使用该化学品的信息。

## 一、化学品安全技术说明书的内容

化学品安全技术说明书的结构、内容和项目顺序，应按《化学品安全技术说明书 内容和项目顺序》（GB/T 16483—2008）要求填写。化学品安全技术说明书应包含以下 16 部分内容，每部分的标题、编号和前后顺序不应随意变更。

（1）化学品及企业标识。主要是标明化学品名称，生产企业名称、地址、邮编、电话、应急电话、传真和电子邮件地址等信息，以及该化学品的推荐用途和限制用途。

（2）危险性概述。简要概述本化学品主要的物理和化学危险信息，对人体健康和环境影响的信息及该化学品存在的某些特殊危险性信息，主要包括：危害类别、侵入途径、健康危害、环境危害、燃爆危险等信息。

（3）成分/组成信息。标明该化学品是纯化学品还是混合物。如是纯化学品，应给出其化学品名称或商品名称和通用名、美国化学文摘登记号（CAS 号）。如是混合物，应给出危害性组分的浓度或浓度范围。

（4）急救措施。急救措施指作业人员意外受到伤害时，所需采取的现场自救或互救的简要处理方法，包括：眼睛接触、皮肤接触、吸入、食入的急救措施。

（5）消防措施。应标明化学品的特殊危险性（如产品是危险的易燃品）。适合的灭火介质，不适合的灭火介质以及消防人员个体防护等方面的信息，包括：危险特性、灭火介质和方法、灭火注意事项等。

（6）泄漏应急处理。是指化学品泄漏后现场可采用的简单有效的急救措施、注意事项和消除方法，包括：应急行动、应急人员防护、环保措施、消除方法等内容。

（7）操作处置与储存。主要指化学品操作处置和安全储存方面的信息资料，包括：操作处置作业中的安全注意事项、安全储存条件和注意事项。

（8）接触控制和个体防护。在生产、操作处置、搬运和使用化学品的作业过程中，为保护作业人员免受化学品危害而采取的防护方法和手段。包括：最高容许浓度、工程控制、呼吸系统防护、眼睛防护、身体防护、手防护、其他防护要求。

（9）理化特性。主要描述化学品的外观及理化性质等方面的信息，包括：外观与性状、pH 值、沸点、熔点、相对密度（水＝1）、相对蒸气密度（空气＝1）、饱和蒸气压、燃烧热、临界温度、临界压力、辛醇/水分配系数、闪点、引燃温度、爆炸极限、溶解性、主要用途和其他一些特殊理化性质。

（10）稳定性和反应性。主要叙述化学品的稳定性和反应活性方面的信息，包括：稳定性、禁配物、应避免接触的条件、聚合危害、分解产物。

（11）毒理学信息。提供化学品的毒理学信息，包括：不同接触方式的急性毒性（$LD_{50}$、$LC_{50}$）、刺激性、致敏性、亚急性和慢性毒性，致生殖毒性、突变性、致畸性、致癌性等。

（12）生态学信息。主要陈述化学品的环境生态效应、行为和转归，包括：生物效应

（$LD_{50}$、$LC_{50}$）、生物降解性、生物富集、环境迁移及其他有害的环境影响等。

（13）废弃处置。是指对被化学品污染的包装和无使用价值的化学品的安全处理方法，包括废弃处置方法和注意事项。

（14）运输信息。主要指国内、国际化学品包装、运输的要求及运输规定的分类和编号，包括：危险货物编号、包装类别、包装标志、包装方法、UN 编号及运输注意事项等。

（15）法规信息。主要是化学品管理方面的法律条款和标准。

（16）其他信息。主要提供其他对安全有重要意义的信息，包括：参考文献、填表时间、填表部门、数据审核单位等。

## 二、化学品安全技术说明书的使用

危险化学品的供应商或经销商应该提供完整的化学品安全技术说明书，并有责任对化学品安全技术说明书进行更新和提供最新版本。法人单位应将实验过程所涉及使用危险化学品的安全技术说明书完整地发放给使用人员、储存管理人员。

使用人员应根据化学品安全技术说明书提供的操作、储存、运输的安全要求，以及急救、消防、泄漏应急处理、个体防护措施等信息，确定在实验过程中应采取的预防措施和防范设施。

化学品同类物、同系物的安全技术说明书不能互相替代。

# 第五节　危险化学品管理

法人单位负责人应对本单位的危险化学品安全管理工作全面负责，建立健全危险化学品管理制度，实现危险化学品的采购、储存、使用、废弃等全生命周期管理。

## 一、危险化学品采购

危险化学品采购基于"最小化原则""按需申请、分批采购"，严禁超量采购、超量储存。购买民用爆炸品、易制毒、易制爆和剧毒化学品前，须经法人单位审批，报公安部门批准或备案后，向具有经营许可资质的单位购买，并保留报批及审批记录。严禁购买国家明令禁止使用的危险化学品。

法人单位应向具有危险化学品安全生产许可证的生产厂家或具有危险化学品经营许可证的单位采购危险化学品，供应商或经销商遵循 GHS 标签要求对危险化学品进行包装，委托有危险货物运输资质的运输公司承运。采购危险化学品时应向供应商或经销商索取化学品安全技术说明书，不得采购无"一书一签"的危险化学品。如果危险化学品的生产厂商发生变更，即使同种化学品而且成分一致，也应更新化学品安全技术说明书。

严禁任何单位和个人从网上采购危险化学品；严禁未经审批私自采购或从外单位采购、借用、私下转让危险化学品。

## 二、危险化学品储存

法人单位应指定专人负责危险化学品储存场所的管理，管理人员应具有一定专业知识

（剧毒、易制爆库管理人员还须通过专项培训取得上岗资格证）。危险化学品储存场所外应张贴安全责任人、联系方式等信息，并正确配备充足的个人安全防护用品。

采购的危险化学品入库时，管理人员应严格核实待入库化学品名称、数量、包装、"一书一签"，车辆运输资质、司机、押运人员资质等信息确认完好后登记入库储存。装卸危险化学品的作业人员不得穿戴易产生静电的工作服、帽和使用易产生火花的工具。危险化学品搬运时必须轻搬轻放，严禁背负肩扛，防止摩擦、振动和撞击。

依据《危险化学品安全管理条例》相关要求，储存危险化学品的仓库应当遵循符合下列要求：

（1）危险化学品应当储存在专用仓库、专用场地或者专用储存室内，设置明显的标志，并有专人负责管理。

（2）应当根据储存（拟储存）的危险化学品的种类和危险特性，在储存场所设置相应的监测、监控、通风、防晒、调温、防火、灭火、防爆、泄压、防毒、中和、防潮、防雷、防静电、防腐、防泄漏等安全设施、设备，并按照国家标准、行业标准或者国家有关规定对安全设施、设备进行经常性维护、保养，保证安全设施、设备的正常使用。

（3）危险化学品储存方式、方法以及储存数量应当符合国家标准或者国家有关规定；储存剧毒化学品、易制爆危险化学品的专用仓库，应当按照国家有关规定设置相应的技术防范设施。

（4）危险化学品储存场所的防雷防静电装置应每半年检验一次，并具有有效期内的检测合格报告。危险化学品储存场所还应当设置通信、报警装置，并保证处于正常工作状态。

（5）剧毒化学品以及储存数量构成重大危险源的其他危险化学品，法人单位应当将其储存数量、储存地点以及管理人员的情况，报所在地县级人民政府应急管理部门和公安机关备案；剧毒化学品以及储存数量构成重大危险源的其他危险化学品，应当在专用仓库内单独存放，并实行双人收发、双人保管制度。

（6）储存危险化学品的法人单位应当建立危险化学品出入库核查、登记制度。

应根据危险化学品的性能分区、分类、分库储存，化学性质相抵触或灭火方法不同的各类危险化学品，不得混合储存。危险化学品存放的基本原则：

（1）强酸与强碱、强氧化剂与强还原剂、氧气瓶与油脂、易燃气体与助燃气体不得混放；爆炸物品不准与其他类物品同贮，必须单独隔离限量储存。

（2）压缩气体和液化气体必须与爆炸物品、氧化剂、易燃物品、自燃物品隔离储存。

（3）易燃液体、遇湿易燃物品、易燃固体不得与氧化剂混合储存，具有还原性的氧化剂应单独存放。

（4）腐蚀性物品包装必须严密，不允许泄漏，严禁与液化气体和其他物品共存。

（5）易燃易挥发有机化学品存放处须设置防爆灯具和开关。

（6）固体液体存放于同一柜体内时遵循固液分开、固上液下的原则；挥发性不同的化学品存放时遵循上强下弱的原则；重量不同的化学品存放遵守上轻下重的原则。

（7）玻璃瓶装化学品、具有强腐蚀性化学品、大瓶化学品应放在试剂柜下层（便于取放的高度），塑料瓶装、小瓶装和质量轻的试剂可放在试剂柜上层。

（8）桶装的易燃液体应放在建筑物内，盛装的易燃液体桶内应留有5%~10%的空间。

（9）不应随意更换危险化学品的储存包装，包括内包装和外包装。如确有需要更换包装或分装时，应在通风橱内进行，分装后的包装物应重新粘贴标签，注明化学品成分、浓度、配制日期等主要信息。

（10）对重复使用的危险化学品的包装物、容器，在重复使用前应进行检查，发现存在安全隐患的，应当维修或者更换。应当对检查情况作记录，记录的保存期限不得少于2年。

（11）有毒物品应储存在阴凉、通风干燥的场所，不能接触酸类物质。

（12）应对实验场所的化学品储存柜进行逐一编号，对每一层进行分区编号，并对柜子、每层和分区进行明确标识。储存柜门外侧张贴规范的《化学品清单》，清单每月至少更新一次，并要及时更新化学品台账。

---

**警示案例**

事故经过：2017年6月14日，湖北省某中学化学实验室发生一起液溴泄漏事故。

事故原因：据该校化学教师告知，该实验室三瓶装有液溴的塑料瓶由于储藏时间过久，塑料瓶被腐蚀，导致发生泄漏。

---

## 三、危险化学品使用

法人单位要制定规范的涉及危险化学品实验的安全操作和现场应急处置方案。实验人员经培训考核合格后方能使用危险化学品、操作涉及危险化学品的实验过程。

实验人员掌握所使用化学品的安全技术说明书，了解实验过程可能产生的危害。实验人员应按照操作规程进行操作，防止随意操作酿成事故。掌握所使用的危险化学品的危险特性和应急措施，做好个体防护，穿着实验服，佩戴口罩、手套和防护眼镜。

1. 危险化学品的领用

领用危险化学品人员应先查看危险化学品的容器包装、安全标签是否完好无损；填写领用记录，记录应包括品种、规格、发放、退回日期、数量以及结存数量和存放地点等相关内容；

使用危险化学品的实验应建立类似表6-4的"_____实验用危险化学品清单"。

表6-4 _____实验用危险化学品清单

| 序号 | 物料编码 | 化学品名称 | 别名 | CAS号 | 理化危险 | 健康危险 | 生产厂家（经销商） | 化学品安全技术说明书 | 采购量 | 现有储存量 | 包装方式、大小 | 储存地点 | 使用地点 | 是否为剧毒化学品 | 是否为易制爆危险化学品 | 是否为易制毒化学品 |
|---|---|---|---|---|---|---|---|---|---|---|---|---|---|---|---|---|
|  |  |  |  |  |  |  |  |  |  |  |  |  |  |  |  |  |
|  |  |  |  |  |  |  |  |  |  |  |  |  |  |  |  |  |
|  |  |  |  |  |  |  |  |  |  |  |  |  |  |  |  |  |
|  |  |  |  |  |  |  |  |  |  |  |  |  |  |  |  |  |

在实验开始前，应列出本次实验所需的危险化学品清单，填写实验反应危害评估表（表6-5），确保该实验反应的一系列流程清晰完整，各个操作环节均是可控的。

表 6-5　实验反应危害评估表

| 实验名称 | 反应名称 | 反应过程简介 | 主要反应物 | 中间产物 | 最终产物 | 失控反应可能性 | 失控反应严重性 | 失控反应的风险值 | 需增加的控制措施 | 责任人 | 日期 | 完成情况 |
|---|---|---|---|---|---|---|---|---|---|---|---|---|
|  |  |  |  |  |  |  |  |  |  |  |  |  |
|  |  |  |  |  |  |  |  |  |  |  |  |  |
|  |  |  |  |  |  |  |  |  |  |  |  |  |
|  |  |  |  |  |  |  |  |  |  |  |  |  |

2. 使用危险化学品的基本安全要求

（1）法人单位应根据所使用的危险化学品的种类、危险特性以及使用量和使用的方式，建立健全危险化学品安全管理规章制度和操作规程，保证危险化学品使用安全。

（2）使用危险化学品的实验场所应设置相应的监测、监控、通风、防火、灭火、防爆、泄压、防毒、防潮、防雷、防静电、防腐、防泄漏等安全设施、设备，并按照国家标准、行业标准或者国家有关规定对安全设施、设备进行经常性维护、保养，保证安全设施、设备的正常使用。使用危险化学品的实验场所应设置通信、报警装置，并保证其处于适用状态。

（3）使用剧毒化学品和易制爆危险化学品的实验场所，应当如实记录其使用剧毒化学品和易制爆危险化学品的数量、流向，并采取必要的安全防范措施，防止丢失或者被盗；发现剧毒化学品和易制爆危险化学品丢失或者被盗的，应当立即向法人单位主要负责人报告。

（4）使用易挥发试剂，或是会产生有毒、有害、刺激性气体或烟雾的实验，须在通风橱内操作。

（5）使用或产生可燃气体、可燃蒸气的实验场所，应配备防爆型电气设备，设置相应的可燃气体检测报警器，并与防爆风机联锁；使用或产生惰性气体的实验场所，应安装氧含量检测报警器，并与风机联锁。

（6）取用化学品时，应轻拿轻放，防止振动、撞击、倾倒和颠覆；用后应及时盖紧原瓶盖；禁止用手直接取用化学品；不能直接接触试剂、品尝试剂味道；严禁把鼻子凑到容器口嗅闻试剂的气味。

（7）装有配制试剂、合成品、样品等的容器上标签信息要明确，标签信息包括名称或编号、使用人、日期等。当由原包装物转移或分装到其他包装物内时，转移或分装的包装物应及时重新粘贴标识。化学品的标签脱落、模糊、腐蚀后应及时补上，如不能确认，应以不明废弃化学品处置。

（8）实验过程中必须有人在岗值守，进行高危实验时至少有两人在场；实验场所严禁无关人员进入，严禁在实验场所进行饮食、娱乐等其他与实验无关活动。

（9）危险化学品若有遗撒，要及时处理。应妥善处理沾染危险化学品的抹布、卫生纸类物品，这些沾染过危险化学品物品应按危险废物收集处理。

（10）应定期对实验场所过期危险化学品、无使用价值的自配化学品以及缺少安全标签、不清楚主要成分的危险化学品进行全面清理。

（11）若化学品丢失，使用人应保护现场，立即报告本单位负责人。危险化学品丢失的，须报保卫部门和研究室负责人。

> **警示案例**
>
> 事故经过：2007年8月9日晚8时许，某高校实验室李某在准备处理一瓶四氢呋喃时，没有仔细检查，误将一瓶硝基甲烷当作四氢呋喃投到氢氧化钠中，1min后，试剂瓶中冒出了白烟。李某立即将通风橱玻璃拉下，此时瓶口的烟变成黑色泡沫状液体。李某叫来同实验室的一名博士后请教如何处理时，试剂瓶发生了爆炸，玻璃碎片将二人的手臂割伤。
>
> 事故原因：由于当事人在投料时粗心大意，没有仔细核对所要使用的化学试剂。此外，实验台上药品杂乱无序，药品过多也是造成本次事故的次要原因。

## 四、危险化学品废弃

实验场所、储存场所内废弃、失效、过期的危险化学品都是危险废物，严禁将其倒入下水道、水池、混入生活垃圾。应将其交由具有相应危险废物处理资质的单位进行处理。具体内容详见本章第八节实验危险废物管理。使用、储存危险化学品的法人单位转产、停产、停业或者解散的，应当采用有效措施，及时、妥善处置其危险化学品储存设施以及库存的危险化学品，不得随意丢弃危险化学品；处置方案应当报属地县级人民政府应急管理部门、工业和信息化主管部门、生态环境部门和公安机关备案。

> **警示案例**
>
> 事故经过：2010年3月的一天，9岁的男孩小刚在昌平区某大学的实验楼外玩耍，看到地上一个形状有些奇特的瓶子便好奇地捡了起来，当他向瓶子里倒入清水后，发生爆沸，导致小刚面部受伤。
>
> 事故原因：被丢失的瓶子内有浓硫酸，当孩子向瓶子内倒入水后，发生爆沸；实验人员随意丢弃危险化学品是导致事故的主要原因。

## 五、危险化学品应急管理

依据《危险化学品安全管理条例》规定，法人单位应当制定本单位危险化学品火灾爆炸、危险化学品泄漏专项应急预案和现场处置方案，并针对实验工作场所、岗位特点，编制简明、实用、有效的应急处置卡；配备应急救援人员和必要的应急救援器材、设备。

法人单位应制定应急预案演练计划，并根据事故风险特点，每年至少组织一次综合应急预案演练或专项应急预案演练，每半年至少组织一次现场处置方案演练。

危险化学品使用、储存场所应按照规定配备足够的消防设施、器材等，并经常检查、保养，确保处于适用状态。

消防器材的配备。按每 30m² 配备 1 个 4kg 的灭火器，应放置在明显、便于取用的地方，周围不得堆放其他物品，应根据危险化学品的特性选用消防水、泡沫、干粉、气体等灭火剂。

危险化学品储存量较大的储存场所，应根据危险化学品的性质配备消防泡沫灭火设施、消防水灭火设施。

## 六、违反危险化学品相关的法律法规及责任后果

### 违法行为1

未经安全条件审查，新建、改建、扩建生产、储存危险化学品的建设项目的。

**处罚依据：《危险化学品安全管理条例》**

第七十六条　未经安全条件审查，新建、改建、扩建生产、储存危险化学品的建设项目的，由安全生产监督管理部门责令停止建设，限期改正；逾期不改正的，处 50 万元以上 100 万元以下的罚款；构成犯罪的，依法追究刑事责任。

### 违法行为2

（1）危险化学品包装物、容器的材质以及包装的形式、规格、方法和单件质量（重量）与所包装的危险化学品的性质和用途不相适应。

（2）生产、储存危险化学品的单位未在作业场所和安全设施、设备上设置明显的安全警示标志，或者未在作业场所设置通信、报警装置的。

（3）危险化学品专用仓库未设专人负责管理，或者对储存的剧毒化学品以及储存数量构成重大危险源的其他危险化学品未实行双人收发、双人保管制度的。

（4）储存危险化学品的单位未建立危险化学品出入库核查、登记制度的。

（5）危险化学品专用仓库未设置明显标志的。

**处罚依据：《危险化学品安全管理条例》**

第七十八条　有下列情形之一的，由安全生产监督管理部门责令改正，可以处 5 万元以下的罚款；拒不改正的，处 5 万元以上 10 万元以下的罚款；情节严重的，责令停产停业整改：

（七）危险化学品包装物、容器的材质以及包装的型式、规格、方法和单件质量（重量）与所包装的危险化学品的性质和用途不相适应的；

（八）生产、储存危险化学品的单位未在作业场所和安全设施、设备上设置明显的安全警示标志，或者未在作业场所设置通信、报警装置的；

（九）危险化学品专用仓库未设专人负责管理，或者对储存的剧毒化学品以及储存数量构成重大危险源的其他危险化学品未实行双人收发、双人保管制度的；

（十）储存危险化学品的单位未建立危险化学品出入库核查、登记制度的；

（十一）危险化学品专用仓库未设置明显标志的。

### 违法行为3

（1）对重复使用的危险化学品包装物、容器，在重复使用前不进行检查的；

（2）未根据其生产、储存的危险化学品的种类和危险特性，在作业场所设置相关安全

设施、设备，或者未按照国家标准、行业标准或者国家有关规定对安全设施、设备进行经常性维护、保养的；

（3）未将危险化学品储存在专用仓库内，或者未将剧毒化学品以及储存数量构成重大危险源的其他危险化学品在专用仓库内单独存放的；

（4）危险化学品的储存方式、方法或者储存数量不符合国家标准或者国家有关规定的；

（5）危险化学品专用仓库不符合国家标准、行业标准的要求的；

（6）未对危险化学品专用仓库的安全设施、设备定期进行检测、检验的。

**处罚依据：《危险化学品安全管理条例》**

第八十条 生产、储存、使用危险化学品的单位有下列情形之一的，由安全生产监督管理部门责令改正，处 5 万元以上 10 万元以下的罚款；拒不改正的，责令停产停业整顿直至由原发证机关吊销其相关许可证件，并由工商行政管理部门责令其办理经营范围变更登记或者吊销其营业执照；有关责任人员构成犯罪的，依法追究刑事责任：

（一）对重复使用的危险化学品包装物、容器，在重复使用前不进行检查的；

（二）未根据其生产、储存的危险化学品的种类和危险特性，在作业场所设置相关安全设施、设备，或者未按照国家标准、行业标准或者国家有关规定对安全设施、设备进行经常性维护、保养的；

（四）未将危险化学品储存在专用仓库内，或者未将剧毒化学品以及储存数量构成重大危险源的其他危险化学品在专用仓库内单独存放的；

（五）危险化学品的储存方式、方法或者储存数量不符合国家标准或者国家有关规定的；

（六）危险化学品专用仓库不符合国家标准、行业标准的要求的；

（七）未对危险化学品专用仓库的安全设施、设备定期进行检测、检验的。

**违法行为4**

（1）生产、储存、使用危险化学品的单位转产、停产、停业或者解散，未采取有效措施及时、妥善处理其危险化学品生产装置、储存设施以及库存的危险化学品，或者丢弃危险化学品的；

（2）生产、储存、使用危险化学品的单位转产、停产、停业或者解散，未依照本条例规定将其危险化学品生产装置、储存设施以及库存危险化学品的处置方案报有关部门备案的。

**处罚依据：《危险化学品安全管理条例》**

第八十二条 生产、储存、使用危险化学品的单位转产、停产、停业或者解散，未采取有效措施及时、妥善处理其危险化学品生产装置、储存设施以及库存的危险化学品，或者丢弃危险化学品的，由安全生产监督管理部门责令改正，处 5 万元以上 10 万元以下的罚款，构成犯罪的，依法追究刑事责任；

生产、储存、使用危险化学品的单位转产、停产、停业或者解散，未依照本条例规定将其危险化学品生产装置、储存设施以及库存危险化学品的处置方案报有关部门备案的。分别由有关部门责令改正，可以处 1 万元以下的罚款；拒不改正的，处 1 万元以上 5 万元以下的罚款。

## 违法行为5

危险化学品单位发生危险化学品事故，其主要负责人不立即组织救援或者不立即向有关部门报告的，依照《生产安全事故报告和调查处理条例》的规定处罚。

**处罚依据：《危险化学品安全管理条例》**

第九十四条　危险化学品单位发生危险化学品事故，其主要负责人不立即组织救援或者不立即向有关部门报告的，依照《生产安全事故报告和调查处理条例》的规定处罚。

危险化学品单位发生危险化学品事故，造成他人人身伤害或者财产损失的，依法承担赔偿责任。

## 违法行为6

违反国家规定，制造、买卖、储存、运输、邮寄、携带、使用、提供、处置爆炸性、毒害性、放射性、腐蚀性物质等危险物质的。

**处罚依据：《中华人民共和国治安管理处罚法》**

第三十条　违反国家规定，制造、买卖、储存、运输、邮寄、携带、使用、提供、处置爆炸性、毒害性、放射性、腐蚀性物质或者传染病病原体等危险物质的，处十日以上十五日以下拘留；情节较轻的，处五日以上十日以下拘留。

## 违法行为7

事故发生单位主要负责人不立即组织事故抢救的、迟报或者漏报事故的、在事故调查处理期间擅离职守的。

**处罚依据：《生产安全事故罚款处罚规定》**

第十一条　事故发生单位主要负责人有《中华人民共和国安全生产法》第一百一十条、《生产安全事故报告和调查处理条例》第三十五条、第三十六条规定的下列行为之一的，依照下列规定处以罚款：

（一）事故发生单位主要负责人在事故发生后不立即组织事故抢救的，或者在事故调查处理期间撤离职守，或者瞒报、谎报、迟报事故，或者事故发生后逃匿的，处上一年年收入60%至80%的罚款；贻误事故抢救或者造成事故扩大或者影响事故调查或者造成重大社会影响的，处上一年年收入80%至100%的罚款；

（二）事故发生单位主要负责人漏报事故的，处上一年年收入40%至60%的罚款；贻误事故抢救或者造成事故扩大或者影响事故调查或者造成重大社会影响的，处上一年年收入60%至80%的罚款；

（三）事故发生单位主要负责人伪造、故意破坏事故现场，或者转移、隐匿资金、财产、销毁有关证据、资料，或者拒绝接受调查，或者拒绝提供有关情况和资料，或者在事故调查中作伪证，或者指使他人作伪证的，处上一年年收入60%至80%的罚款；贻误事故抢救或者造成事故扩大或者影响事故调查或者造成重大社会影响的，处上一年年收入80%至100%的罚款。

第十二条　事故发生单位直接负责的主管人员和其他直接责任人员有《生产安全事故报告和调查处理条例》第三十六条规定的行为之一的，处上一年年收入60%至80%的罚款；贻误事故抢救或者造成事故扩大或者影响事故调查或者造成重大社会影响的，处上一年年收入 80% 至 100% 的罚款。

# 第六节　列管化学品

列入公安部门管制的化学品简称列管化学品，它们往往具有特定的危害性和风险，公安部门对其生产、经营、储存、使用、运输和处置等环节采取有别于其他危险化学品的更加严格的管理和监管措施，以达到保障公众的安全和环境的可持续发展的目的。列管化学品被列管的原因有：剧毒性、爆炸品或易于制造爆炸物、毒品或可制造毒品的原料或助剂、属于精神或麻醉药品，若管理不当可能会导致严重事故。

根据《危险化学品安全管理条例（2013 年版）》《易制毒化学品管理条例（2018 年版）》《麻醉药品和精神药品管理条例》等法律法规规定，剧毒化学品、易制毒化学品、易制爆危险化学品以及麻醉药品和精神药品的生产、储存、销售、使用、经营、运输应受到公安部门的严格管理和监管，个人不得买卖列入管制的上述化学品。

化学化工实验过程涉及的主要是剧毒化学品、易制爆危险化学品和易制毒化学品。

## 一、剧毒化学品

剧毒化学品，是指按照国务院应急管理部门会同国务院工业和信息化、公安、环境保护、卫生、质检、交通运输、铁路、民用航空、农业等主管部门确定并公布的剧毒化学品目录中的化学品、符合剧毒物品毒性判定标准、标注为剧毒的化学品。一般是具有剧烈急性毒性危害的化学品，包括人工合成的化学品及其混合物和天然毒素，还包括具有急性毒性易造成公共安全危害的化学品。

剧烈急性毒性判定界限：急性毒性类别 1，即满足下列条件之一：大鼠实验，经口 $LD_{50} \leqslant$ 5mg/kg，经皮 $LD_{50} \leqslant$ 50mg/kg，吸入（4h）$LC_{50} \leqslant$ 100mL/m³（气体）或 0.5mg/L（蒸气）或 0.05mg/L（尘、雾）。

为了加强剧毒化学品的管理，国家相关部门制定了《中华人民共和国刑法》《危险化学品安全管理条例》《剧毒化学品购买和公路运输许可证件管理办法》等一系列有关的法律法规。剧毒化学品的生产、经营、购买、使用、储存和管理必须严格遵守以上相关规定。

《危险化学品目录（2022 版）》总共收录 148 种剧毒化学品。

1. 剧毒化学品的采购

（1）依据《危险化学品安全管理条例》的规定，在购买剧毒化学品前，法人单位应向所在地县级人民政府公安机关申请取得剧毒化学品购买许可证，应向所在地县级人民政府公安机关提交下列材料，用于办理剧毒化学品购买许可证：

① 营业执照或法人证书（登记证书）的复印件。

② 拟购买的剧毒化学品种类、数量的说明。

③ 购买剧毒化学品用途的说明。

④ 经办人的身份证明。

（2）法人单位取得剧毒化学品购买许可证后，方可向具有危险化学品生产许可证或经营许可证的单位购买剧毒化学品，实验人员不得私自购买剧毒化学品(属于剧毒化学品的农药除外)；应妥善保存购买剧毒化学品的批件和凭证，不得涂改或销毁。

（3）剧毒化学品的采购应遵循"用多少、买多少、先进先用"原则，严禁超量采购。

（4）购买、转让剧毒化学品时，应当通过本单位银行账户或电子账户进行交易，不得使用现金或者实物进行交易。

（5）在购买剧毒化学品后五日内，法人单位应将所购买的剧毒化学品的品种、数量以及流向信息通过剧毒化学品信息系统报所在地县级人民政府公安机关备案。

（6）必须委托依法取得剧毒化学品运输资质的单位承运；实验人员不得接收剧毒化学品销售单位通过邮件、快递的方式寄发的剧毒化学品，如发现此类情况，应当立即将有关情况报告公安机关和主管部门。

（7）实验人员不得通过网购、线下等途径私下购买剧毒化学品，严禁私下转让、出借其购买的剧毒化学品；严禁携带剧毒化学品乘坐公共交通工具。

（8）法人单位因转产、停产、搬迁、关闭等原因确需转让的储存的剧毒化学品，应当向具有相关许可证或证明文件的单位转让，并在转让后将有关情况及时向所在地县级人民政府公安机关报告转让单位、转让剧毒化学品的种类及数量等相关信息。

2. 剧毒化学品的储存

（1）储存剧毒化学品的法人单位，应当设置治安保卫机构，配备专职治安保卫人员。应当将其储存种类、数量、储存地点以及管理人员的情况，报所在地县级人民政府应急管理部门和公安机关备案。

（2）剧毒化学品应当在专用仓库内单独存放，并使用双人收发、双人保管制度。建立剧毒化学品出入库核查、登记制度，如实记录储存的剧毒化学品的种类、数量、流向，并采取必要的安全防范措施，防止剧毒化学品丢失或者被盗。如发现剧毒化学品丢失或被盗的，应当立即向当地公安机关报告。

（3）剧毒化学品应储存在符合《剧毒化学品、放射源存放场所治安防范要求》( GA 1022—2012)的专用储存场所内的保险柜中，设置相应的人力防范、实体防范、技术防范等治安防范设施。

（4）剧毒化学品仓库工作人员应进行培训，经考核合格后持证上岗，装卸人员也须进行必要的教育培训。消防人员除应具有一般消防知识外，还应进行专业知识培训，使其熟悉各区域储存的剧毒化学品种类、特性、储存地点、事故处理程序及方法。

（5）剧毒化学品的储存场所必须设置明显的安全警示标识，应当设置通信、报警装置，并保证24h处于正常工作状态。储存剧毒化学品的建筑物、区域内严禁吸烟和使用明火。

（6）法人单位应定期对剧毒化学品储存场所进行盘点，必须保证所储存剧毒化学品的品种、规格和数量的账、物相符。

3. 剧毒化学品的出入库管理

（1）装卸剧毒化学品时，必须轻拿、轻放，防止摩擦、振动。验收、质量检查、开封包装必须在远离库房的安全地点进行，操作现场必须有专人指导，并采取相应的消防措施。

入库验收时，应检查其包装、封口是否严密，有无破损漏撒，重量是否与入库单据一致。

（2）剧毒化学品须由两名在职人员凭已获批准的剧毒化学品使用申请表同时领取，严禁学生、实习人员领取剧毒化学品。

（3）剧毒化学品的领用量为一次实验的使用量，且须在当日进行实验前领取并如实做好登记。

（4）领取后须尽快返回实验场所，严禁随身携带、夹带剧毒化学品出入其他单位和部门，领取的剧毒化学品应放入具有明显标志的专用容器内。

（5）实验场所使用剧毒化学品时，必须一次全部消耗或反应完毕，并如实填写实验记录。实验场所内严禁存放剧毒化学品，如在实验结束后还有剩余的剧毒化学品，剩余的部分要立即退回剧毒化学品仓库。

（6）剧毒化学品的出入库应实行双人收发、双人保管的制度。领取剧毒化学品时应在台账上填写领用剧毒化学品名称、领用部门、领用人姓名及联系方式、领用量、使用用途等，严禁代领剧毒化学品。

（7）剧毒化学品仓库工作人员接收剧毒化学品时，应清楚剧毒化学品品名、编号、分子式、物理化学性质，应熟悉各种剧毒化学品中毒的急救方法和应急措施。

> **警示案例**
>
> 事故经过：2007 年 6 月，江苏省某大学发生 3 名大学生铊中毒事件。6 月 20 日某大学召开新闻发布会通报大学生铊中毒案情况，引起 3 名大学生铊中毒的毒源已初步查明，系常某 5 月 22 日，以非法手段从外地获取的 250 克剧毒物质硝酸铊。5 月 29 日下午 4 时许，常某用注射器分别向受害人牛某、李某、石某的茶杯中注入硝酸铊，导致 3 名学生铊中毒。
>
> 事故原因：剧毒化学品管理不严；投毒人泄私愤报复。

4. 剧毒化学品的使用

（1）剧毒化学品的使用场所安全设施必须符合安全规范，并设置明显的安全警示标识。须在使用场所内醒目位置放置所使用剧毒化学品的安全技术说明书，供实验人员随时查阅和应急之用。

（2）根据所使用的剧毒化学品的种类、危险特性以及使用量和使用方式，建立健全使用剧毒化学品管理规章制度和安全操作规程，保证剧毒化学品的安全使用。

（3）剧毒化学品的使用单位在办理审批手续时，应首先对使用人进行专业的培训，使其掌握相关法律法规和剧毒化学品安全防护知识，具备使用剧毒化学品的基本技能和应急技能，相关实验操作人员取得岗位培训合格证后，方可进行审批。

（4）剧毒化学品领用人必须负责监管使用剧毒化学品实验的全过程，包括领用、使用、实验记录，以及实验结束后对剩余剧毒化学品和反应产物的废弃处置等。

（5）剧毒化学品的使用人须具备相应的知识技能，要在实验前将所用剧毒化学品的化学性质、操作规程、实验方法、毒性危害、环保处置、急救措施等情况写成书面文字。操作时必须佩戴合适的个体防护装置，采取有效的防护措施，严格按照剧毒化学品的特性和仪器设备的操作规程执行"双人"操作，实验完毕后应做好个人消毒工作，方可离开实验场所。

（6）剧毒化学品的领用时间，应确定在该实验的相关步骤一切准备就绪之后，即剧毒化学品一旦进入实验场所，能够马上进行实验，减少不必要中间环节，进行实验时，必须一次全部消耗或反应完毕，有翔实的实验记录，实验记录包括实验日期、实验名称和目的、剧毒化学品名称、领取剧毒化学品的数量、实际消耗剧毒化学品数量、剩余剧毒化学品数量及流向、废渣、废液及包装容器去处流向、领用人、操作人（双人）签字等内容。使用剧毒化学品的实验记录保存一年，一年后须上交存档。

（7）严禁实验人员向他人借用剧毒化学品，严禁将剧毒化学品借给他人。

（8）在使用过程中，如发现剧毒化学品丢失、被盗、被抢，使用人应立即报告本单位和保卫部门。

**5. 剧毒化学品丢失、被盗、被抢的安全管理**

剧毒化学品在储存、使用过程中如发现丢失、被盗、被抢等情况的，当事人应当立即向法人单位主要负责人报告，由法人单位主要负责人向属地县级应急管理部门和公安机关如实报告。

**6. 剧毒化学品废弃处理**

（1）剧毒化学品包装容器必须退回剧毒化学品仓库，严禁擅自处置或丢弃。

（2）剧毒化学品使用后产生的废渣、废液须按危险废物处置，严禁擅自倾倒或随意处置，应与包装容器一同退回剧毒化学品仓库，交由具有相应危险废物处置资质的单位处置。

（3）剧毒化学品因过期、失效、变质需要报废的，严禁擅自倾倒或随意处置，应按危险废物收集、储存管理，交由具备相应危险废物处置资质的单位处置。

---

**警示案例**

事故经过：2013 年 4 月 1 日晨，上海市某大学学生黄某饮用宿舍饮水机中的水后，出现中毒症状，后经送医救治无效，于 4 月 16 日下午去世。4 月 19 日上海警方初步查明，某大学林某因生活琐事与黄某关系不和，心存不满，经事先预谋，3 月 31 日中午，将其做实验后剩余并存放在实验室内的剧毒化合物 $N,N$-二甲基亚硝胺带至寝室，注入饮水机槽，第二天，黄某饮用此含剧毒的水，导致死亡。

事故原因：未按照"双人收发、双人保管"的原则管理使用剧毒化学品。

---

**7. 违反剧毒化学品相关的法律法规及责任后果**

**违法行为1**

（1）对储存的剧毒化学品未实行双人收发、双人保管的。

（2）储存剧毒化学品的专用仓库未按照国家有关规定设置相应的技术防范设施的。

（3）生产、储存剧毒化学品的单位未设置治安保卫机构、配备专职治安保卫人员的。

**处罚依据：《危险化学品安全管理条例》**

第七十八条 有下列情形之一的，由安全生产监督管理部门责令改正，可以处5万元以下的罚款；拒不改正的，处5万元以上10万元以下的罚款；情节严重的，责令停产停业整顿：

（九）危险化学品专用仓库未设专人负责管理，或者对储存的剧毒化学品以及储存数量构成重大危险源的其他危险化学品未实行双人收发、双人保管制度的。

储存剧毒化学品、易制爆危险化学品的专用仓库未按照国家有关规定设置相应的技术防范设施的，由公安机关依照前款规定予以处罚。

生产、储存剧毒化学品、易制爆危险化学品的单位未设置治安保卫机构、配备专职治安保卫人员的，依据《企业事业单位内部治安保卫条例》的规定处罚。

**违法行为2**

未将剧毒化学品在专用仓库内单独存放的。

**处罚依据：《危险化学品安全管理条例》**

第八十条 生产、储存、使用危险化学品的单位有下列情形之一的，由安全生产监督管理部门责令改正，处5万元以上10万元以下的罚款；拒不改正的，责令停产停业整顿直至由原发证机关吊销其相关许可证件，并由工商行政管理部门责令其办理经营范围变更登记或者吊销其营业执照；有关责任人员构成犯罪的，依法追究刑事责任：

（四）未将危险化学品储存在专用仓库内，或者未将剧毒化学品以及储存数量构成重大危险源的其他危险化学品在专用仓库内单独存放的。

**违法行为3**

（1）储存、使用剧毒化学品的单位不如实记录生产、储存、使用的剧毒化学品的数量、流向的。

（2）储存、使用剧毒化学品的单位发现剧毒化学品丢失或者被盗，不立即向公安机关报告的。

（3）储存剧毒化学品的单位未将剧毒化学品的储存数量、储存地点以及管理人员的情况报所在地县级人民政府公安机关备案的。

（4）剧毒化学品的购买单位未在规定的时限内将所购买的剧毒化学品的品种、数量以及流向信息报所在地县级人民政府公安机关备案的。

（5）使用剧毒化学品的单位依照本条例规定转让其购买的剧毒化学品，未将有关情况向所在地县级人民政府公安机关报告的。

**处罚依据：《危险化学品安全管理条例》**

第八十一条 有下列情形之一的，由公安机关责令改正，可以处1万元以下的罚款；拒不改正的，处1万元以上5万元以下的罚款：

（一）生产、储存、使用剧毒化学品、易制爆危险化学品的单位不如实记录生产、储存、使用的剧毒化学品、易制爆危险化学品的数量、流向的；

（二）生产、储存、使用剧毒化学品、易制爆危险化学品的单位发现剧毒化学品、易制爆危险化学品丢失或者被盗，不立即向公安机关报告的；

（三）储存剧毒化学品的单位未将剧毒化学品的储存数量、储存地点以及管理人员的情况报所在地县级人民政府公安机关备案的；

（五）剧毒化学品、易制爆危险化学品的销售企业、购买单位未在规定的时限内将所销售、购买的剧毒化学品、易制爆危险化学品的品种、数量以及流向信息报所在地县级人民政府公安机关备案的；

（六）使用剧毒化学品、易制爆危险化学品的单位依照本条例规定转让其购买的剧毒化学品、易制爆危险化学品，未将有关情况向所在地县级人民政府公安机关报告的。

**违法行为4**

不具有《危险化学品安全管理条例》第三十八条第一款、第二款规定的相关许可证件或者证明文件的单位购买剧毒化学品，或者个人购买剧毒化学品的。

**处罚依据：《危险化学品安全管理条例》**

第八十四条　不具有本条例第三十八条第一款、第二款规定的相关许可证件或者证明文件的单位购买剧毒化学品、易制爆危险化学品，或者个人购买剧毒化学品（属于剧毒化学品的农药除外）、易制爆危险化学品的，由公安机关没收所购买的剧毒化学品、易制爆危险化学品，可以并处 5000 元以下的罚款。

**违法行为5**

使用剧毒化学品的单位出借或者向不具有《危险化学品安全管理条例》第三十八条第一款、第二款规定的相关许可证件的单位转让其购买剧的毒化学品，或者向个人转让其购买的剧毒化学品（属于剧毒化学品的农药除外）的。

**处罚依据：《危险化学品安全管理条例》**

第八十四条　使用剧毒化学品、易制爆危险化学品的单位出借或者向不具有本条例第三十八条第一款、第二款规定的相关许可证件的单位转让其购买的剧毒化学品、易制爆危险化学品，或者向个人转让其购买的剧毒化学品（属于剧毒化学品的农药除外）、易制爆危险化学品的，由公安机关责令改正，处 10 万元以上 20 万元以下的罚款；拒不改正的，责令停产停业整顿。

**违法行为6**

伪造、变造或者出租、出借、转让《危险化学品安全管理条例》规定的剧毒化学品购买许可证。

**处罚依据：《危险化学品安全管理条例》**

第九十三条　伪造、变造或者出租、出借、转让本条例规定的其他许可证，或者使用伪造、变造的本条例规定的其他许可证的，分别由相关许可证的颁发管理机关处 10 万元以上 20 万元以下的罚款，有违法所得的，没收违法所得；构成违反治安管理行为的，依法给予治安管理处罚；构成犯罪的，依法追究刑事责任。

**违法行为7**

违反国家规定，制造、买卖、储存、运输、邮寄、携带、使用、提供、处置毒害性物质等危险物质的。

**处罚依据：《中华人民共和国治安管理处罚法》**

第三十条　违反国家规定，制造、买卖、储存、运输、邮寄、携带、使用、提供、处置爆炸性、毒害性、放射性、腐蚀性物质或者传染病病原体等危险物质的，处十日以上十五日以下拘留；情节较轻的，处五日以上十日以下拘留。

**违法行为8**

毒害性危险物质被盗、被抢或者丢失，未按规定报告的。

**处罚依据：《中华人民共和国治安管理处罚法》**

第三十一条　爆炸性、毒害性、放射性、腐蚀性物质或者传染病病原体等危险物质被盗、被抢或者丢失，未按规定报告的，处五日以下拘留；故意隐瞒不报的，处五日以上十日以下拘留。

## 二、易制爆危险化学品

易制爆危险化学品，是指列入公安部确定、公布的易制爆危险化学品名录，可用于制造爆炸物品的化学品。《易制爆危险化学品名录（2017年版）》将易制爆化学品分为9大类，74类（种）。

为了加强易制爆危险化学品的管理，规范易制爆危险化学品的生产、经营、运输、储存、购买、使用和废弃处理等环节，《中华人民共和国刑法》《危险化学品安全管理条例（2013年版）》《易制爆危险化学品治安管理办法》《易制爆危险化学品名录（2017年版）》《易制爆危险化学品储存场所治安防范要求》（GA 1511—2018）等一系列有关的法律法规对易制爆危险化学品的申购、使用、储存和废弃有明确的管理规定。

1. 易制爆危险化学品安全管理要求

（1）储存、使用易制爆危险化学品法人单位的主要负责人是治安管理第一责任人，对本单位易制爆危险化学品治安管理工作全面负责。

（2）储存、使用易制爆危险化学品的法人单位应当设置治安保卫机构，配备专职治安保卫人员负责易制爆危险化学品的治安保卫工作，建立健全治安保卫制度，并将治安保卫机构的设置和人员配备情况报告所在地县级公安机关。治安保卫人员应当符合国家有关标准和规范要求，经培训合格后上岗。

（3）储存、使用易制爆危险化学品的法人单位应当建立易制爆危险化学品信息系统，并实现与公安机关的信息系统互联互通。

（4）法人单位应设置易制爆危险化学品保管员，如实登记易制爆危险化学品的购买、出入库、领取、使用、归还、处置等信息，并按规定将相关信息录入易制爆危险化学品流向管理信息系统。

（5）法人单位及实验人员不得在互联网上发布易制爆危险化学品生产、买卖、储存、使用信息；不得在互联网上发布利用易制爆危险化学品制造爆炸品方法的信息及建立相关链接。

2. 易制爆危险化学品的采购

（1）法人单位在购买易制爆危险化学品时，应当向销售单位出具本单位的《工商营业执照》或《事业单位法人证书》等合法证明的复印件及经办人身份证明复印件等材料，同时提供包含购买易制爆危险化学品的具体用途、品种、数量等内容的合法用途说明；法人单位不得向未经许可从事易制爆危险化学品生产、经营活动的企业采购易制爆危险化学品。

（2）购买、转让易制爆危险化学品，应当通过本单位银行账户或电子账户进行交易，不得使用现金或者实物进行交易。

（3）法人单位在购买易制爆危险化学品5日内，应通过易制爆危险化学品信息系统，将所购买的易制爆危险化学品的品种、数量以及流向信息报所在地县级公安机关备案。

（4）不得通过网购、线下等途径购买易制爆危险化学品。不得通过邮件、快递的方式接收销售单位寄发的易制爆危险化学品。如发现此类情况，应当立即将有关情况报告公安机关和主管部门。

（5）不得出借、转让其购买的易制爆危险化学品。因转产、停产、搬迁、关闭等确需转让的，应当向具有相关许可证或证明文件的单位转让，并在转让后将有关情况及时向所在地县级人民政府公安机关报告转让单位、转让易制爆危险化学品的种类及数量等相关信息。

3. 易制爆危险化学品的储存

（1）易制爆危险化学品储存场所应当符合《易制爆危险化学品储存场所治安防范要求》（GA 1511—2018）规定，具备相应的人力、实体和技术防范要求。

（2）《易制爆危险化学品治安管理办法》（公安部令第154号）第二十六条规定：教学、科研、医疗、测试等易制爆危险化学品使用单位，可使用储存室或者储存柜储存易制爆危险化学品，单个储存室或者储存柜储存量应当在50公斤以下。

（3）易制爆危险化学品的储存场所使用的防盗安全门应符合《防盗安全门通用技术条件》（GB 17565—2007）要求，其防盗安全级别应为乙级（含）以上。专用储存柜应具有防盗功能，符合双人双锁的管理要求，并安装机械防盗锁，机械防盗锁应该符合《机械防盗锁》（GA/T 73）的相关规定。

（4）法人单位应建立易制爆危险化学品出入库检查、登记制度，定期核对易制爆危险化学品的存放情况。

（5）易制爆危险化学品的储存根据危险品性能分区、分类、分库储存，不得超量储存。

（6）化学性质或防火、灭火方法相互抵触的易制爆危险化学品，不得在同一仓库或储存室存放。

（7）构成重大危险源的易制爆危险化学品，应当在专用仓库内单独存放，并实行双人收发、双人保管制度。

4. 易制爆危险化学品的出入库

（1）易制爆危险化学品运抵法人单位后，应对入库的易制爆危险化学品的种类、数量、规格进行核对，无误后方可入库。

（2）易制爆危险化学品的出入库应实行双人收发、双人保管的制度。在领取易制爆危险化学品时应在台账上填写领用部门、领用人、领用量、使用用途，严禁非使用人员签字代领。

（3）易制爆危险化学品仓库管理人员应认真检查台账记录，确认无误后方可分发，分发完毕后签字确认，台账留存备查。

（4）进入易制爆危险化学品仓库的人员，必须配备相应劳动防护用品。

5. 易制爆危险化学品的使用

（1）使用易制爆危险化学品的单位，应根据所使用的易制爆危险化学品的种类、危险特性以及使用量和使用方式，建立、健全使用易制爆危险化学品的安全管理规章制度和操作规程，保证易制爆危险化学品的安全使用。

（2）在设计实验时，应尽量选用不易爆的试剂。如果没有替代品可供选用，要将试剂用量尽可能降到最低。

（3）使用易制爆危险化学品的场所及其操作人员，必须严格落实各项安全技术防范措施和个人防护措施。即使在操作很少量的易制爆危险化学品时，也必须做好全面的防护措施。

（4）使用易制爆危险化学品的实验，务必要在通风橱内操作。应尽可能清空实验台上的其他不必要物品，特别是玻璃器皿、试剂和金属物质等。

（5）使用合适材质的工具和器皿来转移和盛装易制爆危险化学品，特别是要避免使用金属勺子和刮刀。例如有些易制爆危险化学品与金属接触会形成更敏感的物质而发生爆炸。

（6）在不明确该物质是否对压力敏感的情况下，不要捣碎、研磨易制爆危险化学品。

（7）使用结束后，用非静电抹布、刷子或其他合适的清洁用品小心地除去散落的易制爆危险化学品。切不可刮、铲粘有易制爆危险化学品的容器、实验台面。

（8）易制爆危险化学品的使用者必须如实记录使用时间、使用量、使用用途和使用人员姓名。

6. 易制爆危险化学品丢失、被盗、被抢的处理

如发生易制爆危险化学品丢失、被盗、被抢的，保护现场，立即报告公安机关。

7. 易制爆危险化学品的废弃处置

（1）易制爆危险化学品使用后的废渣、废液须按危险废物处置，失效、报废、废弃的易制爆危险化学品应按危险废物处置，由有相应危险废物处置资质的单位处理。

（2）易制爆危险化学品使用后的包装箱、纸、袋、瓶、桶等必须按照危险废物处置。

（3）法人单位因停止、搬迁、关闭等确需转让易制爆危险化学品的，应当向具有危险化学品安全生产许可证、危险化学品安全使用许可证、危险化学品经营许可证的企业或有相关证明文件的单位转让，并在转让后5日内报告所在地县级人民政府公安机关。

8. 与易制爆危险化学品相关的违法行为及后果

┌ **违法行为1** ┐

（1）储存易制爆危险化学品的专用仓库未按照国家有关规定设置相应的技术防范设施的。

（2）生产、储存易制爆危险化学品的单位未设置治安保卫机构、配备专职治安保卫人员的。

处罚依据：《危险化学品安全管理条例》

第七十八条　有下列情形之一的，由安全生产监督管理部门责令改正，可以处5万元以下的罚款；拒不改正的，处5万元以上10万元以下的罚款；情节严重的，责令停产停业整顿：

储存剧毒化学品、易制爆危险化学品的专用仓库未按照国家有关规定设置相应的技术防范设施的，由公安机关依照前款规定予以处罚。

生产、储存剧毒化学品、易制爆危险化学品的单位未设置治安保卫机构、配备专职治安保卫人员的，依照《企业事业单位内部治安保卫条例》的规定处罚。

违法行为2

（1）储存、使用易制爆危险化学品的单位不如实记录生产、储存、使用的易制爆危险化学品的数量、流向的。

（2）储存、使用易制爆危险化学品的单位发现易制爆危险化学品丢失或者被盗，不立即向公安机关报告的。

（3）易制爆危险化学品的购买单位未在规定的时限内将所购买的、易制爆危险化学品的品种、数量以及流向信息报所在地县级公安机关备案的。

（4）使用易制爆危险化学品的单位依照本条例规定转让其购买的易制爆危险化学品，未将有关情况向所在地县级人民政府公安机关报告的。

处罚依据：《危险化学品安全管理条例》

第八十一条　有下列情形之一的，由公安机关责令改正，可以处1万元以下的罚款。拒不改正的，处1万元以上5万元以下的罚款：

（一）生产、储存、使用剧毒化学品、易制爆危险化学品的单位不如实记录生产、储存、使用的剧毒化学品、易制爆危险化学品的数量、流向的；

（二）生产、储存、使用剧毒化学品、易制爆危险化学品的单位发现剧毒化学品、易制爆危险化学品丢失或者被盗，不立即向公安机关报告的；

（五）剧毒化学品、易制爆危险化学品的销售企业、购买单位未在规定的时限内将所销售、购买的剧毒化学品、易制爆危险化学品的品种、数量以及流向信息报所在地县级公安机关备案的；

（六）使用剧毒化学品、易制爆危险化学品的单位依照本条例规定转让其购买的剧毒化学品、易制爆危险化学品，未将有关情况向所在地县级人民政府公安机关报告的。

违法行为3

不具有《危险化学品安全管理条例》第三十八条第一款、第二款规定的相关许可证件或者证明文件的单位购买易制爆危险化学品，或者个人购买易制爆危险化学品的。

处罚依据：《危险化学品安全管理条例》

第八十四条　不具有本条例第三十八条第一款、第二款规定的相关许可证件或者证明文件的单位购买剧毒化学品、易制爆危险化学品，或者个人购买剧毒化学品（属于剧毒化学品的农药除外）、易制爆危险化学品的，由公安机关没收所购买的剧毒化学品、易制爆危险化学品，可以并处 5000 元以下的罚款。

### 违法行为4

使用易制爆危险化学品的单位出借或者向不具有《危险化学品安全管理条例》第三十八条第一款、第二款规定的相关许可证件的单位转让其购买的易制爆危险化学品，或者向个人转让其购买的易制爆危险化学品的。

**处罚依据：《危险化学品安全管理条例》**

第八十四条　使用剧毒化学品、易制爆危险化学品的单位出借或者向不具有本条例第三十八条第一款、第二款规定的相关许可证件的单位转让其购买的剧毒化学品、易制爆危险化学品，或者向个人转让其购买的剧毒化学品(属于剧毒化学品的农药除外)、易制爆危险化学品的，由公安机关责令改正，处 10 万元以上 20 万元以下的罚款；拒不改正的，责令停产停业整顿。

### 违法行为5

伪造、变造或者出租、出借、转让《危险化学品安全管理条例》规定的易制爆危险化学品购买许可证。

**处罚依据：《危险化学品安全管理条例》**

第九十三条　伪造、变造或者出租、出借、转让本条例规定的其他许可证，或者使用伪造、变造的本条例规定的其他许可证的，分别由相关许可证的颁发管理机关处 10 万元以上 20 万元以下的罚款，有违法所得的，没收违法所得；构成违反治安管理行为的，依法给予治安管理处罚；构成犯罪的，依法追究刑事责任。

### 违法行为6

违反国家规定，制造、买卖、储存、运输、邮寄、携带、使用、提供、处置爆炸性物质等危险物质的。

**处罚依据：《中华人民共和国治安管理处罚法》**

第三十条　违反国家规定，制造、买卖、储存、运输、邮寄、携带、使用、提供、处置爆炸性、毒害性、放射性、腐蚀性物质或者传染病病原体等危险物质的，处十日以上十五日以下拘留；情节较轻的，处五日以上十日以下拘留。

### 违法行为7

易制爆危险化学品从业单位未建立易制爆危险化学品信息系统的。

**处罚依据：《易制爆危险化学品治安管理办法》**

第六条　易制爆危险化学品从业单位应当建立易制爆危险化学品信息系统，并实现与公安机关的信息系统互联互通。

第三十六条　违反本办法第六条第一款规定的，由公安机关责令限期改正，可以处一万元以下罚款；逾期不改正的，处违法所得三倍以下且不超过三万元罚款，没有违法所得的，处一万元以下罚款。

### 违法行为8

销售、购买、转让易制爆危险化学品应当通过本企业银行账户或者电子账户进行交易，不得使用现金或者实物进行交易。

**处罚依据：《易制爆危险化学品治安管理办法》**

第十三条　销售、购买、转让易制爆危险化学品应当通过本企业银行账户或者电子账户进行交易，不得使用现金或者实物进行交易。

第三十八条　违反本办法第十三条、第十五条规定的，由公安机关依照《中华人民共和国反恐怖主义法》第八十七条的规定处罚。

**违法行为9**

易制爆危险化学品从业单位在本单位网站以外的互联网应用服务中发布易制爆危险化学品信息及建立相关链接。

**处罚依据：《易制爆危险化学品治安管理办法》**

第二十三条　易制爆危险化学品从业单位不得在本单位网站以外的互联网应用服务中发布易制爆危险化学品信息及建立相关链接。

第四十二条　违反本办法第二十三条、第二十四条规定的，由公安机关责令改正，给予警告，对非经营活动处一千元以下罚款，对经营活动处违法所得三倍以下且不超过三万元罚款，没有违法所得的，处一万元以下罚款。

**违法行为10**

（1）个人在互联网上发布易制爆危险化学品生产、买卖、储存、使用信息。

（2）单位和个人在互联网上发布利用易制爆危险化学品制造爆炸物品方法的信息。

**处罚依据：《易制爆危险化学品治安管理办法》**

第二十四条　禁止个人在互联网上发布易制爆危险化学品生产、买卖、储存、使用信息。

禁止任何单位和个人在互联网上发布利用易制爆危险化学品制造爆炸物品方法的信息。

第四十二条　违反本办法第二十三条、第二十四条规定的，由公安机关责令改正，给予警告，对非经营活动处一千元以下罚款，对经营活动处违法所得三倍以下且不超过三万元罚款，没有违法所得的，处一万元以下罚款。

**违法行为11**

毒害性危险物质被盗、被抢或者丢失，未按规定报告的。

**处罚依据：《中华人民共和国治安管理处罚法》**

第三十一条　爆炸性、毒害性、放射性、腐蚀性物质或者传染病病原体等危险物质被盗、被抢或者丢失，未按规定报告的，处五日以下拘留；故意隐瞒不报的，处五日以上十日以下拘留。

## 三、易制毒化学品

易制毒化学品，是指可用于非法制造或合成毒品（麻醉药品和精神药品）的原料、配剂等化学品，包括用以制造毒品的原料前体、试剂、溶剂及稀释剂、添加剂等。易制毒化学品本身不是毒品，但其是生产、制造或合成毒品必不可少的化学品。

为了加强易制毒化学品的管理，规范易制毒化学品的生产、经营、运输、储存、购买、使用和废弃处理等环节，《中华人民共和国刑法》《危险化学品安全管理条例(2013年版)》《易制毒化学品管理条例(2018年版)》《药品类易制毒化学品管理办法》《非药品类易制毒化学品生产、经营许可办法》《易制毒化学品购销和运输管理办法》等一系列有关的法律法规对易制毒化学品的生产、经营、使用、储存和废弃有明确的管理规定。

易制毒化学品的分类和品种是动态调整的，国家相关部门分别于2012年、2014年、2017年、2021年、2024年对《易制毒化学品的分类和品种目录》进行了调整修订。《易制毒化学品的分类和品种目录(2024年版)》将易制毒化学品分为三类：第一类主要是用于制造毒品的原料；第二类、第三类主要是用于制造毒品的配剂。共计45种。

（1）第一类是可以用于制毒的主要原料，该类化学原料在制毒过程中其成分为毒品的主要成分，是制造毒品的前体，如麻黄素、胡椒基甲基酮等。

（2）第二类、第三类是可以用于制毒的化学配剂，在制毒过程中参与反应或不参与反应，其成分不构成毒品的最终产品成分，包括试剂、溶剂和催化剂等，如高锰酸钾、乙醚、三氯甲烷等。

（3）第一类、第二类所列物质可能存在的盐类，也纳入管制。

为了加强易制毒化学品的管理，防止易制毒化学品被用于制造毒品，国家制定了《中华人民共和国刑法》、《易制毒化学品管理条例》(2018年修正版)、《易制毒化学品购销和运输管理办法》(公安部令第87号)、《非药品类易制毒化学品生产、经营许可办法》(安监总局令第5号)、《药品类易制毒化学品管理办法》(卫生部令第72号)等一系列有关的法律法规。易制毒化学品的生产、经营、购买、使用、储存和管理必须严格遵守以上相关规定。

1. 易制毒化学品的安全管理要求

（1）储存、使用易制毒化学品的法人单位应建立易制毒化学品管理制度和突发应急预案。

（2）购买、储存易制毒化学品的法人单位，除应当遵守易制毒化学品相关规定外，属于药品和危险化学品的，还应当遵守法律、其他行政法规对药品和危险化学品的相关规定。

（3）禁止走私或者非法生产、经营、购买、转让、运输易制毒化学品。

2. 易制毒化学品的采购

（1）申请购买第一类中的药品类易制毒化学品的法人单位，需向所在地的省、自治区、直辖市人民政府药品监督管理部门提交法人单位登记证书(或成立批准文件)和合法使用需要证明等材料，申办购买许可证，经审批获得购买许可证后，方可购买。

（2）申请购买第一类中的非药品类易制毒化学品的，需向所在地的省、自治区、直辖市人民政府公安机关提交法人单位登记证书(或成立批准文件)和合法使用需要证明等材料，申办购买许可证，经审批获得购买许可证后，方可购买。

（3）法人单位严禁将购买许可证转借其他单位、个人使用；严禁超许可证范围购买易制毒化学品，严禁单次超量购买易制毒化学品。

（4）购买第二类、第三类易制毒化学品的法人单位，应当在购买前将所需购买的品种、数量，报所在地县级人民政府公安机关备案。个人自用购买少量的高锰酸钾，无须备案。

（5）采购的易制毒化学品包装和使用说明书，应当标明产品的名称（含学名和通用名）、化学分子式及主要成分。

（6）购买、进口易制毒化学品的法人单位，应当于每年3月31日前向发放许可证或备案的行政主管部门和公安机关报告本单位上年度易制毒化学品的购买、进口情况；有条件的购买、进口易制毒化学品的法人单位可以与有关行政主管部门进行计算机联网，及时通报有关情况。

（7）禁止使用现金或实物进行易制毒化学品交易，但个人合法购买第一类中的药品类易制毒化学品药品制剂和第三类易制毒化学品的除外。

3. 易制毒化学品的储存

（1）法人单位应建立专门的、符合存放条件的易制毒化学品仓库，符合相关标准要求；易制毒化学品仓库要有良好的通风条件，防止热量、湿气积蓄，保证在库易制毒化学品性质稳定；要定期对仓库湿度、温度进行监控，及时发现安全隐患，防止发生意外事故。

（2）易制毒化学品储存仓库要有明显的标志，配备防盗报警、消防装置。编制易制毒化学品储存禁配表，由储存管理人员严格执行。

（3）根据国家标准，第一类易制毒化学品应储存于特殊药品库，第二类、第三类属于危险化学品的易制毒化学品应储存在危险化学品专用仓库、专用场地内，并按照相关技术标准规定的储存方法、储存数量和安全距离，实行隔离、隔开、分离储存；凡用玻璃容器盛装的易制毒化学品，要严防撞击、振动、摩擦、重压和倾斜。

（4）易制毒化学品领取时应按当时实验用量领取，如有剩余应在当时退还，并填写相关记录。

4. 易制毒化学品的出入库

（1）法人单位应落实专人负责易制毒化学品的领用发放工作，做好详细的入库、领用、回库等台账记录。

（2）易制毒化学品到货后，应指定专人看管，双人验收；验收人员应核对物品名称、数量、规格、标志、生产厂家等资料，检查包装是否有残破、泄漏、封闭不严、包装不牢等问题，确认无误后，在入库单上签字。卸货时，应轻拿轻放，严禁撞击。

（3）建立易制毒化学品出入库管理制度，须凭出入库单据办理出入库，查验出入库易制毒化学品品种和数量，履行出入库签收手续；其中第一类易制毒化学品、药品类易制毒化学品实行双人双锁管理，账册保存期限不少于2年。

（4）领用易制毒化学品要采取少量多次的原则，尽量避免一次性大量领用，使用不完造成积存及存在安全隐患。

5. 易制毒化学品的使用

（1）使用易制毒化学品的单位，应根据所使用的易制毒化学品的种类、危险特性以及使用量和使用方式，建立健全使用易制毒化学品的安全管理规章制度和操作规程，保证易制毒化学品的安全使用。

（2）使用易制毒化学品的单位应建立易制毒化学品使用台账。

（3）使用易制毒化学品的场所及其操作人员，必须严格落实各项安全技术防范措施和个人防护措施。

（4）易制毒化学品的使用者必须如实在实验作业记录单上记录使用时间、使用量、使用用途和使用人员姓名。

## 6. 易制毒化学品丢失、被盗、被抢的处理

易制毒化学品丢失、被盗、被抢的，法人单位应当立即向当地公安机关报告，并同时报告当地的县级人民政府负责药品监督管理部门、应急管理部门、商务主管部门或者卫生主管部门。

## 7. 易制毒化学品废弃管理

属于易制毒化学品的危险化学品的沾黏物、包装物，因过期、失效、变质需要报废的，严禁随意处置或擅自倾倒，应按危险废物处理，将由相应危险废物处理资质的单位进行处理。

## 8. 违反易制毒化学品相关的法律法规及责任后果

### 违法行为1

违反国家规定，非法运输、携带醋酸酐、乙醚、三氯甲烷或者其他用于制造毒品的原料或者配剂进出境的，或者违反国家规定的，在境内非法买卖上述物品的。

**处罚依据：《中华人民共和国刑法》**

第三百五十条　违反国家规定，非法运输、携带醋酸酐、乙醚、三氯甲烷或者其他用于制造毒品的原料或者配剂进出境的，或者违反国家规定，在境内非法买卖上述物品的，处三年以下有期徒刑、拘役或者管制，并处罚金；数量大的，处三年以上十年以下有期徒刑，并处罚金。

明知他人制造毒品而为其提供前款规定的物品的，以制造毒品罪的共犯论处。

单位犯前两款罪的，对单位判处罚金，并对其直接负责的主管人员和其他直接责任人员，依照前两款的规定处罚。

### 违法行为2

违反国家规定，非法运输、携带进出境或在境内非法买卖醋酸酐、乙醚、三氯甲烷或者其他用于制造毒品的原料或者配剂的。

**处罚依据：《最高人民法院关于审理毒品案件定罪量刑标准有关问题的解释（法释〔2009〕13号）》**

第四条　违反国家规定，非法运输、携带进出境或在境内非法买卖醋酸酐、乙醚、三氯甲烷或者其他用于制造毒品的原料或者配剂达到下列数量标准的，依照刑法第三百五十条第一款的规定定罪处罚：

（一）麻黄碱、伪麻黄碱及其盐类和单方制剂五千克以上不满五十千克；麻黄浸膏、麻黄浸膏粉一百千克以上不满一千千克；

（二）醋酸酐、三氯甲烷二百千克以上不满二千千克；

（三）乙醚四百千克以上不满三千千克；

（四）上述原料或者配剂以外其他相当数量的用于制造毒品的原料或者配剂。违反国家规定，非法运输、携带进出境或者在境内非法买卖用于制造毒品的原料或者配剂，超过前款所列数量标准的，应当认定为刑法第三百五十条第一款规定的"数量大"。

**违法行为3**

（1）未经许可或者备案，擅自购买、销售易制毒化学品的。

（2）超出许可证明或者备案证明的品种、数量范围购买、销售易制毒化学品的。

（3）使用他人的或者伪造、变造、失效的许可证明或者备案证明购买、销售易制毒化学品的。

（4）以其他方式非法买卖易制毒化学品的。

**处罚依据：《关于办理制毒物品犯罪案件适用法律若干问题的意见（公通字〔2009〕33号）》**

一、关于制毒物品犯罪的认定

（一）本意见中的"制毒物品"，是指刑法第三百五十条第一款规定的醋酸酐、乙醚、三氯甲烷或者其他用于制造毒品的原料或者配剂，具体品种范围按照国家关于易制毒化学品管理的规定确定。

（二）违反国家规定，实施下列行为之一的，认定为刑法第三百五十条规定的非法买卖制毒物品行为：

（1）未经许可或者备案，擅自购买、销售易制毒化学品的；

（2）超出许可证明或者备案证明的品种、数量范围购买、销售易制毒化学品的；

（3）使用他人的或者伪造、变造、失效的许可证明或者备案证明购买、销售易制毒化学品的；

（4）以其他方式非法买卖易制毒化学品的。

三、关于制毒物品犯罪定罪量刑的数量标准

（一）违反国家规定，非法运输、携带制毒物品进出境或者在境内非法买卖制毒物品达到下列数量标准的，依照刑法第三百五十条第一款的规定，处三年以下有期徒刑、拘役或者管制，并处罚金：

（1）1-苯基-2-丙酮五千克以上不满五十千克；

（2）3,4-亚甲基二氧苯基-2-丙酮、去甲麻黄素（去甲麻黄碱）、甲基麻黄素（甲基麻黄碱）、羟亚胺及其盐类十千克以上不满一百千克；

（3）胡椒醛、黄樟素、黄樟油、异黄樟素、麦角酸、麦角胺、麦角新碱、苯乙酸二十千克以上不满二百千克；

（4）N-乙酰邻氨基苯酸、邻氨基苯甲酸、哌啶一百五十千克以上不满一千五百千克；

（5）甲苯、丙酮、甲基乙基酮、高锰酸钾、硫酸、盐酸四百千克以上不满四千千克。

**违法行为4**

违反国家规定，制造、买卖、储存、运输、邮寄、携带、使用、提供、处置毒害性物质等危险物质的。

**处罚依据：《中华人民共和国治安管理处罚法》**

第三十条 违反国家规定，制造、买卖、储存、运输、邮寄、携带、使用、提供、处置爆炸性、毒害性、放射性、腐蚀性物质或者传染病病原体等危险物质的，处十日以上十五日以下拘留；情节较轻的，处五日以上十日以下拘留。

**违法行为5**

未经许可或者备案擅自生产、经营、购买、运输易制毒化学品，伪造申请材料骗取易制毒化学品生产、经营、购买或者运输许可证，使用他人的或者伪造、变造、失效的许可证生产、经营、购买、运输易制毒化学品的。

**处罚依据：《易制毒化学品管理条例》**

第三十八条 违反本条例规定，未经许可或者备案擅自生产、经营、购买、运输易制毒化学品，伪造申请材料骗取易制毒化学品生产、经营、购买或者运输许可证，使用他人的或者伪造、变造、失效的许可证生产、经营、购买、运输易制毒化学品的，由公安机关没收非法生产、经营、购买或者运输的易制毒化学品、用于非法生产易制毒化学品的原料以及非法生产、经营、购买或者运输易制毒化学品的设备、工具，处非法生产、经营、购买或者运输的易制毒化学品货值10倍以上20倍以下的罚款，货值的20倍不足1万元的，按1万元罚款；有违法所得的，没收违法所得；有营业执照的，由市场监督管理部门吊销营业执照；构成犯罪的，依法追究刑事责任。

对有前款规定违法行为的单位或者个人，有关行政主管部门可以自作出行政处罚决定之日起3年内，停止受理其易制毒化学品生产、经营、购买、运输或者进口、出口许可申请。

**违法行为6**

（1）易制毒化学品购买单位未按规定建立安全管理制度的。

（2）将易制毒化学品购买备案证明转借他人使用的。

（3）超出许可的品种、数量生产、经营、购买易制毒化学品的。

（4）购买易制毒化学品单位不记录或者不如实记录交易情况、不按规定保存交易记录或者不如实、不及时向公安机关和有关行政主管部门备案的。

（5）易制毒化学品丢失、被盗、被抢后未及时报告，造成严重后果的。

（6）除个人合法购买第一类中的药品类易制毒化学品药品制剂以及第三类易制毒化学品外，使用现金或者实物进行易制毒化学品交易的。

**处罚依据：《易制毒化学品管理条例》**

第四十条 违反本条例规定，有下列行为之一的，由负有监督管理职责的行政主管部门给予警告，责令限期改正，处1万元以上5万元以下的罚款；对违反规定生产、经营、购买的易制毒化学品可以予以没收；逾期不改正的，责令限期停产停业整顿；逾期整顿不合格的，吊销相应的许可证：

（一）易制毒化学品生产、经营、购买、运输或者进口、出口单位未按规定建立安全管理制度的；

（二）将许可证或者备案证明转借他人使用的；

（三）超出许可的品种、数量生产、经营、购买易制毒化学品的；

（四）生产、经营、购买单位不记录或者不如实记录交易情况、不按规定保存交易记录或者不如实、不及时向公安机关和有关行政主管部门备案销售情况的；

（五）易制毒化学品丢失、被盗、被抢后未及时报告，造成严重后果的；

（六）除个人合法购买第一类中的药品类易制毒化学品药品制剂以及第三类易制毒化学品外，使用现金或者实物进行易制毒化学品交易的。

**违法行为7**

个人携带易制毒化学品不符合品种、数量规定的。

**处罚依据：《易制毒化学品管理条例》**

第四十一条　个人携带易制毒化学品不符合品种、数量规定的，没收易制毒化学品，处 1000 元以上 5000 元以下的罚款。

**违法行为8**

购买易制毒化学品的单位或者个人拒不接受有关行政主管部门监督检查的。

**处罚依据：《易制毒化学品管理条例》**

第四十二条　生产、经营、购买、运输或者进口、出口易制毒化学品的单位或者个人拒不接受有关行政主管部门监督检查的，由负有监督管理职责的行政主管部门责令改正，对直接负责的主管人员以及其他直接责任人员给予警告；情节严重的，对单位处 1 万元以上 5 万元以下的罚款，对直接负责的主管人员以及其他直接责任人员处 1000 元以上 5000 元以下的罚款；有违反治安管理行为的，依法给予治安管理处罚；构成犯罪的，依法追究刑事责任。

# 第七节　气瓶管理

## 一、气瓶

1. 气瓶的定义

气瓶是指适用于环境温度为 -40 ~ 60℃、公称容积为 0.4 ~ 3000L、公称工作压力为 0.2 ~ 70MPa（表压），并且压力与容积的乘积大于或者等于 1.0MPa·L，盛装压缩气体、高（低）压液化气体、低温液化气体、溶解气体、吸附气体、混合气体以及标准沸点等于或者低于 60℃ 的液体以及混合气体的容器，分为无缝气瓶、焊接气瓶、低温绝热气瓶、纤维缠绕气瓶、内部装有填料的气瓶，以及气瓶集束装置。

2. 气瓶的分类

（1）按照公称工作压力，气瓶可分为高压气瓶和低压气瓶。

① 高压气瓶是指公称工作压力大于或等于 10MPa 的气瓶。

② 低压气瓶是指公称工作压力小于 10MPa 的气瓶。

（2）按照公称容积（水容积），气瓶可分为小容积气瓶、中容积气瓶、大容积气瓶。

① 小容积气瓶是指公称容积小于或者等于 12L 的气瓶。

② 中容积气瓶是指公称容积大于 12L，并小于或者等于 150L 的气瓶。

③ 大容积气瓶是指公称容积大于 150L，并小于或等于 3000L 的气瓶。

（3）按照瓶内介质状态分类，气瓶可分为永久气体气瓶、液化气体气瓶、溶解乙炔气瓶。

永久气体气瓶：此类气瓶是指在常温下瓶内充装的气体（临界温度低于-10℃），永远是气态。如最常用的氧气、氢气、氮气、空气气瓶等。这类气瓶内部压力高，所以都用无缝钢质材料制成，也称无缝气瓶。

液化气体气瓶：此类气瓶是指瓶内充装气体的临界温度等于或高于-10℃的气瓶。这些气瓶内的物质在常温、常压下，有的是气态，有的是气液两相共存的状态。但在充装时，是采用加压或低温液化处理后灌入瓶中的。例如，乙烯、二氧化碳、液氨、液氯气瓶等。此类气瓶由于内部压力不是很高，所以一般采用焊接气瓶。

溶解乙炔气瓶：此类气瓶是专门盛装乙炔用的，即把乙炔溶解在丙酮中，然后再灌入带有填料的气瓶中。

## 二、气瓶附件

气瓶附件是气瓶的重要组成部分，对气瓶安全使用起着非常重要的作用。气瓶附件包括安全泄压装置、瓶阀、瓶帽、防震圈等：

### 1. 安全泄压装置

气瓶的安全泄压装置是为了防止气瓶在遇到火灾等高温时，瓶内气体受热膨胀而导致气瓶超压爆炸。它在气瓶超压运行时能迅速自动泄放气体，降低压力，以保护设备不因过量超压而发生爆炸。**注意：剧毒气体的气瓶严禁安装泄压装置。**

### 2. 瓶阀

瓶阀是装在气瓶瓶口，用于控制气体进入或排出气瓶的组合装置，一般用黄铜或钢制造。气瓶瓶体只有装上瓶阀，才能构成一个完整的密闭容器，才具有盛装气体和使用功能。盛装可燃气体的钢瓶的瓶阀，其出气口螺纹为左旋。盛装助燃和不可燃气体钢瓶的瓶阀，其出气口螺纹为右旋。瓶阀的这种结构可有效地防止可燃气体与非可燃气体的错装、错用。

### 3. 瓶帽

瓶帽是气瓶保护帽的简称，是装在气瓶顶部、阀门之外的罩式安全附件。气瓶在搬运、运输或者使用过程中，瓶帽能保护阀门免受机械损伤和外来冲击，如气瓶意外跌落、坠落、滚动或受其他硬物的撞击。同时防止灰尘、水分和油脂等杂物落入瓶阀内。为防止气体泄漏或由于超压泄放造成瓶帽爆炸，在瓶帽上要开有对称的泄气孔。

### 4. 防震圈

防震圈是指套在气瓶外面的弹性物质，是气瓶防震圈的简称。一般情况下每个气瓶有两个防震圈。它的主要功能是防止气瓶受到直接冲撞。同时套在气瓶外面的防震圈也有利于保护气瓶外表面漆色、标字和色环等识别标识。防震圈还可以减少气瓶本身的磨损，延长气瓶使用寿命。

### 三、气瓶减压阀

气瓶减压阀，是一种可以控制气体压力的设备。通常情况下，气瓶里的气体是有一定压力的，气瓶减压阀的作用把气瓶气体压力降低到安全可控的使用范围内，确保使用过程中的安全。减压阀的高压腔与气瓶相连，低压腔为出气口。高压表的示值为气瓶内气体的压力，低压表的压力可由调节开关控制。

气瓶减压阀的正确使用方法：

（1）使用前应确认减压器完好，并检查有无油脂污染（特别是氧气减压阀），螺纹是否损坏，如发现有油脂或螺纹损坏，就不再使用该气瓶，并将这些情况通知供气单位。

（2）把减压器装到气瓶阀上，将输入输出接头拧紧。减压阀和气瓶的连接处要完全吻合。

（3）打开气瓶阀前，不要站在减压器的正面或背面。气瓶阀应缓慢开启至高压表指示出气瓶压力。使用完毕时，应先关好气瓶阀门，再把减压阀门余气放掉，然后拧松调节开关。

（4）气体减压阀严禁混用！为了防止误用，有些专用气体减压阀与气瓶之间采用特殊连接方法。例如，可燃性气体（氢气、丙烷等）减压阀门采用左牙纹，或称反向螺纹，这是和氧气减压阀不同的，安装时要小心区别。

### 四、气瓶颜色标志

气瓶颜色标志，是针对气瓶不同的充装介质，按照《气瓶颜色标志》（GB/T 7144—2016）对气瓶外表面涂敷的涂膜颜色、字样、字色、色环等内容进行规定的组合，作为识别瓶装气体的标志。

1. 气瓶颜色

通过气瓶的颜色可以快速辨别出气瓶内盛装的气体种类和性质（可燃性、毒性），防止错装或错用，而且气瓶上的颜色也能反射阳光和热量，防止气瓶表面生锈。

（1）气瓶涂敷颜色的编号、名称和色卡应符合《气瓶颜色标志》（GB/T 7144—2016）规定。

（2）铝合金气瓶、不锈钢气瓶（含外壳为不锈钢材质的焊接绝热气瓶），可以不敷体色，而保持金属本色，但瓶体表面应粘贴醒目的标签，标签的内容至少应包括气瓶的容积、公称工作压力、介质名称及符号、最大充装量等主要技术参数。

（3）瓶帽、护罩、瓶耳、底座等涂敷颜色应与瓶体的体色一致（塑料材质的瓶帽、护罩除外）。

2. 气瓶字样

气瓶的字样，是指气瓶充装气体名称、气瓶所属单位名称和其他内容（如溶解乙炔气瓶的"不可近火"）等文字标记。

（1）充装气体名称一般用汉字表示。液化气体的名称前一般应加注"液"或"液化"字样。混合气(含标准气)按《气瓶颜色标志》(GB/T 7144—2016)附录 A 的规定，加注"混合气"或"标准气体"字样，对于小容积气瓶，充装气体名称可用化学式表示。

（2）汉字字样宜采用仿宋或黑体字。公称容积 40L 的气瓶，汉字高度不宜低于 80mm；其他规格的气瓶，字体大小可适当调整。

### 3. 色环

色环，是公称工作压力不同的气瓶充装同一种气体，而具有不同充装压力或不同充装系数的识别标志。

（1）公称工作压力比规定的起始级高一级的涂一道色环(简称单环)；比起始级高二级的涂两道色环(简称双环)。

（2）色环应在气瓶表面环向涂成连续一圈、边缘整齐且等宽的色带，不应呈现螺旋状、锯齿状或波浪状，双环应平行。

（3）公称容积 40L 的气瓶，单环宽度为 10mm，双环的各环宽度为 30mm。其他规格的气瓶，色环宽度可适当调整。双环的环间距等于色环宽度。

（4）立式气瓶的色环位于瓶高的约 2/3 处，且介于充装气体名称和充装单位名称之间。卧式气瓶的色环位于距瓶阀端筒体长度的约 1/4 处。

（5）气瓶的字样、色环相互之间应避免重合，且应避开防震圈的位置。

### 4. 检验色标

检验色标，是为便于观察和了解气瓶定期检验年份，在检验钢印处涂敷的相应颜色和形状的标志。

（1）气瓶在定期检验时，检验单位应在气瓶检验钢印标记上和检验标记环上，按检测年份涂检验色标。这也是快速判断气瓶是否定期进行检验的方式。

（2）小容积气瓶和检验标记环上的检验钢印标志可以不涂检验色标。

（3）公称容积 40L 气瓶的检验色标与尺寸：矩形约为 880mm×40mm，椭圆形的长、短轴分别为 80mm、40mm。其他规格的气瓶、检验色标的大小可以适当调整。

（4）气瓶检验色标的涂膜颜色和形状。

（5）检验色标的颜色和形状，详见表 6-6。

表 6-6　气瓶检验色标的颜色和形状

| 检验年份 | 颜色 | 形状 | 检验年份 | 颜色 | 形状 |
|---|---|---|---|---|---|
| 2020 | 粉红色(RP01) | 椭圆形 | 2025 | 粉红色(RP01) | 矩形 |
| 2021 | 铁红色(R01) | 椭圆形 | 2026 | 铁红色(R01) | 矩形 |
| 2022 | 铁黄色(Y09) | 椭圆形 | 2027 | 铁黄色(Y09) | 矩形 |
| 2023 | 淡紫色(P01) | 椭圆形 | 2028 | 淡紫色(P01) | 矩形 |
| 2024 | 深绿色(G05) | 椭圆形 | 2029 | 深绿色(G05) | 矩形 |

注：1. 括号内的符号和数字表示该颜色的代号。
　　2. 涂在瓶体上的检验色标，大小应当与气瓶大小相适应，如公称容积为 40L 的气瓶，椭圆形的长轴约为 80mm，短轴约为 40mm；矩形约为 80mm×40mm。
　　3. 检验色标每 10 年为一个循环周期。

### 5. 气瓶钢印标志

包括制造标志、定期检验标志以及其他标志。气瓶定期检验机构应当在检验合格的气瓶上，逐只做出永久性的检验合格标志、涂敷检验机构名称和下次检验日期。

（1）气瓶钢印标志是识别气瓶的重要依据，适用于无缝气瓶、焊接气瓶以及低温绝热气瓶（含液化天然气气瓶），焊接气瓶中的工业用非重复焊接钢瓶除外。气瓶的钢印标志包括制造钢印标志和检验钢印标志。

（2）钢印标志应当排列整齐、清晰，钢印字体大小应当与气瓶大小相适应。如公称容积40L的气瓶，字体高度应当为5~10mm，深度为0.5mm。

（3）设置电子识读标志并在制造单位公示网站上公示的气瓶的钢印标志的项目内容可以适当减少，但至少应当保留制造单位标识、许可证号、执行标准、充装介质以及气瓶制造年份、气瓶出厂编号等信息。

（4）气瓶钢印标志应当准确、清晰、完整，采用机械或者激光方法打印、蚀刻等能形成永久性标记的方式，刻印在瓶肩或者铭牌、护罩等不可拆卸附件上。钢印标志打在瓶肩上时，其位置如图6-1所示；打在护罩上，其位置如图6-2所示；打在铭牌上，如图6-3所示。

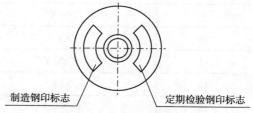

图6-1 打在瓶肩上的钢印位置

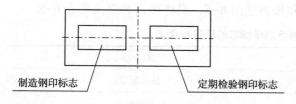

图6-2 打在护罩上的钢印位置

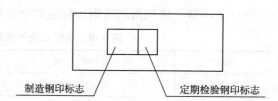

图6-3 打在铭牌上的钢印位置

（5）常见气瓶制造钢印标志的项目和排列（溶解乙炔气瓶及低温绝热气瓶除外）见图6-4。图6-4的具体项目和含义见表6-7。

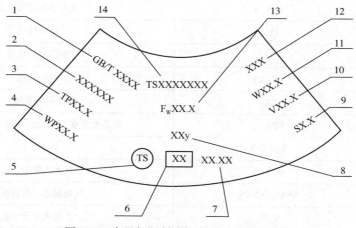

图6-4 常见气瓶制造钢印项目和排放方式

表 6-7　气瓶制造钢印标志的项目和含义

| 编号 | 钢印项目(例) | 含义 |
|---|---|---|
| 1 | GB/T XXXX | 产品标准号 |
| 2 | XXXXXX | 气瓶编号 |
| 3 | TPXX. X | 水压试验压力，MPa |
| 4 | WPXX. X | 公称工作压力，MPa |
| 5 | ⓉⓈ | 监检标记 |
| 6 | ▢XX | 制造单位代号 |
| 7 | XX. XX | 制造日期 |
| 8 | XXy | 设计使用年限，y |
| 9 | SX. X | 瓶体设计壁厚，mm |
| 10 | VXX. X | 实际容积，L |
| 11 | WXX. X | 实际重量，kg |
| 12 | XXX | 充装气体名称或者化学分子式 |
| 13 | $F_W$XX. X | 液化气体最大充装量，kg |
| 14 | TSXXXXXXX | 气瓶制造许可证编号 |

（6）溶解乙炔气瓶制造钢印标志的项目和排列见图 6-5，具体项目和含义见表 6-8。

表 6-8　溶解乙炔气瓶制造钢印标志的项目和含义

| 编号 | 钢印项目(例) | 含义 |
|---|---|---|
| 1 | GB/T XXXX | 产品标准号 |
| 2 | XXXXXX | 气瓶编号 |
| 3 | TPXX. X | 水压试验压力，MPa |
| 4 | SX. X | 瓶体设计壁厚，mm |
| 5 | AXX. X | 丙酮标志及丙酮规定充装量，kg |
| 6 | VXX. X | 瓶体实际容积，L |
| 7 | ⓉⓈ | 监检标记 |
| 8 | ▢XX | 制造单位代号 |
| 9 | XX. XX | 制造日期 |
| 10 | XXy | 设计使用年限，y |
| 11 | FPX. X | 在基准温度 15℃时的限定压力，MPa |
| 12 | $T_m$XX. X | 皮重，kg |
| 13 | $m_A$X. X | 最大乙炔量，kg |
| 14 | TSXXXXXXX | 气瓶制造许可证编号 |
| 15 | $C_2H_2$ | 乙炔化学分子式 |

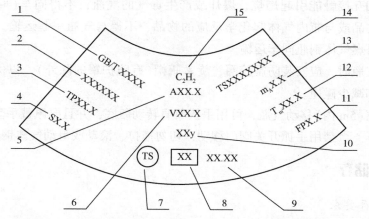

图 6-5  溶解乙炔气瓶制造钢印标志的项目和排放方式

（7）定期检验钢印标志，应当打在气瓶瓶体、铭牌或者护罩上，如图 6-6 所示。

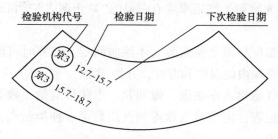

图 6-6  气瓶定期检验钢印标志

## 五、气瓶采购

气瓶是压力容器。法人单位应当采购取得相应制造资质的单位制造的经检验合格的气瓶以及气瓶阀门（采购的燃气气瓶还应当具有本使用单位的标志），或从有气瓶充装许可证的厂家采购或充装气瓶。

采购的气瓶应由具有"特种设备制造许可证"的单位生产，由具有资质的气瓶检验机构对气瓶进行定期检验，气瓶上应有检验标记。合格证和检验报告由气瓶产权单位保留。并且按照《特种设备使用管理规则》的有关规定办理气瓶使用登记、变更手续。

## 六、气瓶运输

（1）气瓶生产商或供应商运输气瓶时，应委托有危险化学品运输资质的车辆运输，装运气瓶的车辆还应有"危险品"的警示标志。夏季运输时应有遮阳设施。吊装时严禁使用电磁起重机和金属链绳。

（2）气瓶必须佩戴气瓶帽、防震胶圈；要轻装轻卸，避免剧烈振动，严禁抛、滑、滚等操作。最好使用波浪形的瓶架，瓶架上铺垫橡皮或其他软物，以减小振动。禁止用起重机直接吊运钢瓶，禁止对满气气瓶进行喷漆作业。

（3）通过车辆运输气瓶时，气瓶一般应横放在车厢内，头部朝向一方，垛高不得超过车厢高度，乙炔气瓶严禁横放。如气瓶直立放置，车厢高度应在瓶高的三分之二以上。

（4）装有相互接触能引起燃烧、爆炸或产生毒气的气瓶，不得同车（厢）运输。易燃、易爆、腐蚀性物品或与瓶内气体起化学反应的物品，不得与气瓶一起运输。如氧气瓶不得与油脂物质和可燃气体钢瓶同车运输。

（5）移动气瓶时，应安装防震胶圈，旋紧瓶帽（有防护罩的除外），以保护开关阀，防止其意外转动和减少碰撞。

（6）近距离（5m内）移动气瓶，可用手扶瓶肩转动瓶底，并且要佩戴手套，远距离一般用气瓶专用推车。严禁用手抓开关阀门移动，切勿拖拉、滚动或滑动气体钢瓶。

## 七、气瓶储存

1. 气瓶储存要求

（1）气瓶库（储存间）应符合《建筑设计防火规范（2018年版）》（GB 50016—2014）的有关规定，使用耐火等级不低于二级的防火建筑。气瓶库（储存间）应通风、干燥，防止雨（雪）淋、水浸，避免阳光直射。气瓶库应有明显的"禁止烟火""当心爆炸"等各类必要的安全标志和提示。

（2）库房最高允许温度和湿度视瓶装气体性质而定，必要时可设温控报警装置。气瓶在存放期间，应定期测试库内的温度和湿度，并做记录。

（3）应建立并执行气瓶出入库制度，做到瓶、库账目清楚，数量准确，库房管理员应认真填写气瓶出入库登记表，定期对气瓶库的气瓶数量、种类盘点，确保账物相符。原则上同一类气体应先入先出。

（4）气瓶入库后，应将气瓶加以固定，防止气瓶倾倒。气瓶放置时要佩戴好瓶帽，套好防震圈。入库的空瓶、实瓶和不合格的瓶应分别存放，并有明显区域和标志。气瓶一般应立放储存，立放时，应该有栏杆或支架加以固定或扎牢，以防倾倒。如需卧放时，应防止气瓶滚动，瓶头（有阀端）应朝同一方向，垛高不宜超过五层，并妥善固定。

（5）气瓶在库房内应摆放整齐，数量、号位的标志要明显，要留有可供气体短距离搬运的通道。

（6）储存有毒、可燃气体的、氧气及惰性气体的库房，应安装相应气体的浓度检测报警设施。在较小的密闭空间中，使用或储存大量液氮、二氧化碳或惰性气体的，也需要安装相应气体浓度检测报警设施。

（7）气瓶应分类存放，氧气或其他氧化性气体与燃料气瓶和其他燃料材料分开。乙炔气瓶与氧气瓶、氯气瓶及易燃气瓶、瓶内介质相互接触能引起燃烧、爆炸、产生毒物的气瓶应分开存放。

（8）与明火或其他建筑物应有符合规定的安全距离，易燃、易爆、有毒、腐蚀性气体气瓶库的安全距离不得小于15m。

（9）对于有储存限期的气瓶，应按《特种气体储存期规范》（GB/T 26571—2011）要求存放并标明存放期限。

（10）应定期对库房内外的用电设备、安全防护设施进行检查。气瓶库应有运输和消防通道，配备消防栓和消防水池，在固定地点备有专用灭火器、灭火工具和防毒用具。

2. 气瓶检查内容

气瓶入库前，应逐只进行检查。检查内容至少应包括：

（1）瓶阀是否配备气瓶手轮（乙炔气瓶除外），是否有固定气瓶帽或保护罩。瓶体有无防震圈、防护帽。有无出厂合格证。气瓶的安全附件应齐全，应在检验有效期内并符合安全要求。

（2）气瓶钢印编号、下次送检日期等信息；气瓶有无定期检验。

（3）气瓶气嘴有无变形、开关有无缺失、外观是否正常，气瓶颜色是否与所装气体一致。

（4）气瓶内气体应与气瓶制造钢印标志中充装气体名称及化学分子式一致。

（5）瓶阀出气口的螺纹与所装气体所规定的螺纹型是否相符，防错装接头。

（6）气瓶外表面应无裂纹、严重腐蚀、明显变形及其他严重外部损伤缺陷。气瓶外表面的颜色标志应符合《气瓶颜色标志》（GB/T 7144—2016）的规定，且清晰易认。

（7）进口气瓶应经特种设备安全监督管理部门认可。

（8）氧气或其他强氧化性气体的气瓶，其瓶体、瓶阀不应沾染油脂或其他可燃物。

## 八、气瓶使用

1. 气瓶使用的常规要求

（1）气瓶使用者应掌握所使用气体与气瓶的安全知识，掌握相应的气体灭火技能，经培训考核合格后方能独立使用气瓶。

（2）实验场所应做好气瓶和气体管路标识，有多种气体或多种管路时需制定详细的供气管路图。应根据气体介质选用适当材质的气体管路，易燃、易爆、有毒的危险气体（乙炔除外）连接管路必须使用金属管，乙炔、氨气、氢气不得使用铜管。

（3）使用气瓶前，应对气瓶进行检查，如发现气瓶附件不全、气瓶颜色与所标气体种类不相符、钢印辨别不清、检验超期、气瓶损伤（变形、划伤、腐蚀）等现象，应拒绝使用。

（4）放置气瓶时，应直立放稳并用链条、防倒杆等进行有效固定，以防止气瓶倾倒或滚动。气瓶暂存点必须通风、隔热、安全。气瓶要分类摆放，不得混放。

（5）使用气瓶前后均应检查气体管道、接头、开关及器具是否有泄漏，确认盛装气体类型并做好可能的突发事件的应急准备。

（6）正确连接调压器、压力表、回火防止器等，检查、确认没有漏气现象。连接上述器具前，应微开瓶阀吹除瓶阀出口的灰尘、杂物。

（7）核对减压阀类型与所连接气瓶内的气体一致后，将减压阀安装在相应的气瓶上，并用扳手锁紧，调节减压阀适合实验的流量及压力。

（8）开启或关闭瓶阀、减压阀时，只能用专用扳手或手轮缓慢操作。严禁使用锤子、管钳等工具强行开关瓶阀、减压阀。用完后应先关闭总阀门，待减压阀中余气逸尽后再关闭减压阀，检查气瓶阀门是否完全关闭（查看减压器上压力表是否归零）；将阀门关紧后，应将阀门回拧1圈或2圈，以防下次拧开阀门时，不易拧开。

（9）使用后的残气（或尾气）应通过管路引至室外安全区域排放，尾气排放口应比排放口周边10m范围内平台或建筑楼顶高出至少3.5m。

（10）在可能造成气体回流的使用场合，气瓶须配置防止倒灌装置，如单向阀、止回阀、缓冲罐等。

（11）气瓶内气体不得用尽，必须留有剩余压力使气瓶保持正压。压缩气体、溶解乙炔气瓶的剩余压力应不小于 0.05MPa，液化气体气瓶应留有不少于 0.5% ~ 1.0% 规定充装量的剩余气体。

（12）注意保护气瓶油漆防护层，既可防止瓶体腐蚀，也是识别标记，可以防止误用或混装。

（13）使用过程中发现气瓶漏气，首先应根据气体性质做好相应的个体防护。在保证人身安全的前提下，关紧瓶阀，如果阀门失控或漏气不在瓶阀上，应采取应急处理措施。

2. 氧气瓶使用要求

（1）氧气瓶及瓶阀不得沾有油脂，不得使用沾有油脂的工具、手套或油污工作服接触氧气瓶、瓶阀、减压器等。

（2）禁止使用没有减压阀的氧气瓶。氧气瓶在安装减压阀前，应先将阀门慢慢打开吹掉接口内外的灰尘和金属物质，开启减压阀门时要缓慢。

（3）氧气瓶和乙炔气瓶同时使用，两类气瓶须保持至少 5m 的安全距离。

（4）严禁用氧气瓶代替压缩空气作通风使用。

（5）氧气瓶泄压装置的防爆紫铜片不准私自调换。

（6）氧气瓶里的氧气不能全部用完，剩余压力应不小于 0.05MPa。

3. 氢气瓶使用要求

（1）氢气瓶每 3 年检验一次，超期未检的气瓶严禁充装和使用；必须专瓶专用，不得挪用及代用；氢气瓶涂深绿色油漆，禁止擅自更改气瓶的颜色标记和钢印；使用前要认真核对气瓶的颜色标记和钢印，以防误用。

（2）氢气瓶应放在干燥、通风良好、阴凉的地方，远离腐蚀性物质，禁止明火及其他热源，防止阳光直射，库房温度不宜超过 30℃。应与氧气、压缩空气、卤素（氟、氯、溴、氧化剂等）分开存放，切忌混储混运。库房内应采用防爆型电器，配备相应品种和数量的消防器材；禁止使用易产生火花的机械设备和工具。

（3）氢气瓶远离火种、热源，防止阳光直射；生产现场的氢气瓶数量不得超过 5 瓶。

（4）氢气瓶与盛有易燃、易爆、可燃物质及氧化性气体的容器和气瓶的间距不应小于 8m；与明火或普通电气设备的间距不应小于 10m；与空调装置、空气压缩机和通风设备等吸风口的间距不应小于 20m；与其他可燃性气体储存地点的间距不应小于 20m。

4. 乙炔气瓶使用要求

（1）乙炔气瓶不得放在橡胶等绝缘体上。如果放置在绝缘胶垫上，静电无法导除，积聚到一定程度上就可能产生静电火花将乙炔引燃或引爆。

（2）乙炔气瓶在使用时必须安装专用减压阀和回火防止器，气瓶上易熔塞应朝向无人处。

（3）严禁铜、银、汞等及其制品与乙炔接触，与乙炔接触的铜合金器具含铜量必须高于 70%。

（4）乙炔瓶使用和存放时，应保持直立，不能卧放，以防丙酮流出，引起燃烧爆炸。

对已卧放的乙炔气瓶，不准直接开气使用，在使用前必须先将其直立 20min 后，再连接减压器使用。

（5）不得用温度超过 40℃ 的热源对气瓶加热，乙炔气瓶瓶温过高会降低丙酮对乙炔的溶解度，而使瓶内乙炔压力增高，造成危险。

（6）严禁用尽乙炔气瓶内气体，气瓶内必须留有不低于 0.05MPa 的余压。

（7）乙炔气瓶工作地点频繁移动时，应将乙炔气瓶装在专用小车上，严禁将乙炔气瓶与氧气瓶一起运输。

5. 液化石油气瓶使用要求

根据《液化石油气钢瓶》（GB 5842—2023）和《液化石油气瓶阀》（GB 7512—2023）两项强制性国家标准要求，使用液化石油气瓶时应遵守下列要求：

（1）禁止使用气液双相液化气瓶，只允许使用单纯的气相瓶或液相瓶。

（2）液化石油气瓶钢印信息须清晰、完整。钢印信息必须包括制造商、允许充装量、制造年月和设计使用年限等重要信息，并要求印制深度不得低于 0.7mm。

（3）自 2023 年 12 月 1 日起，新购置的液化石油气钢瓶须有电子识读标志。电子识读标志写入气瓶的关键信息，包括产品信息、合格证、质量证明书、型式试验证书等。使用者可以通过扫描电子识读标志判别气瓶真伪。

（4）液化石油气钢瓶瓶身为银灰色，液相瓶瓶身为白色。气瓶表面应印有"液化石油气"字样，字色为大红色，不应使用其他颜色。

（5）火枪与液化石油气钢瓶应至少保持 1m 的安全距离，胶管长度以 1.5m 为宜。

（6）每次换气前，应检查减压阀上的胶圈有无脱落。一旦发现气瓶泄漏，立即关闭阀门，打开门窗进行自然通风，要严禁一切明火、金属摩擦和电气火花。

> **警示案例**
>
> 事故经过：2011 年，北京市某大学实验室，1 名研究生在夜间连续实验，凌晨时发现氩气气压降低，该同学曾受过在此情况下不能单独进入实验环境排查问题的培训，但存在侥幸心理，自行进入氩气泄漏的环境排查气路问题，最后导致窒息死亡。
>
> 事故原因：氩气虽然为惰性气体，无色无味，但在泄漏之后也会在无形之中导致人员死亡；使用氩气的实验室未安装氩气报警装置；该学生在发现氩气气压降低后，违章进入实验室内排查问题。

## 九、气瓶定期检验

气瓶定期检验，是指由特种设备检验机构按照一定的时间期限，按照《气瓶安全技术规程》（TSG 23—2021）相关要求，对气瓶安全状况所进行的符合性验证活动。未经检验或检验不合格的气瓶不得使用。在气瓶定期检验标志上，按不同检验年份喷涂不同颜色和不同形状的色标。

各类气瓶的检验周期见表 6-9。

表6-9 气瓶定期检验周期

| 气瓶品种 | 介质、环境 | | 检验周期/年 |
|---|---|---|---|
| 钢质无缝气瓶、钢质焊接气瓶(不含液化石油气钢瓶、液化二甲醚钢瓶)、铝合金无缝气瓶 | 腐蚀性气体、海水等腐蚀性环境 | | 2 |
| | 氮、六氟化硫、四氟甲烷及惰性气体 | | 5 |
| | 纯度大于或等于99.999%的无腐蚀性高纯气体(气瓶内表面经防腐蚀处理且内表面粗糙度达到 $Ra0.4$ 以上) | 剧毒 | 5 |
| | | 其他 | 8 |
| | 混合气体 | | 按照混合气体中检验周期最短的气体特性确定(微组分除外) |
| | 其他气体 | | 3 |
| 液化石油气钢瓶<br>液化二甲醚钢瓶 | 液化石油气、液化二甲醚 | | 4(民用) |
| | | | 5(车用) |
| 低温绝热气瓶(含车用乙炔气瓶) | 液氧、液氮、液氩、液化二氧化碳、液化氧化亚氮、液化天然气 | | 3 |
| 溶解乙炔气瓶 | 溶解乙炔 | | 3 |

# 十、气瓶报废处理

气瓶或瓶阀使用时间达到其设计使用年限的,低温绝热气瓶的绝热性能无法满足使用要求并且无法修复的,应由使用单位(充装单位)进行报废:

对于超过设计年限仍有使用价值的气瓶,产权单位应当委托气瓶检验机构对气瓶进行安全评估,检验机构评估合格后应当给出延长后的使用年限。对于安全评估结论为合格的气瓶,检验机构应当对其安全性能负责,并在瓶体上涂敷"安全评估合格"字样以及检验机构名称。

禁止任何单位或个人将报废气瓶未经消除使用功能处理前销售、交给其他单位或者个人。消除报废气瓶使用功能的破坏性处理,气瓶的破坏性处理必须采用压扁或将瓶体解体等不可修复的方式,禁止采用钻孔或者破坏瓶口螺纹的方式处理。

禁止任何单位或个人将报废气瓶(包括气瓶附件)修理、翻新后销售、使用。

> **警示案例**
>
> 事故经过:2015年4月5日中午,江苏省某大学化工学院一实验室发生爆炸事故,致5人受伤,1人抢救无效死亡。据校方通报,发生事故的实验室为化工学院一名教授的科研工作室,该工作室承担了与江苏某公司合作的"纳米催化剂元件的制备方法"项目。当天上午,刘、向、宋三位同学先后完成与该项目和毕业设计相关实验后,汪同学与某公司江某12点30分后进入实验室进行纳米催化剂元件灵敏度测试试验,试验过程中不幸发生甲烷混合气体储气瓶爆炸。
>
> 事故原因:爆炸的气瓶装有甲烷、氧气、氮气的混合气体,气瓶内的甲烷含量达到爆炸极限范围,开启气瓶阀门时,气流快速流出引起的摩擦热能或静电,导致瓶内气体反应爆炸。而且爆炸气瓶属超期服役,事故中爆炸气瓶出厂日期为1972年6月,其最后一次检验是2001年2月。

# 第八节  实验危险废物管理

根据《中华人民共和国固体废物污染环境防治法(2020年)》第七十三条规定：法人单位及各级各类实验场所应当加强对实验过程产生的固体废物的管理，依法收集、储存、运输、利用、处置实验固体废物，属于危险废物的，应当按照危险废物管理。

《中华人民共和国固体废物污染环境防治法(2020年)》实施后，国家生态环境部及相关单位相继制定发布了《国家危险废物名录》《危险废物转移管理办法》《危险废物储存污染控制标准》《危险废物管理计划和管理台账制定技术导则》《危险废物识别标志设置技术规范》等多部规章、标准、规范，对危险废物的管理日益严格和规范。法人单位根据上述规定要求，加强实验危险废物的辨识、收集、储存及处置管理。

## 一、实验危险废物分类

1. 固体废物

是指在生产、生活和其他活动中产生的丧失原有利用价值或者未丧失利用价值但被抛弃或放弃的固态、半固态和置于容器中的气态的物品、物质以及法律、行政法规规定纳入固体废物管理的物品、物质。

2. 危险废物

是指列入国家危险废物名录或者根据国家规定的危险废物鉴别标准和鉴别方法认定的具有危险特性的固体废物，一般包括以下类别的固体废物：

(1) 列入国家危险废物名录的固体废物。

(2) 未列入国家危险废物名录，但按照国家规定的危险废物鉴别标准、鉴别方法和鉴别程序，经鉴别具有危险特性的固体废物。

(3) 未列入国家危险废物名录或根据危险废物鉴别标准无法鉴别，经国务院生态环境主管部门组织专家认定，可能对人体健康或者生态环境造成有害影响的固体废物。

(4) 危险废物和非危险废物混合且不能分离的，按照危险废物管理，但经鉴别不具有危险特性的除外。

3. 实验危险废物

在实验过程中产生的列入国家危险废物名录或者根据国家规定的危险废物鉴别标准和鉴别方法认定的具有危险特性的废物。主要包括无机废液、有机废液、废弃化学试剂、含有或直接沾染危险废物的实验检测样品、废弃包装物、废弃容器、清洗杂物和过滤介质等。

(1) 实验危险废物按形态分为液态废物、固态(半固态)废物。

液态废物，包括有机废液、无机废液和其他废液。

固体(半固态)废物，包括废弃化学试剂、废弃包装物、废弃容器、被污染的实验耗材、其他固态废物。

（2）根据《国家危险废物名录（2021年版）》的分类标准，实验危险废物包括但不限于以下八大类、15小类。见表6-10。

表6-10　实验危险废物类别代码

| 废物类别 | 废物代码 | 废物名称 | 危险废物 | 危险特性 |
|---|---|---|---|---|
| HW06 废有机溶剂与含有机溶剂废物 | 900-405-06 | 废活性炭、及其他过滤吸附介质 | 900-401-06、900-402-06、900-404-06中所列废有机溶剂再生处理过程中产生的废活性炭及其他过滤吸附介质 | T/I/R |
| HW08 废矿物油与含矿物油废物 | 900-249-08 | 废矿物油与含矿物油废物 | 其他生产、销售、使用过程中产生的废矿物油及沾染矿物油的废弃包装物 | T/I |
| HW13 有机树脂类废物 | 900-014-13 | 有机树脂类废物 | 废弃的黏合剂和密封剂（不包括水基型和热熔型黏合剂和密封剂） | T |
| | 900-016-13 | | 使用酸、碱或有机溶剂清洗容器设备剥离下的树脂状、黏稠杂物 | T |
| HW16 感光材料废物 | 900-019-16 | 感光材料废物 | 其他行业产生的废显（定）影剂、胶片和废像纸 | T |
| HW14 新化学物质废物 | 900-017-14 | 新化学物质 | 研究、开发和教学活动中产生的对人类或环境影响不明的化学物质废物 | T/C/I/R |
| HW29 含汞废物 | 900-023-29 | 废含汞灯管 | 含汞荧光灯管及其他废含汞电光源。如废紫外线灯管等 | T |
| | 900-024-29 | 废含汞温度计 | 实验活动中产生的报废或损坏的含汞温度计 | T |
| HW31 含铅废物 | 900-052-31 | 废铅蓄电池 | 实验活动中产生的废铅蓄电池 | T |
| HW49 其他废物 | 772-006-49 | 实验废水处理产生的污泥 | 采用物理、化学、物理化学或生物方法处理或处置毒性危险废物过程中产生的废水处理污泥、残渣（液） | T/In |
| | 900-039-49 | 废活性炭 | 烟气、VOCs治理过程产生的废活性炭，化学原料和化学制品脱色、除杂、净化过程产生的废活性炭（900-405-06类废物除外） | T |
| | 900-041-49 | 废弃包装物、容器、过滤吸附介质 | 含有或沾染毒性危险废物的废弃包装物、容器、过滤吸附介质 | T/In |
| | 900-045-49 | 废电路板 | 废电路板（包括已拆除或未拆除元器件的废弃电路板），及废电路板拆解过程产生的废弃CPU、显卡、声卡、内存、含电解液的电容器、含金等贵金属的连接件 | T |

| 废物类别 | 废物代码 | 废物名称 | 危险废物 | 危险特性 |
|---|---|---|---|---|
| HW49 其他废物 | 900-047-049 | 实验废物 | 生产、研究、开发、教学、环境检测（监测）活动中，化学和生物实验室（不包含感染性医学实验室及医疗机构化验室）产生的含氰、氟、重金属无机废液及无机废液处理产生的残渣、残液，含矿物油、有机溶剂、甲醛有机废液，废酸、废碱，具有危险特性的残留样品，以及沾染上述物质的一次性实验用品（不包括按实验室管理要求进行清洗后的废弃的烧杯、量器、漏斗等实验室用品）、包装物（不包括按实验室管理要求进行清洗后的试剂包装、容器）、过滤吸附介质等 | T/C/I/R |
| | 900-999-49 | 过期、失效、变质、淘汰的危险化学品 | 实验室申报废弃的，或未申报废弃但被非法排放、倾倒、利用、处置的，列入《危险化学品目录》的危险化学品（不含该目录中仅具有"加压气体"物理危险性的危险化学品） | T/C/I/R |

注：1. 危险特性，是指对生态环境和人体健康具有有害影响的毒性（Toxicity，T）、腐蚀性（Corrosivity，C）、易燃性（Ignitability，I）、反应性（Reactivity，R）和感染性（Infectivity，In）。

2. 实验危险废物不只限于本表所列废物类别和代码，实际产生类别和代码应对照《国家危险废物名录》进行梳理识别，不排除会有如废乳化液、含多氯联苯等危险废物产生。

危险废物分类具有唯一性，当具有多种成分时，应以其中危害性最大的物质类别进行分类。

## 二、实验危险废物管理基本要求

（1）法人单位应建立健全实验危险废物的产生、收集、储存、转移、利用和处置全过程污染防治责任制度，完善危险废物环境管理责任体系，明确单位负责人、相关主管人员和直接责任人的责任，并在显著位置张贴危险污染防治责任信息。

（2）法人单位及其设立单位应对实验过程中产生的危险废物依法承担污染防治责任；不得将未经无害化处理的危险废物排入市政下水管网、混入生活垃圾或一般固体废物中、抛弃倾倒或者非法堆放。

（3）法人单位应设置危险废物储存设施，分类收集、储存危险废物。储存设施应具备防扬散、防流失、防渗漏、防腐以及其他防止污染环境的措施，防止渗出液及衍生废物、泄漏的液态废物、产生的粉尘和挥发性有机物等污染环境。并按《危险废物识别标志设置技术规范》（HJ 1276—2022）设置危险废物识别标志。

（4）法人单位按照要求制定危险废物管理计划，在国家或地方生态环境部门的"固体废物综合管理系统"中填报并提交备案；内容发生变更时，应及时变更相关备案内容。

（5）法人单位及产生危险废物的实验场所建立危险废物管理台账，如实及时记录产生危险废物的种类、数量、产生环节、流向、储存、处置情况等信息并妥善保存。

（6）制定实验危险废物意外事故的防范措施和应急预案，并向属地生态环境部门备案。

（7）法人单位须委托有处理相应危险废物资质的单位处置或利用实验危险废物；执行危险废物转移的相关规定，在国家或地方生态环境部门的"固体废物综合管理系统"中进行申报登记。

（8）加强实验危险废物的源头管理，根据需求，科学合理采购化学试剂，并在单位内部进行统一管理，做好台账记录，共享化学试剂信息，建立回收利用机制，减少化学试剂的闲置或报废量，提高利用率，最大限度地减少实验危险废物的产生。

（9）应鼓励通过开展虚拟仿真实验，取代高毒性、高污染的实验项目，实现危险废物的零产生；如必须进行实验，在策划实验方案时，应采用先进的清洁、绿色实验工艺和技术，淘汰落后实验工艺和设备，优化实验设计，并尽可能采用无毒无害或低毒低害化学品，减少化学试剂的使用量，避免剧毒化学试剂的使用，从源头上减少危险废物的产生量。

（10）根据《中华人民共和国固体废物污染环境防治法》《"十四五"全国危险废物规范化环境管理评估工作方案》等相关规定要求，法人单位应制定危险废物污染环境防治责任、标识等9类管理制度。见表6-11。

表6-11　危险废物管理主要制度

| 序号 | 制度名称 | 制定依据 | 主要内容 |
|---|---|---|---|
| 1 | 污染环境防治责任制度 | 《中华人民共和国固体废物污染环境防治法》第三十六条 | 产生固体废物的单位应当建立健全工业固体废物产生、收集、储存、利用、处置全过程的污染环境防治责任制度，采取防治固体废物污染环境的措施 |
| 2 | 标识制度 | 《中华人民共和国固体废物污染环境防治法》第七十七条 | （1）对危险废物的容器和包装物应当按照规定设置危险废物识别标志；<br>（2）收集、储存、利用、处置危险废物的设施、场所，应当按照规定设置危险废物识别标志 |
| 3 | 管理计划制度 | 《中华人民共和国固体废物污染环境防治法》第七十八条 | （1）危险废物管理计划包括减少危险废物产生量和降低危险废物危害性的措施，以及危险废物储存、利用、处置措施；<br>（2）报产生危险废物的单位所在地生态环境主管部门备案 |
| 4 | 台账和申报制度 | 《中华人民共和国固体废物污染环境防治法》第七十八条 | （1）按照国家有关规定建立危险废物管理台账，如实记录产生危险废物的种类、产生量、产生环节、流向、储存、处置情况等有关信息；<br>（2）通过国家危险废物信息管理系统向所在地生态环境主管部门如实申报危险废物的种类、产生量、流向、储存、处置等有关资料 |
| 5 | 源头分类制度 | 《中华人民共和国固体废物污染环境防治法》第八十一条 | 按照危险废物种类分别收集、储存 |
| 6 | 转移制度 | 《中华人民共和国固体废物污染环境防治法》第三十七条、第八十二条 | （1）产生危险废物的单位委托他人运输、利用、处置工业固体废物的，应当对受托方的主体资格和技术能力进行核实，依法签订书面合同，在合同中约定污染防治要求；<br>（2）转移危险废物的，按照实际危险废物转移有关规定，如实填写、运行转移联单；<br>（3）跨省、自治区、直辖市转移危险废物的，应当向危险废物移出地省、自治区、直辖市人民政府生态环境主管部门申请并获得批准 |

| 序号 | 制度名称 | 制定依据 | 主要内容 |
|------|---------|---------|---------|
| 7 | 环境应急预案备案制度 | 《中华人民共和国固体废物污染环境防治法》第八十五条 | (1) 依法制定意外事故的环境污染防范措施和应急预案(综合性应急预案有危险废物相关篇章或有危险废物专门应急预案),配备环境应急物资;<br>(2) 向所在地生态环境主管部门和其他负有固体废物污染防治监督管理职责的部门备案;<br>(3) 按照预案要求定期组织应急演练,妥善保存演练资料 |
| 8 | 储存设施环境管理 | 《中华人民共和国固体废物污染环境防治法》第十七条、第十八条、第七十九条 | (1) 依法进行环境影响评价,完成"三同时"验收;<br>(2) 按照国家有关规定和环境保护标准要求储存危险废物 |
| 9 | 信息发布 | 《中华人民共和国固体废物污染环境防治法》第二十九条 | 产生固体废物的单位,应当通过法人单位网站等途径依法及时公开当年危险废物污染环境防治信息,主动接受社会监督 |

## 三、危险废物标志

《危险废物识别标志设置技术规范》(HJ 1276—2022)规定产生、收集、储存、利用和处置危险废物单位需设置的危险废物识别标志的分类、内容要求、设置要求和制作方法,适用于危险废物的容器和包装物,以及收集、储存、利用、处置危险废物的设施、场所使用的环境保护识别标识的设置;设置危险废物储存设施或场所标志、危险废物储存分区标志和危险废物标签等危险废物识别标志;收集、储存、运输、利用、处置危险废物的设施、场所应当在醒目位置按规定设置危险废物识别标志(室内外悬挂),形状、颜色、图案正确,内容清晰,标志完好。

1. 危险废物识别标志

危险废物识别标志,是由图形、数字和文字等元素组合而成的标志,用于向相关人群传递危险废物的有关规定和信息,以防止危险废物危害生态环境和人体健康。危险废物标志由警示图形和辅助性文字构成,警示图形主要用于传达危险废物的环境危害特性,辅助性文字主要用于标明危险废物设施的类型和相关责任人的信息,便于发生意外情况时及时联系责任人并采取防范措施,尽可能避免环境风险扩散。危险废物标志包括危险废物标签,危险废物储存分区标志和危险废物储存、利用、处置设施标志。

(1) 危险废物标签,设置在危险废物容器或包装物上,由文字、编码和图形符号等组合而成,用于警示和标识危险废物,同时也向人们传递危险废物的名称、废物代码、主要成分、危险特性、产生日期、产生单位和联系方式等基本信息。在进行收集、储存、转移、利用、处置危险废物活动时,危险废物标签可以警示操作人员,防止因不规范操作危害生态环境和人体健康。危险废物的容器和包装物应全部粘贴危险废物标签,样式正确,成分、产废单位、联系人等信息填写真实、完整。

(2) 危险废物储存分区标志,是设置在危险废物储存设施内部,用于显示危险废物储存设施内储存分区规划和危险废物储存情况，以避免潜在环境危害的警告性信息标志。

（3）危险废物储存、利用、处置设施标志，是设置在储存、利用、处置危险废物的设施、场所，用于引起人们对危险废物储存、利用、处置活动的注意，以避免潜在环境危害的警告性区域信息标志。

2. 危险废物识别标志的设置要求

（1）危险废物识别标志的设置应具有足够的警示性，以提醒相关人员在从事收集、储存、利用、处置危险废物经营活动时注意防范危险废物的环境风险。

（2）危险废物识别标志应设置在醒目的位置，避免被其他固定物体遮挡，并与周边的环境特点相协调。

（3）危险废物识别标志与其他标志宜保持视觉上的分离。危险废物识别标志与其他标志相近设置时，宜确保危险废物识别标志在视觉上的识别和信息的读取不受其他标志的影响。

（4）同一场所内，同一种类危险废物识别标志的尺寸、设置位置、设置方式和设置高度等宜保持一致。

（5）实验场所内储存危险废物点边界地面标画 3cm 宽的黄色实线，并设置危险废物警示标志。

3. 危险废物标签

（1）危险废物标准的内容

① 危险废物标签应以醒目的字样标注"危险废物"。

② 危险废物标签应包含废物名称、废物类别、废物代码、废物形态、危险特性、主要成分、有害成分、注意事项、产生/收集单位名称、联系人、产生日期、废物重量和备注等信息。

（2）危险废物标签的样式

① 危险废物标签的颜色，危险废物标签的背景色采用醒目的橘黄色，RGB 颜色值为（255，150，0），标签边框和字体颜色为黑色，RGB 颜色值为（0，0，0）。

② 危险废物标签的字体，宜采用黑体字，其中"危险废物"字样应加粗。

③ 危险废物标签尺寸，应根据容器或包装物的容积按照表 6-12 要求设置。

表6-12　危险废物标签的尺寸要求

| 序号 | 容器或包装物容积/L | 标签最小尺寸/（mm×mm） | 最低文字高度/mm |
|------|------|------|------|
| 1 | ≤50 | 100×100 | 3 |
| 2 | >50~≤450 | 150×150 | 5 |
| 3 | >450 | 200×200 | 6 |

④ 危险废物标签的材质，宜选用具有耐用性和防水性的材料。标签可采用不干胶印刷品，或印刷品外加防水塑料袋或塑封等。

⑤ 危险废物标签印刷，危险废物标签印刷的油墨应均匀，图案和文字应清晰、完整。危险废物标签的文字边缘宜加黑色边框，边框宽度不小于 1mm，边框外宜留不小于 3mm 的

空白。

⑥ 危险废物标签的样式，危险废物标签的制作宜符合图6-7所示样式。

图6-7　危险废物标签样表

（3）危险废物标签的填写要求（表6-13）

表6-13　危险废物标签填写要求

| 序号 | 填写内容 | 说明 |
| --- | --- | --- |
| 1 | 危险废物名称 | 列入《国家危险废物名录》中的危险废物，名称应参考《国家危险废物名录》中的"危险废物"一栏，填写简化的废物名称或行业内通用的俗称。根据鉴别标准鉴定为危险废物的，可填写对应的废物名称等信息 |
| 2 | 危险废物类别、代码 | 列入《国家危险废物名录》中的危险废物，类别、代码应参考《国家危险废物名录》中的内容填写；根据鉴别标准鉴定为危险废物的，应根据其主要有害成分和危险特性确定所属危险废物类别，并按代码"900-000-××"（××为危险废物类别代码）填写 |
| 3 | 危险废物形态 | 应填写容器或包装物内盛装危险废物的物理形态 |
| 4 | 危险特性 | 应根据危险废物的危险特性（包括腐蚀性、毒性、易燃性和反应性），印刷在标签上相应位置，或单独打印后粘贴于标签上相应的位置。具有多种危险特性的应设置相应的全部图形 |
| 5 | 主要成分 | 应填写危险废物主要的化学组成或成分，可使用汉字、化学分子式、元素符号或英文缩写等。<br>示例1：油基岩屑的主要成分可填写"石油类、岩屑"。<br>示例2：废催化剂的主要成分可填写"$SiO_2$、$Al_2O_3$" |
| 6 | 有害成分 | 应填写废物中对生态环境或人体健康有害的主要污染物名称，可使用汉字、化学分子式、元素符号或英文缩写等。<br>示例：废矿物油的有害成分：石油烃、PAHs等 |
| 7 | 注意事项 | 应根据危险废物的组成、成分和理化特性，填写收集、储存、利用、处置时必要的注意事项，可参考表6-14填写，也可根据危险废物具体的理化特性填写其他要求 |

| 序号 | 填写内容 | 说明 |
|---|---|---|
| 8 | 产生单位名称、联系人和联系方式 | 应填写危险废物产生单位的信息。当从事收集、储存、利用、处置危险废物经营活动的单位收集危险废物时，在满足国家危险废物相关污染控制标准等规定的条件下，容器内盛装两家及以上单位的危险废物（如废矿物油）时，应填写收集单位的信息 |
| 9 | 产生日期 | 应填写开始盛装危险废物时的日期，可按照年月日的格式填写。当从事收集、储存、利用和处置危险废物经营活动的单位收集危险废物时，在满足国家危险废物相关污染控制标准等规定的条件下，容器内盛装相同种类但不同初始产生日期的危险废物（如废矿物油）时，应填写收集危险废物时的日期 |
| 10 | 废物重量 | 应填写完成收集后容器或包装物内危险废物的质量（kg 或 t） |
| 11 | 数字识别码和二维码 | 数字识别码按照《危险废物识别标志设置技术规范》第8条的要求进行编码，并实现"一物一码"。危险废物标签二维码的编码数据结构中应包含数字识别码的内容，信息服务系统所含信息宜包含标签中设置的信息。从事收集、储存、利用、处置危险废物经营活动的单位可利用电子标签等物联网技术对危险废物进行信息化管理 |
| 12 | 备注 | 危险废物标签的设置单位可根据自身实际管理需求或按照县级及以上生态环境主管部门的要求，填写与所盛装危险废物相关的信息 |

（4）危险废物标签常用的注意事项用语（表6-14）

表6-14 危险废物标签常用的注意事项用语

| 序号 | 推荐用语 |
|---|---|
| 1 | 必须锁紧 |
| 2 | 放在阴凉地方 |
| 3 | 切勿靠近住所 |
| 4 | 容器必须盖紧 |
| 5 | 容器必须保持干燥 |
| 6 | 容器必须放在通风的地方 |
| 7 | 切勿将容器密封 |
| 8 | 切勿靠近食物、饮品及动物饲料 |
| 9 | 切勿靠近_____（须指定互不相容的物质） |
| 10 | 切勿受热 |
| 11 | 切勿近火，不准吸烟 |
| 12 | 切勿靠近易燃物质 |
| 13 | 处理及打开容器时，应小心 |
| 14 | 存放温度不超过_____摄氏度 |
| 15 | 以_____保持湿润 |
| 16 | 只可放在原用的容器内 |
| 17 | 切勿与_____混合 |
| 18 | 只可放在通风的地方 |
| 19 | 使用时严禁饮食 |

| 序号 | 推荐用语 |
|---|---|
| 20 | 使用时严禁吸烟 |
| 21 | 切勿吸入尘埃 |
| 22 | 切勿吸入气体(烟雾、蒸气、喷雾或其他) |
| 23 | 避免沾及皮肤 |
| 24 | 避免沾及眼睛 |
| 25 | 切勿倒入水渠 |
| 26 | 切勿加水 |
| 27 | 防止静电发生 |
| 28 | 避免震荡和摩擦 |
| 29 | 穿上适当防护服 |
| 30 | 戴上防护手套 |
| 31 | 如通风不足,则须佩戴呼吸器 |
| 32 | 佩戴护眼、护面用具 |
| 33 | 使用_____(须予指定)来清理这种物质污染的地面及物件 |
| 34 | 遇到火警时,使用_____灭火设备,切勿使用_____ |
| 35 | 如沾及眼睛,立即用大量清水来清洗,并尽快就医诊治 |
| 36 | 所有受污染的衣物应立即脱掉 |
| 37 | 沾及皮肤后,立即用大量_____(指定液)来清洗 |
| 38 | 容器必须锁紧,存在阴凉通风的地方 |
| 39 | 存放在阴凉通风的地方,切勿靠近_____(须指明互不相容的物质) |
| 40 | 容器必须盖紧,保持干燥 |
| 41 | 只可放在原用的容器内,并放在阴凉通风的地方,切勿靠近_____(须指明互不相容的物质) |
| 42 | 容器必须盖紧,并存放在通风的地方 |
| 43 | 使用时严禁饮食或吸烟 |
| 44 | 避免沾及皮肤和眼睛 |
| 45 | 穿上适当的防护服和戴上适当防护手套 |
| 46 | 穿上适当的防护服,戴上适当防护手套,并戴上护眼、护面用具 |

注:各项用语中空缺的部分,应根据废物特性,填写补充完整。

(5)危险废物标签的设置要求

① 在盛装危险废物时,宜根据容器或包装物的容积设置合适的标签,按要求填写。

② 危险废物标签中的二维码部分,可与标签一同制作,也可以单独制作后固定于危险废物标签相应位置。

③ 危险废物标签的设置位置应明显可见且易读,不应被容器、包装物自身的任何部分或其他标签遮挡;所有的危险废物包装物应全部粘贴危险废物标签。

④ 对于盛装同一类危险废物的组合包装容器,应在组合包装容器的外表面设置危险废物标签。

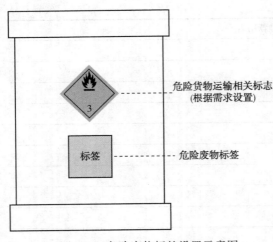

图 6-8　危险废物标签设置示意图

⑤ 容积超过 450L 的容器或包装物，应在相对的两面都设置危险废物标签。

⑥ 危险废物标签的固定可采用印刷、粘贴、挂挂、钉附等方式，标签的固定应保证在储存、转移期间不易脱落和损坏。

⑦ 当危险废物容器或包装物还需同时设置危险废物运输相关标志时，危险废物标签可与其分开设置在不同的面上，也可设置在相邻的位置。危险废物标签设置的示意图见图 6-8。

⑧ 在储存设施内堆放的无包装或无容器的危险废物，宜在其附近参照危险废物标签的格式和内容设置柱式标志牌。柱式标志牌设置的示意图见图 6-9。

（6）危险废物标签在各种包装上的粘贴位置分别为以下几种：

① 箱类包装位于包装端面或侧面。

② 袋类包装位于包装明显处。

③ 桶类包装位于桶身或桶盖。

④ 其他包装位于明显处。

4. 危险废物储存分区标志的设置要求

（1）危险废物储存分区的划分应满足《危险废物储存污染控制标准》（GB 18597—2023）的有关要求。宜在危险废物储存设施内的每一个储存分区处设置危险废物储存分区标志。见图 6-10。

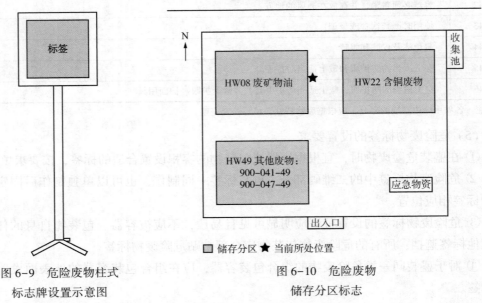

图 6-9　危险废物柱式
标志牌设置示意图

图 6-10　危险废物
储存分区标志

（2）危险废物储存分区标志宜设置在该储存分区前的通道位置或墙壁、栏杆等易于观察到的位置。

（3）宜根据危险废物储存分区标志的设置位置和观察距离按照要求设置相应的标志。

（4）危险废物储存分区标志可采用附着式（如钉挂、粘贴等）、悬挂式和柱式（固定于标志杆或支架等物体上）等固定形式，储存分区标志设置示意图见图6-11、图6-12。

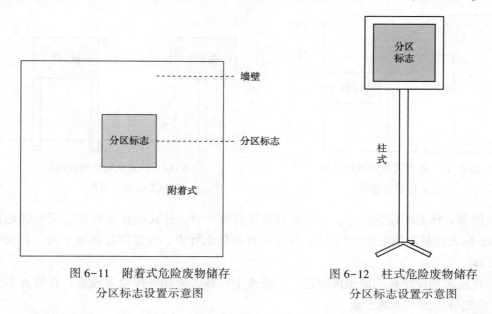

图6-11　附着式危险废物储存
分区标志设置示意图

图6-12　柱式危险废物储存
分区标志设置示意图

（5）危险废物储存分区标志中各储存分区存放的危险废物种类信息可采用卡槽或附着式（如钉挂、粘贴等）固定方式。

5. 危险废物储存、利用、处置设施标志

（1）危险废物储存、利用、处置设施标志的内容要求

① 危险废物储存、利用、处置设施标志应包含三角形警告性图形标志和文字性辅助标志，其中三角形警告性图形标志应符合 GB 15562.2 中的要求。

② 危险废物储存、利用、设置设施标志应以醒目的文字标注危险废物设施的类型。

③ 危险废物储存、利用、处置设施标志还应包含危险废物设施所属的单位名称、设施编码、负责人及联系信息。

④ 危险废物储存、利用、处置设施标志宜设置二维码，对设施的使用情况进行信息化管理。

（2）危险废物储存、利用、处置设施标志的填写要求

① 单位名称，应填写储存、利用、处置危险废物的单位全称。

② 负责人及联系方式，填写本设施相关负责人的姓名和联系方式。

（3）危险废物储存、利用设施标志的设置要求

① 实验场所每一个储存、利用设施均应在设施附近或场所的入口处设置相应的危险废物储存设施标志。

② 对于有独立场所的危险废物储存、利用设施，应在场所外入口处的墙壁或栏杆显著

位置设置相应的设施标志。

③ 位于建筑物内局部区域的危险废物储存、利用设施，应在其区域边界或入口处显著位置设置相应的标志。

④ 危险废物设施标志可采用附着式和柱式两种固定方式，应优先选择附着式，当无法选择附着式时，可选择柱式。危险废物设施标志设置示意图见图 6-13、图 6-14。

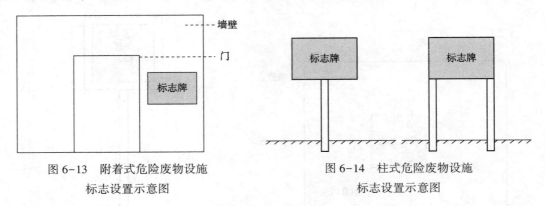

图 6-13　附着式危险废物设施
标志设置示意图

图 6-14　柱式危险废物设施
标志设置示意图

⑤ 附着式标志的设置高度，应尽量与视线高度一致；柱式的标志和支架应牢固地连接在一起，标志牌最上端距地面约 2m；位于室外的标志牌中，支架固定在地下的，其支架埋深约 0.3m。

⑥ 危险废物设施标志应稳固固定，不能产生倾斜、卷翘、摆动等现象；在室外露天设置时，应充分考虑风力的影响。

（4）危险废物储存、利用设施标志

① 危险废物储存、利用设施标志的颜色，标志的背景色采用醒目的橘黄色，RGB 颜色值为（255，150，0），边框和字体颜色为黑色，RGB 颜色值为（0，0，0）。

② 危险废物储存、利用设施标志的字体，宜采用黑体字，其中"危险废物设施类型"的字样应加粗放大并居中显示。

③ 危险废物储存、利用设施标志尺寸，应根据其设置位置和对应观察距离按照表 6-15 中要求设置。

表 6-15　不同观察距离时危险废物储存、利用设施标志的尺寸要求

| 设置位置 | 观察距离/m | 标志牌整体外形最小尺寸/（mm×mm） | 三角形警告性标志 | | | 最低文字高度/mm | |
|---|---|---|---|---|---|---|---|
| | | | 三角形外边长 $a_1$/mm | 三角形内边长 $a_2$/mm | 边框外角圆弧半径/mm | 设施类型名称 | 其他文字 |
| 1 | >10 | 900×558 | 500 | 375 | 30 | 48 | 24 |
| 2 | 4<L≤10 | 600×372 | 300 | 225 | 18 | 32 | 16 |
| 3 | ≤4 | 300×186 | 140 | 105 | 8.4 | 16 | 8 |

④ 危险废物储存、利用设施标志的材质，宜采用坚固耐用的材料（如 1.5~2mm 冷轧钢板），并做搪瓷处理或贴膜处理。一般不宜使用遇水变形、变质或易燃的材料。柱式标志牌的立柱可采用 38mm×4mm 无缝钢管或其他坚固耐用的材料，并经过防腐处理。

⑤ 危险废物储存、利用设施标志的印刷，标志的图形和文字应清晰、完整，保证在足够的观察距离条件下也不影响阅读。三角形警告性图形与其他信息之间宜加黑色分界线区分，分界线的宽度不宜小于 3mm。

⑥ 危险废物储存、利用、处置设施标志的外观质量要求，危险废物储存、利用、处置设施的标志牌和立柱无明显变形。标志牌表面无气泡，膜或搪瓷无脱落。图案清晰，色泽一致，没有明显缺损。

⑦ 危险废物储存、利用、处置设施标志的样式，危险废物储存、利用、处置设施标志可采用横版或竖版的形式，标志制作宜符合图 6-15~图 6-18 所示的样式。

图 6-15　横版危险废物储存设施标志

图 6-16　横版危险废物利用设施标志

图 6-17　竖版危险废物储存设施标志

图 6-18　竖版危险废物利用设施标志

## 四、实验危险废物的收集

（1）实验过程产生的液态废物和固态（半固态）废物应分类收集，并如实填写记录有关信息，如《危险废物产生环节记录表》（表 6-16）。

表 6-16　危险废物产生环节记录表

| 序号 | 产生批次编码 | 产生时间 | 危险废物名称 | | 危险废物类别 | 危险废物代码 | 产生量 | 计量单位 | 容器/包装编码 | 容器/包装类型 | 产生危险废物设施编码 | 产生部门经办人 | 去向 |
| | | | 行业俗称/单位内部名称 | 国家危险废物名录名称 | | | | | | | | | |
|---|---|---|---|---|---|---|---|---|---|---|---|---|---|
| 1 | | | | | | | | | | | | | |
| 2 | | | | | | | | | | | | | |
| 3 | | | | | | | | | | | | | |
| 4 | | | | | | | | | | | | | |

注：产生批次编码，可采用"产生"首字母加年月日再加编号的方式设计，例如"HWCS20240625001"

（2）危险废物收集容器或包装物的材质和衬里要与所盛装的危险废物相容，并满足防渗、防漏和防腐等要求；收集容器或包装物的种类和规格应根据危险废物的特性和储存要求等综合决定，且材质要满足相应的强度；容器或包装物一旦破损或达到使用期限，要及时更换。

（3）盛装实验危险废物的容器或包装物应按规定粘贴或拴挂危险废物标签。

（4）液体危险废物按化学品性质和危险程度分类进行收集；液态危险废物的收集容器，常用 5L、25L、50L、100L、200L 的容器。建议采用 25L 容器，一方面可以满足人工装卸、转运时不过重；另一方面，避免大量使用小容器增加投放、统计、搬运的工作量。产废量较小的实验场所可使用 5L 容器。液态危险废物应在实验场所统一收集至桶满后（须保留至少 10% 的空间）封存并填写存储日期。

（5）收集过程中应采取相应安全防护措施和污染防治措施，包括防遗撒、防溢出、防渗漏、防飞扬或其他防止污染环境的措施，并应保持收集容器和包装物外表面清洁，无破损泄漏。

（6）每次投放液态废物后，应及时将收集容器口盖盖好；再次倒入其他化学危险废液时，应仔细核对该桶上标签的主要成分并在标签上增加新的收集日期和主要成分等，不能把不同类别或会发生异常反应的危险废物混放；不清楚废液来源和性质时禁止混放，应单独存放于新的废液桶中。

（7）固体危险废物、废抹布手套、废玻璃等应存放于满足相应强度和密闭要求的包装容器中。固体危险废物若为过期、失效的化学试剂，应收集保存在原试剂瓶或原包装容器中，并保留原标签；如果原试剂瓶的密封性已破坏，应将原试剂瓶用密封袋进行包裹。

（8）盛装、沾染危险化学品的废旧空容器统一用纸箱包装，根据废容器的容积选择不同规格的纸箱包装，并在箱体上标明废物名称、危险特性、产生源等信息。同一个纸箱或其他硬质包装容器中禁止放入不相容的物质，即便不相容的物用小试剂瓶分别盛装，也不允许合并到容积较大的容器中。装有废试剂品的试剂瓶、空瓶等，必须放在纸箱或其他硬质包装容器中，防止磕碰发生破损。

（9）在常温常压下易燃易爆、反应活性高及排出有毒有害气体的危险废物应由产生实验场所，按照《化学品安全技术说明书》和《实验室废弃化学品安全预处理指南》(HG/T 5012—2017)等相关要求进行预处理，使之稳定后储存，或者严格按照这些化学物质的化学品安全技术说明书中规定的运输包装等要求进行包装；否则应按易燃易爆危险品进行储存。

（10）每半年对实验场所的危险化学品储存设施进行清点，将过期或失效的化学试剂按危险废物管理处理；对于遗失或脱落原标签的化学试剂，不能确认其名称及物性的，应按危险废物管理。

（11）含有下列成分的危险废物不得相互混装收集：
① 过氧化物与有机物。
② 氧化剂、还原剂与有机物。
③ 氰化物、硫化物、次氯酸盐与酸。
④ 盐酸、氢氟酸等挥发性酸与不挥发性酸。
⑤ 浓硫酸、硫酸、羟基酸、聚磷酸等酸类与其他的酸。
⑥ 铵盐、挥发性胺与碱。
⑦ 其他化学性质相抵触、灭火方法相抵触和互相作用的化学品。

## 五、实验危险废物的暂存

（1）实验场所产生的危险废物如不能立即运往储存场所的，均须进行适当的包装并暂存在危险废物暂存点。

（2）实验危险废物与生活废物应分开存放。在产生实验危险废物的实验场所设置危险废物暂存区，其外边界应施划 3cm 宽的黄色实线，暂存区标志应符合《危险废物贮存污染控制标准》(GB 18597—2023)要求，本实验场所产生的危险废物原则上应存放于本场所。

（3）实验危险废物应粘贴或拴挂危险废物标签；按种类分开存放，性质不相容的危险废物分开存放，利用和处置方法不同的危险废物分开存放。不相容危险废物分类分区存放，间隔距离至少 10cm。

（4）暂存区危险废物原则上应日产日清（指暂存区危险废物应于当天运至储存区），暂存量不宜超过划定区域面积的 80%。

（5）对暂存区存放实验废物的包装容器和防漏容器密闭、破损、泄漏及标签粘贴等情况，应定期检查并做好记录。

（6）对硫醇、胺等会发出臭味的废液和会产生氰、磷化氢等有毒气体的废液，以及易燃性强的二硫化碳、乙醚废液，应做适当的处理，防止泄漏散发异味。

（7）含有过氧化物、硝化甘油等爆炸性物质的废液，应进行预处理，使之化学性质稳定后再储存。

（8）收运实验危险废物时，应提前确定运输路线，确保专用运输工具状态完好，携带必要的个人防护用具和应急物资。车辆运输时要低速慢行，运输后应及时清洁运输工具。

（9）含有放射性物质的废弃物，用专门的方法收集，并必须严格按照有关的规定，严防泄漏，谨慎处理。

## 六、实验危险废物的储存

（1）产生、收集、储存危险废物的法人单位应建造危险废物储存设施或设置储存场所。同一企业、高校（院）或检验检测机构产生危险废物的实验场所被市政道路分割在不同区域的，原则上在每一个区域应分别设置危险废物储存设施（或储存区）。危险废物储存设施应以醒目的三角形警告性图形标志和文字性辅助标志标注危险废物设施的类型。

（2）实验危险废物储存场所应远离人员密集区（宿舍、食堂、市场、公共娱乐场所、道路等）、易燃易爆等危化品仓库、高压输电线路防护区、水源保护区和给排水明渠。危险废物储存场所应配备足够的消防器材及设施，应安装防火爆等安全装置，使用防爆电气和灯具等。

（3）实验危险废物储存场所须保持良好通风条件，危险废物应单层码放，并远离火源、热源，避免高温、日晒和雨淋。储存场所还应满足防扬撒、防流失、防雨淋要求；储存场所地面须作硬化、防渗处理。危险废物储存场所收集的渗滤液及储存场所清理出的废物一律按危险废物处理。

（4）实验危险废物储存设施应按照危险废物的性质分区储存危险废物，严禁将性质不同的危险废物混合堆放、储存；危险废物储存分区处应设置危险废物储存分区标志。

（5）实验危险废物储存场所应采取技术和管理措施防止无关人员进入储存设施。储存废弃剧毒化学品的，还应根据公安机关要求落实治安防范要求。

（6）实验危险废物收运时应符合《危险废物收集、贮存、运输技术规范》（HJ 2025—2012）的要求，核对投放登记表的信息，并签字确认，严禁在极端天气下开展收运作业。

（7）盛装液态实验危险废物的容器不宜盛装过满，应保留容器不少于 10% 的剩余容积，或容器顶部与液面保留 100mm 以上的空间。储存液体或半固态废物的，应配备泄漏液体收集装置。

（8）废弃试剂瓶（含空瓶）应瓶口朝上码放于包装容器中，确保其稳固，防止泄漏和磕碰，并在包装箱外部标注朝上的方向标识。属爆炸性物品的必须单独隔离，限量储存。

（9）危险废物储存场所应采取措施防止有害物质、挥发性有机物、恶臭气体的泄漏挥发。对易燃易爆、可能发生化学反应或排放有毒有害气体的危险废物必须进行预处理后储存，相应储存区配置有机气体报警器、火灾报警器和导出静电的接地装置。

（10）危险废物储存场所应建立危险废物入库管理台账，如实记录危险废物入库情况（表 6-17）。

（11）危险废物储存场所应建立危险废物出库管理台账，如实记录危险废物出库情况（表 6-18）。

（12）危险废物管理台账保存时间不少于 5 年，并在国家或地方生态环境部门的"固体废物综合管理系统"中申报危险废物的种类、产生量、流向、储存、处置等有关资料。

（13）应定期对储存实验危险废物包装容器及储存区环境状况、安全设施进行检查。发现破损的应及时清理、维修和更换。危险废物的包装容器破损后应按危险废物进行管理和处置。

表 6-17　危险废物入库环节记录表

| 序号 | 入库批次编码 | 入库时间 | 容器/包装编码 | 容器/包装类型 | 容器/包装数量 | 危险废物名称 | | 危险废物类别 | 危险废物代码 | 产生量 | 入库量 | 计量单位 | 储存设施编码 | 储存设施类型 | 运送部门经办人 | 储存部门经办人 | 产生批次编码 |
|---|---|---|---|---|---|---|---|---|---|---|---|---|---|---|---|---|---|
| | | | | | | 行业俗称/单位内部名称 | 国家危险废物名录名称 | | | | | | | | | | |
| 1 | | | | | | | | | | | | | | | | | |
| 2 | | | | | | | | | | | | | | | | | |
| 3 | | | | | | | | | | | | | | | | | |
| 4 | | | | | | | | | | | | | | | | | |

注：产生批次编码，可采用"入库"首字母加年月日再加编号的方式设计，例如"HWRK20240625001"

表 6-18　危险废物出库环节记录表

| 序号 | 出库批次编码 | 出库时间 | 容器/包装编码 | 容器/包装类型 | 容器/包装数量 | 危险废物名称 | | 危险废物类别 | 危险废物代码 | 产生量 | 出库量 | 计量单位 | 储存设施编码 | 储存设施类型 | 出库部门经办人 | 运送部门经办人 | 入库批次编码 | 去向 |
|---|---|---|---|---|---|---|---|---|---|---|---|---|---|---|---|---|---|---|
| | | | | | | 行业俗称/单位内部名称 | 国家危险废物名录名称 | | | | | | | | | | | |
| 1 | | | | | | | | | | | | | | | | | | |
| 2 | | | | | | | | | | | | | | | | | | |
| 3 | | | | | | | | | | | | | | | | | | |
| 4 | | | | | | | | | | | | | | | | | | |

注：出库批次编码，可采用"出库"首字母加年月日再加编号的方式设计，例如"HWCK20240625001"

## 七、实验危险废物处置

实验危险废物的处置分为产生单位内部处置和委托处置。实验危险废物首先应考虑其回收利用价值，如果能够在实验中再次利用，不仅节约处置成本，也减少了危险废物的产生。确实无利用价值的，应向属地生态环境管理部门进行危险废物申报登记，交由具有相应危险废物经营许可资质的单位进行处置。

法人单位没有自行利用、处置能力的，应当将危险废物委托有资质的单位收集、运输、利用、处置。需对被委托方的危险废物处理资质和技术能力进行核实，并签订书面合同。危险废物委托收集、运输、利用、处置合同应当载明危险废物的名称、种类、特性等基本信息及污染防治要求、收运时间、收运频次、收运处置费用、违约责任等内容。

转移危险废物的，应当按照要求在地方政府生态环境管理部门的危险废物监管信息平台上进行危险废物申报登记，包括危险废物的种类、数量、流向、储存、利用、处置等有关情况。在省、直辖市、自治区内转移的，须填写危险废物转移联单并报属地生态环境主管部门备案。跨省、直辖市、自治区转移危险废物必须办理转移审批手续，未经批准的，不得转移。

危险废物转移联单（加盖处置单位公章、运输单位公章）至少保存5年。

**警示案例**

事故经过：2021年7月27日上午10：40左右，广东省某大学一名博士生在清理通风橱时，发现之前毕业生遗留在烧瓶内的未知白色固体，于是拿水对烧瓶进行冲洗。冲洗过程中烧瓶突然炸裂，炸裂产生的玻璃碎片刺破该生手臂动脉血管。

事故原因：之前毕业的学生未将烧瓶内的白色固体妥善处理，也未标识物品名称，直接丢弃在通风橱中，白色固体物可能为遇水易分解的易燃易爆危险化学品，在用水清洗的过程中，发生剧烈反应，导致烧瓶突然爆炸。

## 八、违反危险废物管理相关的法律法规责任

**违法行为1**

（1）产生、收集、储存固体废物的单位未依法及时公开固体废物污染环境防治信息的。

（2）产生工业固体废物的单位未建立固体废物管理台账并如实记录的。

**处罚依据：《中华人民共和国固体废物污染环境防治法》**

第一百零二条　违反本法规定，有下列行为之一，由生态环境主管部门责令改正，处以罚款，没收违法所得；情节严重的，报经有批准权的人民政府批准，可以责令停业或者关闭：

（一）产生、收集、贮存、运输、利用、处置固体废物的单位未依法及时公开固体废物污染环境防治信息的。

（八）产生工业固体废物的单位未建立固体废物管理台账并如实记录的。

有前款第一项、第八项行为之一，处五万元以上二十万元以下的罚款。

**违法行为2**

（1）转移固体废物出省、自治区、直辖市行政区域储存、处置未经批准的。

（2）转移固体废物出省、自治区、直辖市行政区域利用未报备案的。

（3）产生工业固体废物的单位违反本法规定委托他人运输、利用、处置工业固体废物的。

（4）储存工业固体废物未采取符合国家环境保护标准的防护措施的。

**处罚依据：《中华人民共和国固体废物污染环境防治法》**

第一百零二条　违反本法规定，有下列行为之一，由生态环境主管部门责令改正，处以罚款，没收违法所得；情节严重的，报经有批准权的人民政府批准，可以责令停业

或者关闭：

（五）转移固体废物出省、自治区、直辖市行政区域储存、处置未经批准的。

（六）转移固体废物出省、自治区、直辖市行政区域利用未报备案的。

（九）产生工业固体废物的单位违反本法规定委托他人运输、利用、处置工业固体废物的。

（十）贮存工业固体废物未采取符合国家环境保护标准的防护措施的。

有前款第五项、第六项、第九项、第十项行为之一，处十万元以上一百万元以下的罚款。

**违法行为3**

擅自倾倒、堆放、丢弃、遗撒工业固体废物，或者未采取相应防范措施，造成工业固体废物扬散、流失、渗漏或者其他环境污染的。

**处罚依据：《中华人民共和国固体废物污染环境防治法》**

第一百零二条　违反本法规定，有下列行为之一，由生态环境主管部门责令改正，处以罚款，没收违法所得；情节严重的，报经有批准权的人民政府批准，可以责令停业或者关闭：

（七）擅自倾倒、堆放、丢弃、遗撒工业固体废物，或者未采取相应防范措施，造成工业固体废物扬散、流失、渗漏或者其他环境污染的。

有前款第七项行为，处所需处置费用一倍以上三倍以下的罚款，所需处置费用不足十万元的，按十万元计算。

**违法行为4**

（1）未按照规定设置危险废物识别标志的。

（2）未按照国家有关规定制定危险废物管理计划或者申报危险废物有关资料的。

（3）未按照国家有关规定填写、运行危险废物转移联单或者未经批准擅自转移危险废物的。

（4）未按照国家环境保护标准储存、利用、处置危险废物或者将危险废物混入非危险废物中储存的。

（5）未经安全性处置，混合收集、储存、运输、处置具有不相容性质的危险废物的。

（6）未经消除污染处理，将收集、储存、运输、处置危险废物的场所、设施、设备和容器、包装物及其他物品转作他用的。

（7）未制定危险废物意外事故防范措施和应急预案的。

（8）未按照国家有关规定建立危险废物管理台账并如实记录的。

**处罚依据：《中华人民共和国固体废物污染环境防治法》**

第一百一十二条　违反本法规定，有下列行为之一，由生态环境主管部门责令改正，处以罚款，没收违法所得。情节严重的，报经有批准权的人民政府批准，可以责令停业或者关闭：

（一）未按照规定设置危险废物识别标志的。

（二）未按照国家有关规定制定危险废物管理计划或者申报危险废物有关资料的。

（五）未按照国家有关规定填写、运行危险废物转移联单或者未经批准擅自转移危险废物的。

（六）未按照国家环境保护标准贮存、利用、处置危险废物或者将危险废物混入非危险废物中贮存的。

（七）未经安全性处置，混合收集、贮存、运输、处置具有不相容性质的危险废物的。

（九）未经消除污染处理，将收集、贮存、运输、处置危险废物的场所、设施、设备和容器、包装物及其他物品转作他用的。

（十二）未制定危险废物意外事故防范措施和应急预案的。

（十三）未按照国家有关规定建立危险废物管理台账并如实记录的。

有前款第一项、第二项、第五项、第六项、第七项、第九项、第十二项、第十三项行为之一，处十万元以上一百万元以下的罚款。

**违法行为5**

（1）擅自倾倒、堆放危险废物的。

（2）将危险废物提供或者委托给无许可证的单位或者其他生产经营者从事经营活动的。

（3）在运输过程中沿途丢弃、遗撒危险废物的。

**处罚依据：《中华人民共和国固体废物污染环境防治法》**

第一百一十二条 违反本法规定，有下列行为之一，由生态环境主管部门责令改正，处以罚款，没收违法所得；情节严重的，报经有批准权的人民政府批准，可以责令停业或者关闭：

（三）擅自倾倒、堆放危险废物的。

（四）将危险废物提供或者委托给无许可证的单位或者其他生产经营者从事经营活动的。

（十）未采取相应防范措施，造成危险废物扬散、流失、渗漏或者其他环境污染的。

（十一）在运输过程中沿途丢弃、遗撒危险废物的。

有前款第三项、第四项、第十项、第十一项行为之一，处所需处置费用三倍以上五倍以下的罚款，所需处置费用不足二十万元的，按二十万元计算。

**违法行为6**

违反国家规定排放、倾倒或处置有毒物质或者其他有害物质的。

**处罚依据：《中华人民共和国刑法》**

第三百三十八条 违反国家规定，排放、倾倒或者处置有放射性的废物、含传染病病原体的废物、有毒物质或者其他有害物质，严重污染环境的，处三年以下有期徒刑或者拘役，并处或者单处罚金；情节严重的，处三年以上七年以下有期徒刑，并处罚金；有下列情形之一的，处七年以上有期徒刑，并处罚金：

（一）在饮用水水源保护区、自然保护地核心保护区等依法确定的重点保护区域排放、倾倒、处置有放射性的废物、含传染病病原体的废物、有毒物质，情节特别严重的。

（二）向国家确定的重要江河、湖泊水域排放、倾倒、处置有放射性的废物、含传染病病原体的废物、有毒物质，情节特别严重的。

（三）致使大量永久基本农田基本功能丧失或者遭受永久性破坏的。

（四）致使多人重伤、严重疾病，或者致人严重残疾、死亡的。

有前款行为，同时构成其他犯罪的，依照处罚较重的规定定罪处罚。

### 违法行为7

（1）非法排放、倾倒、处置危险废物三吨以上的。

（2）排放、倾倒、处置含铅、汞、镉、铬、砷、铊、锑的污染物，超过国家或者地方污染物排放标准三倍的。

（3）排放、倾倒、处置含镍、铜、锌、银、钒、锰、钴的污染物，超过国家或者地方污染物排放标准十倍的。

**处罚依据：《最高人民法院、最高人民检察院关于办理环境污染刑事案件适用法律若干问题的解释》**

第一条　实施刑法第三百三十八条规定的行为，具有下列情形之一的，应当认定为"严重污染环境"：

（二）非法排放、倾倒、处置危险废物三吨的。

（三）排放、倾倒、处置含铅、汞、镉、铬、砷、铊、锑的污染物，超过国家或者地方污染物排放标准三倍以上的。

（四）排放、倾倒、处置含镍、铜、锌、银、钒、锰、钴的污染物，超过国家或者地方污染物排放标准十倍的。

### 违法行为8

明知他人无危险废物经营许可证，向其提供或者委托其收集、储存、利用、处置危险废物，严重污染环境的。

**处罚依据：《最高人民法院、最高人民检察院关于办理环境污染刑事案件适用法律若干问题的解释》**

第八条　明知他人无危险废物经营许可证，向其提供或者委托其收集、贮存、利用、处置危险废物，严重污染环境的，以共同犯罪论处。

# 第七章  实验过程操作安全

　　化学化工实验过程，一般分为两类实验过程：一类是以物理变化为主，利用操作设备（或机械）完成的过程，这类操作是为化学反应的正常进行提供温度、压力、浓度等反应条件，如液体输送、传热、结晶、干燥、混合、溶解、蒸馏、萃取、吸收、精制、分离等操作，其操作被称为单元操作，在实验过程中，被称为实验单元操作过程。另一类是以化学反应为主，通常在反应器、反应釜中进行电解、氯化、聚合、综合、热裂解、催化裂化、氧化、脱氢、加氢、烷基化、异构化等化学反应的实验过程。

## 第一节  实验过程的危险性

　　识别实验过程的危险性，不仅要考虑参加实验反应的化学试剂、产物、副产物的危险性，还要考虑实验的主、副反应及试剂中的杂质或杂质积累所引起的反应。

### 一、危险化学品参与反应实验过程的危险性

　　危险化学品参与反应实验过程的危险性主要是由其易燃易爆、有毒有害等理化性质决定，其中使用含有易燃易爆物料或不稳定物质等危险化学品的实验操作过程的危险性比较大。应重点关注下列操作过程：

　　（1）易燃易爆气体物料参与化学反应时，易燃易爆气体可能与空气或其他氧化剂形成爆炸性混合体系。

　　（2）易燃固体或可燃固体物料参与化学反应时，易燃固体或可燃固体可能形成爆炸性粉尘混合体系。

　　（3）有不稳定物质的物料参与反应时，如蒸馏、过滤、筛分、萃取、结晶、再循环、旋转、回流、凝结、搅拌、升温等单元操作过程中，要防止不稳定物质发生积聚或浓缩。

　　（4）在对不稳定物质进行减压蒸馏时，要防止反应温度过高，当反应温度超过某一极限值，就有可能发生分解爆炸。

　　（5）在对干燥的不稳定微细粉状物质过筛时，微细粉末飞扬，可能在某些地区积聚而发生危险。

　　（6）当实验反应物料的循环时，可能造成不稳定物质的积聚而使操作的危险性增大。

　　（7）含有易燃物料且在高温、高压运行的化学反应。

（8）含有易燃物料且在冷冻状况下运行的化学反应。

（9）有高毒物料存在的化学反应。

**警示案例**

事故经过：1998 年 3 月 1 日，某厂化验室作粗酚中的酚及同系物实验，但在蒸馏时，化验员急于求成，擅自加快蒸馏速度，把电炉上的石棉网取下，而且烧瓶内的液体体积也超过烧瓶容积的 2/3，当煤油沸腾后烧瓶忽然碎裂，煤油在电炉上剧烈燃烧起来，顿时大火夹杂着浓烟笼罩整个化验室，大火导致电炉导线绝缘皮已被烧焦，附近一个塑料桶和烘箱都被烧焦变形，粗酚样品也被烧掉。

事故原因：化验员为了加快蒸馏速度，调大加热功率，撤掉石棉网；烧瓶内的液体太多；同时，蒸馏烧瓶瓶壁太薄、质量差。

## 二、化学反应的危险性

化学反应过程的识别，不仅应考虑主反应，还需考虑可能发生的副反应、杂质或杂质积累所引起的反应，以及反应物料对仪器设备材料腐蚀产生的腐蚀产物所引起的反应等。

这些化学反应按其热反应危险程度增加的次序可分为以下四类：

（1）第一类实验反应包括：

① 加氢反应，将氢原子加到双键或三键的两侧。

② 水解反应，化合物和水反应，如从硫或磷的氧化物生产硫酸或磷酸。

③ 异构化反应，在一个有机物分子中原子的重新排列，如直链分子变为支链分子。

④ 磺化反应，通过与硫酸反应将 $-SO_3H$ 导入有机物分子。

⑤ 中和反应，酸与碱反应生成盐和水。

（2）第二类实验反应包括：

① 烷基化(烃化)反应，将一个烷基原子团加到一个化合物上形成一种有机化合物。

② 酯化反应，酸与醇或不饱和烃反应。当酸是强活性试剂时，危险性增加。

③ 氧化反应，某些物质与氧化合，反应控制在不生成 $CO_2$ 及 $H_2O$ 的阶段，采用强氧化剂如氯酸盐、硝酸、次氯酸或其盐时，危险性较大。

④ 聚合反应，分子连接在一起形成链或其他连接方式。

⑤ 缩聚反应，连接两种或更多的有机物分子，析出水、HCl 或其他化合物。

（3）第三类实验是卤化反应等，将卤族原子(氟、氯、溴或碘)引入有机分子的反应。

（4）第四类实验是硝化反应等，用硝基取代有机化合物中氢原子的反应。

参照《首批重点监管的危险化工工艺目录》和《第二批重点监管危险化工工艺目录》，具有危险性的化学反应过程主要包括：光气化反应、电解反应、氯化反应、硝化反应、合成氨反应、裂解(裂化)反应、氟化反应、加氢反应、重氮化反应、氧化反应、过氧化反应、胺基化反应、磺化反应、聚合反应、烷基化反应、新型煤化工反应、电石反应、偶氮化反应等18 类化学反应过程。除此之外，部分异构化、中和、酯化、水解等化学反应过程也可能具有一定的危险性。

# 第二节　实验方案设计的安全防范

实验方案是化学化工实验的蓝图，它为实验的安全、成功打下坚实的基础。它不仅能帮助明确实验目的，还能指导如何进行实验操作。实验方案的设计是一个系统问题，应首先明确实验目的和原理，因为它们决定了实验仪器和试剂的选择、实验单元操作、操作步骤。

一个相对完整的实验方案一般包括：实验目的、实验原理、实验试剂的种类和数量、实验仪器设备及规格、实验流程图、实验步骤和操作方法、注意事项、实验现象记录及结果处理。

## 一、实验方案设计的基本思路

（1）明确实验目的和实验原理。开展一个实验前确定想要研究或解决的问题，或验证化学反应原理和规律，明确通过实验期望获得的结果。明确实验目的，再去选择合适的化学反应或原理作为支撑。结合已经学过的知识，通过类比、迁移、分析从而确定实验原理。一个准确的实验原理是实验的指南针，保证实验能够顺利进行。

（2）实验方法的科学性和适用性。科学的实验方法才能确保实验结果准确可靠。基于已知的事实和原理，来选择实验方法；同时实验方法还得适用现有的实验条件。

（3）确定实验过程所需的反应条件。是否在高温高压、低温低压、无氧无水条件反应；该反应是放热反应还是吸热反应；实验时间的长短。

（4）选择合适的实验仪器设备、化学试剂。根据实验目的和实验原理，以及反应物、生成物、中间产物的性质、反应条件，合理选择仪器设备、化学试剂。

（5）设计实验流程、操作步骤。根据实验目的和实验原理，以及所选用的仪器设备、试剂，绘制简单的实验流程图，详细列出实验的每一步操作步骤和注意事项。

（6）注意考虑实验过程中的干扰因素。不论是制备实验、定性实验还是定量实验都会有一定的干扰因素。因此在设计实验方案时，应考虑排除实验过程的干扰因素，以保证达到实验目的。

（7）实验往往涉及一些危险的操作和危险化学品，在实验方案设计时，一定要遵循实验安全规范，充分考虑实验过程中可能出现的各种安全隐患，并做好安全防护措施和应急预案。

（8）记录实验数据、实验现象。根据观察，全面而准确地记录实验过程中的数据和现象。

（9）分析得出结论。根据实验观察到的现象和记录的数据，通过分析、计算、做图表、推理等，得出实验结论。

## 二、实验方案设计应考虑的主要问题

（1）实验安全的保障。实验方案设计必须考虑实验安全问题，在实验设计前，必须对实验器材及实验条件进行安全评估、风险分析和安全措施的制定。全面了解所用化学试剂的性质，包括毒性、可燃性、爆炸性、腐蚀性等。涉及易燃易爆、有毒有害等危险化学品的实验，必须配备必要的安全措施和安全防护措施。分析实验操作过程中可能存在的危险，如高温、高压、剧烈反应等。

（2）个体防护设施。根据实验过程中所使用的危险化学品的性质配备合适的防护眼镜、防护手套、实验服等个体防护设施。对于特殊危险的实验，可能需要防毒面具、防护靴等更高级别的防护设施。

（3）涉及使用易制爆危险化学品、易制毒化学品、剧毒化学品的实验，法人单位是否具有采购、储存、使用条件。实验人员是否经过相应化学品使用的培训。

（4）实验化学反应条件的控制包括两方面：一是化学实验条件的控制。二是化学工艺条件的控制。前者常出现在化学实验探究过程中，后者常出现在化工实验过程中。实验条件的控制分为内部配比用量控制（如反应物浓度、体积、用量等）和外部条件控制（如温度、反应物状态、有无催化剂、环境酸碱性等）。

（5）实验过程的安全性。注意实验过程是否涉及18种危险工艺，是否涉及使用压力容器、真空容器，易燃易爆、有毒有害危险化学品的处理，防止反应器受热不均匀等意外事故的发生。

（6）废弃物的处理。实验过程中产生的废弃物的处理方式，防止环境污染和二次伤害。

（7）制定实验安全措施和应急预案。化学化工实验充满了未知和可能的风险，制定实验安全措施和应急预案是非常重要的。应制定详细的应急预案，包括泄漏、火灾、爆炸、中毒等事故的处理方法。

## 三、实验方案的评价

实验方案的评价是根据实验原理和操作原理，通过比较、分析和综合的方法对实验原理、化学试剂与仪器设备的选用、实验基本操作及其顺序、实验步骤等的优劣进行科学论证和评判，并能在必要时提出合理的改进意见。

1. 从可行性方面对实验方案进行评价

科学性和可行性是设计实验方案的两条重要原则，任何实验方案都必须科学可行。可从以下四个方面分析：

（1）实验原理是否正确、可行。

（2）实验操作是否安全、合理。

（3）实验步骤是否简单、方便。

（4）实验效果是否明显。

2. 从安全性方面对实验方案进行评价

实验设计应考虑实验的安全性、确保实验过程中人员和设备的安全。

（1）净化、吸收气体及熄灭酒精灯时要防倒吸。

（2）进行某些易燃易爆实验时要防止爆炸。

（3）防止氧化（如 $H_2$ 还原 CuO 后要"先灭灯再停氢"，白磷切割宜在水中进行等）。

（4）仪器拆卸的科学性与安全性（从防污染、防氧化、防倒吸、防爆炸、防泄漏等角度考虑）。

（5）冷凝回流（有些反应中，为减少易挥发液体反应物的损耗和充分利用原料，需在反应装置上加装冷凝回流装置，如长玻璃管、竖装的干燥管及冷凝管）。

（6）其他（如实验操作顺序、试剂加入顺序、实验方法使用顺序等）。

### 3. 从"绿色化学"方面对实验方案进行评价

"绿色化学"要求设计安全的、对环境友好的合成路线，降低实验过程中对实验人员健康和环境的危害，减少废弃物的产生和排放。根据"绿色化学"理念，可从以下四个方面进行评价。

（1）实验原料是否易得、安全、无毒。

（2）反应速率是否较快。

（3）原料利用率以及合成物质的产率是否较高。

（4）实验过程产生的"三废"是否进行收集、处理，是否造成环境污染。

### 4. 从简约性对实验方案进行评价

装置在满足安全的前提下，装置尽量简单、步骤尽量少、试剂用量尽量少、反应时间尽量短。实验原料用量要尽量少、价格要尽量便宜。

### 5. 创新性

在实验方案设计时，不只是按照传统的步骤和思路去设计，而是要敢于突破常规，展现创新精神，以追求更高效的实验过程和更准确的实验结果。

## 第三节　常见实验单元操作的安全规范

实验单元操作既是能量集聚、传输的过程，也是两类危险源相互作用的过程，存在许多不安全的因素。在实验单元操作过程中要避免出现以下情况：

（1）在处理易燃气体物料时，要防止其与空气或其他氧化剂形成爆炸性混合体系。在负压状态下操作，要防止空气进入系统而形成爆炸性混合体系。在正压状态下，防止易燃气体物料的泄漏，与环境空气混合形成系统外爆炸性混合体系。

（2）在对干燥的不稳定物质过筛时，避免微细粉末飞扬。在粉末过筛时，容易产生静电，可能在某些区域积聚而发生危险；在处理易燃固体或可燃固体物料时，要防止形成爆炸性粉尘混合体系。

（3）在处理含有不稳定物质的物料时，要防止不稳定物质的积聚或浓缩。在对不稳定的物质进行减压蒸馏时，避免发生超温情况。若温度超过某一极值，有可能发生分解爆炸。

（4）在进行有回流操作的实验时，应防止不稳定物质在回流操作中被浓缩的可能性；在反应物料物质循环使用时，可能造成不稳定物质的积聚而使危险性增大。

（5）以不稳定物质为主的反应液静置时，容易分离形成分层积聚。在不分层时，如果搅拌停止而处于静置状态，那么，所含不稳定物质的溶液就附着在容器壁上，若溶剂蒸发了，不稳定物质被浓缩，往往成为自燃的火源。

（6）在进行含有不稳定物质的合成反应时，搅拌是个重要因素。在间歇式的反应操作过程中，化学反应速度很快。如果搅拌能力差，物料反应速度慢，致使加进的原料过剩，未完全反应的物料积蓄在反应系统中。若再强行搅拌，反应釜中所积存的物料将起反应，使体系的温度上升，会造成反应无法控制，发生溢出或爆炸。

（7）在对含不稳定物质的物料升温时，控制不当有可能引起突发性反应或热爆炸。如果在低温下将两种能发生放热反应的液体混合，然后再升温引起反应将是特别危险的。

## 一、真空系统操作

真空操作，是实验过程中基本操作之一，如减压蒸馏、抽滤、真空干燥、旋转蒸馏等操作时经常使用真空装置。实验过程常用的真空泵有水环真空泵和油封机械真空泵。

真空系统安全操作规范：

（1）检查真空系统的实验装置连接是否正确、密闭；减压系统必须保证密闭不漏气，所有橡皮塞的大小和孔道要合适，橡皮管要用专用的橡皮管；玻璃仪器的磨口外应涂上凡士林，高真空应涂抹真空油脂。

（2）首次使用水泵时应加水至溢水管出水为止，需经常更换水箱中的水，或使用连续循环进水方式。

（3）用水泵抽气时，应在水泵前装上安全瓶，以防止水压下降，水流倒吸；停止抽气前，应先使真空系统连通大气后，再关泵。

（4）使用油泵前，应检查油位是否在油标线位置；在蒸馏系统和油泵之间，必须装有缓冲和吸收装置。如果蒸馏挥发性较大的有机溶剂时，蒸馏前必须用水泵彻底抽去系统有机溶剂的蒸气，否则将达不到所需的真空要求。

（5）由于水分或其他挥发性物质进入泵内而影响极限真空时，可开气镇阀将其排出。当泵油受到机械杂质或化学杂质污染时，应及时更换泵油。

（6）能与泵油发生化学反应、对金属有腐蚀性或含有颗粒物的气体以及含氧过高、爆炸性气体不适用于真空泵。

（7）应避免酸性气体或水蒸气进入油泵。酸性气体会腐蚀油泵，水蒸气会使泵油乳化。

（8）要按要求使用符合规定的真空泵油，泵油必须干燥清洁。泵油的加入量过多，运转时会从排气口向外喷溅；油量不足会造成密封不严而导致泵内气体渗漏。

（9）油泵停止运转时，应先关闭真空系统与泵之间的阀门，同时打开放气阀，然后关掉泵的电源，避免回油现象发生。

## 二、加热及传热

加热及传热，是控制实验反应速度、反应时间的重要手段。目前实验过程中常用的加热及传热方式是直接用火加热、蒸汽或热水加热、有机载体（或无机载体）加热以及电加热。加热温度在100℃以下的，用热水或蒸汽加热；100~140℃的，用蒸汽加热；140~250℃则用加热炉直接加热或用热载体加热；超过250℃时，一般用电加热。

严格按规定控制实验反应温度的范围和升温速度。温度过高会使化学反应速度加快，若反应是放热反应，则又进一步导致系统放热量增加，一旦散热不及时，会引起燃烧和爆炸。升温速度过快不仅容易使反应超温，而且还有可能损坏仪器设备。

加热及传热过程的安全操作规范：

（1）采用热载体加热时，要防止热载体循环系统堵塞。

（2）油浴介质宜用硅油等导热油，一般加热温度不宜超过250℃。长期使用后油的黏度会增加或被污染，应及时更换。

（3）使用电加热时，电气设备要符合防爆要求。直接使用火加热的危险最大，温度不易控制，可能造成局部过热或烧坏设备，引起易燃物质的分解爆炸。

（4）用高压蒸汽加热时，对设备耐压要求高，须严防泄漏或与物料混合。

（5）使用水浴要注意有足够的水量，避免空烧。

（6）当加热温度接近或超过试剂的自燃点时，应采用惰性气体保护。

（7）若加热温度接近试剂分解温度时，必须设法改进工艺条件，或降低反应温度，如采用负压或加压操作。

（8）电加热器的电炉丝与被加热设备的器壁之间应有良好的绝缘，以防短路引起电火花，将器壁击穿，使设备内的易燃物质或漏出的气体和蒸气发生燃烧或爆炸。

（9）在加热或烘干易燃物质，以及受热能挥发可燃气体或蒸气的物质时，应采用封闭式电加热器。

（10）在进行加热及传热操作时，必须有人值守，防止温度失控引发燃烧。

### 警示案例

事故经过：2008年12月底，某大学实验室一学生计划进行聚乙二醇双氨基的反应，该学生将配制好的反应物放置磁力搅拌器中通过油浴加热（60℃），计划反应48h。待温度平稳后，该学生将通风橱玻璃拉下，然后离开实验室。夜间油浴装置突然失控，高温使防爆瓶内压力剧增，导致防爆瓶爆裂。直至次日早上，学生接到电话才知道实验出了事故。

事故原因：夜间油浴加热装置突然失控，导致反应物被不断加热升温，高温导致防爆瓶承受压力太大而爆裂。

## 三、蒸馏

蒸馏，是实验过程中常用的物料分离过程，它是采用物理的方法，利用混合液体或液-固体系中各组分沸点的不同，使低沸点组分蒸发，再冷凝以分离整个组分的操作过程。常见的蒸馏操作按压力分为减压蒸馏、常压蒸馏和加压蒸馏。

蒸馏过程的操作温度较高，大多在被蒸馏的易燃易爆液体的闪点以上，而且蒸馏装置内始终呈现气液共存状态，若易燃易爆的物料外泄或蒸馏系统吸入空气，即可形成爆炸性气体混合物，导致事故发生。

1. 常压蒸馏过程的安全操作规范

常压蒸馏是化学化工实验最基本的操作之一，可将沸点相差30℃以上的两种液体混合物分离，但不能分离二元或三元共沸的混合物。

（1）蒸馏装置必须正确安装，以热源为基准，根据自下而上，从左到右的原则安装；

蒸馏装置安装完成后，应检查装置的气密性。

（2）常压蒸馏液体的加入量应不少于蒸馏瓶体积的1/3，不多于2/3；接收瓶可用磨口锥形瓶或圆底烧瓶，不可用薄壁或有裂纹的玻璃仪器或敞口的烧杯。

（3）热源的选用。待蒸馏液体的沸点低于80℃时一般用水浴，高于80℃时用空气浴、油浴或沙浴。

（4）常压蒸馏时，易燃易爆液体的蒸馏热源不能用明火，而采用水蒸气加热较为安全；常压蒸馏加热前，应在被蒸馏液体内放入少量沸石防止暴沸。

（5）待蒸馏液体的沸点低于140℃时用直形冷凝管，在夹套内通冷却水，冷却水的方向应下进上出，上端的出水口应朝上，以保证冷凝管的夹套中充满水；高于140℃时用空气冷凝管。

（6）在常压蒸馏过程中，要防止管道、阀门被凝固点较高的物质凝结堵塞。

（7）若不稳定的副产物及杂质有浓缩的可能时，应严格控制其累积含量。

（8）蒸馏完毕，应先停止加热，待蒸馏瓶冷却后关掉冷凝水或断开热源，待蒸馏瓶冷却后关掉冷凝水，拆下仪器。拆除仪器的顺序和装配的顺序相反，先取下接收器，然后拆下接引管、冷凝管。

2. 减压蒸馏过程的安全操作规范

减压蒸馏是一种比较安全的蒸馏方法，对于沸点较高而在高温下又能引起分解、爆炸或聚合的物质，采用减压蒸馏较为合适。

（1）当选用油泵进行减压时，为了保护泵油和机件不受易挥发有机溶剂、酸性物质和水汽污染，应在馏液接收器与油泵之间依次安装冷阱和吸收瓶；当选用水泵进行减压时，安全瓶可直接连接水泵。安全瓶应保持洁净干燥，当水质混浊、起泡变质时，应及时更换。

（2）在减压蒸馏系统中切勿使用有裂缝或薄壁的玻璃仪器，尤其不能使用不耐压的平底瓶（如锥形瓶），因为减压抽真空时瓶体各部分受力不均匀易使瓶体炸裂。整个减压蒸馏仪器必须装配紧密，所有接头需润滑并密封，这是保证减压蒸馏顺利进行的先决条件。减压蒸馏按要求安装好后，先检查系统的气密性。

（3）蒸馏时若要收集不同的馏分而又不中断蒸馏，则可用两尾或多尾接收管；接收瓶可用磨口锥形瓶或圆底烧瓶，不可用薄壁或有裂纹的玻璃仪器或敞口的烧杯。

（4）待蒸液体量不少于蒸馏瓶容积的1/3，不超过蒸馏瓶容积的1/2。

（5）减压蒸馏时，在加热试剂后，关闭安全瓶上的活塞，开真空泵抽气，待真空度稳定后再加热。因为减压条件下，物质的沸点会降低，加热过程中抽真空可能会引起液体暴沸。

（6）蒸馏易燃物质时，应使装置的密闭性绝对可靠，如有漏气，则应立即停止加热，解决漏气后再重新开始。接收支管应与橡皮管相连，使余气通往水槽或室外。循环冷凝水要保持畅通，以免大量蒸气来不及冷凝而溢出，造成火灾。

（7）严禁将烧瓶内的液体蒸干，在蒸馏结束后，瓶内应留少量液体。瓶中的油渣和残渣也应经常清除。

（8）严禁明火直接加热，而应根据液体沸点的高低使用石棉网、油浴、砂浴或水浴。加热速度宜慢不宜快，避免液体局部过热，一般控制馏出速度为 1~2 滴/s。

（9）减压蒸馏完毕后，应先移去热源，再稍微抽 3~5min，使蒸馏瓶以及残液冷却，此时冷凝系统的冷却水或冷冻盐水不能中断。然后缓慢打开毛细管上的螺旋夹，并打开安全瓶上的活塞，使系统与大气相通，待内外压力平衡后，再关水泵或油泵。

（10）减压蒸馏时，在使用水泵时应注意观察真空度的变化，若真空度突然减低，有可能导致馏分倒吸。

## 四、干燥

干燥，是指除去化合物中的水分或少量的溶剂。一些化学实验需要在无水的条件下进行，所有原料和试剂都要经过无水处理。有机化合物在蒸馏前也必须进行干燥，以免加热时某些化合物会发生水解，或与水形成共沸物。

干燥过程的安全操作规范：

（1）所选用的干燥剂不能与被干燥的物质发生化学反应。

（2）酸性化合物不能使用碱性干燥剂干燥。碱性化合物也不能使用酸性干燥剂干燥。

（3）强碱性干燥剂（如氧化钙、氢氧化钙等）能使一些醛、酮发生缩合反应、氧化反应，也可以使酯、酰胺发生水解反应，所以不能将氧化钙、氢氧化钙用于醛、酮、酯、酰胺类的干燥。

（4）氢氧化钠（钾）易溶解于低级醇中，所以不能用于干燥低级醇类。

（5）干燥过程要严格控制温度，防止局部过热，以免造成物料分解爆炸。

（6）在干燥过程中散发出来的易燃易爆气体或粉尘，不能与明火或高温物质接触，防止燃爆。

（7）在进行干燥操作时，必须有人在现场，不得脱岗。

（8）在进行干燥操作时，要做好个人的安全防护，穿实验服，必要时佩戴防护眼镜、面罩和手套等。

## 五、灼烧

灼烧，是将样品放在坩埚中，用煤气灯或高温电炉实现高温灼烧过程，是用来除去固体中易挥发组分的一种纯化过程。倘若操作不当，不但会使坩埚损坏，还会带来着火、烫伤等危险。

灼烧过程的安全操作规范：

（1）对未知成分的样品，不能用坩埚加热与灼烧。

（2）铂坩埚不能用来加热或熔融硫代硫酸钠及含磷、硫的物质，不能加热或熔融碱金属的氧化物、氢氧化物、亚硝酸盐、碳酸盐、氯化物、氰化物及氧化钡，不能加热或熔融含有卤素或能分解卤素的物质。

（3）瓷坩埚是由氧化铝和二氧化硅为原料烧制的，可加热到 1200℃ 以上，其抗腐蚀性优于玻璃。但不能加热或熔融氢氟酸、碱金属碳酸盐、氢氧化钠、过氧化钠以及焦磷酸盐等。

（4）灼烧属于高温操作，操作时需要穿戴防护用品，遵守操作规程，防止高温烧伤与烫伤。

（5）铂坩埚可以被加热到1000～1200℃，但铂在受热状态下，特别是在红热状态下，易与其他金属生成合金，故在红热状态下的坩埚，不允许和其他金属接触，坩埚钳的前端应包裹有铂片。

（6）取出的高温坩埚应放在石棉板或石棉网上，不可与冷物体接触，以免炸裂，更不要放在实验台上，以免引起台面燃烧或烙坏。

## 六、蒸发

蒸发，蒸发是借助加热作用使溶液中所含溶剂不断气化，以使溶液中溶质浓度升高直至溶质析出，使挥发性溶剂与不挥发溶质分离的物理操作过程。蒸发按其操作压力不同分为常压蒸发、加压蒸发和减压蒸发。

蒸发过程的安全操作规范：

（1）蒸发器的选择应考虑蒸发溶液的性质，如溶液的黏度、发泡性、腐蚀性、热敏性，以及是否容易结垢、结晶等情况。对具有腐蚀性的溶液，要合理选择蒸发器的材质，采用特种钢材或玻璃器具。

（2）在蒸发操作过程中，如溶质在浓缩过程中有结晶、沉淀和污垢产生，尤其是易结晶和腐蚀性物料，这些都导致传热效率的降低，并产生局部过热，促使物料分解、燃烧和爆炸。

（3）保证蒸发器内液位，一旦蒸发器内溶液被蒸干，应立即停止供热，待冷却后，再加料开始操作。

（4）为防止热敏性物质的分解，可采用真空蒸发的方法，降低蒸发温度，或采用高效蒸发器，增加蒸发面积，减少停留时间。

## 七、搅拌

搅拌，可以使两种或多种互溶的液体分散；使不互溶的液体之间分散与混合；使气体与液体混合；使固体颗粒悬浮于液体之中；加速化学反应、传热、传质等过程的进行；使反应物充分接触、反应物混合均匀和被滴加原料快速均匀分散；使温度分布均匀，避免或减少因局部过浓、过热而引起副反应；可以防止在密闭容器中加热产生暴沸；加快传热，缩短反应时间，加快反应速度或蒸发速度。实验过程中常用的搅拌装置有机械搅拌装置和磁力搅拌器两种。

1. 机械搅拌装置

机械搅拌装置是由电动机带动搅拌棒转动从而达到搅拌目的的一种装置，主要由电动机、搅拌棒和搅拌密封装置三部分组成。

机械搅拌装置的安全操作规范：

（1）根据物料性质（如腐蚀性、易燃性、易爆性、力度、黏度等）正确选用机械搅拌装置。

（2）安装搅拌装置时，应将搅拌器放在水平的实验台上，垂直安装搅拌棒，与反应仪器的管壁无摩擦和碰撞，转动灵活。

（3）搅拌棒与电机轴之间可通过两节橡皮管和一段玻璃棒连接，不能将玻璃搅拌棒直接与搅拌电机相连，以免造成搅拌棒磨损或折断。安装搅拌棒时，既不能贴在瓶底，又不能离瓶底太远。

（4）对于使用桨叶进行搅拌的操作过程，其桨叶的强度是非常重要的。桨叶要符合强度要求，安装要牢固，不允许有摆动。

（5）不可随意提高搅拌器的转速，尤其是搅拌非常黏稠的物质，在这种情况下可能造成电机超负荷、搅拌断裂以及物料飞溅等。

（6）操作时，若出现搅拌棒不同心、搅拌不稳的现象，应及时关闭电源，调整相关部位。

（7）在进行搅拌操作时，要做好个人的安全防护，穿实验服，佩戴防护眼镜、面罩和手套等。

（8）如搅拌过程中物料产生热量，在安装机械搅拌的同时，还要辅以气流搅拌或增加冷却装置。对于搅拌过程中可能产生易燃、易爆或有毒物质的，应设有尾气回收净化处理设施。

（9）对于可燃粉料的混合，搅拌设备应有很好的接地以导除静电，并应在设备上安装爆破片。

（10）在使用完搅拌器后，应将搅拌杆清洗干净，并将搅拌器表面擦拭干净。

2. 磁力搅拌器

磁力搅拌器是用于液体混合的实验仪器，主要用于搅拌或同时加热搅拌低黏稠度的液体或固液混合物。其基本原理是利用磁场的同性相斥、异性相吸的原理，使用磁场推动放置在容器中带磁性的搅拌转子进行圆周运转，从而达到搅拌液体的目的。磁力搅拌比机械搅拌装置简单、易操作，且更加安全，缺点是不适用于大体积和黏稠体系。

磁力搅拌器的安全操作规范：

（1）使用之前选择大小适中的磁转子，应检查搅拌器的配置连接是否正确。

（2）调速旋钮是否归零，电源是否接通。加入试剂之前试运转，保证搅拌效果。

（3）若发现磁转子出现不转动或跳动时，检查转子与反应器的相对位置是否正确。

（4）及时收回磁转子，不要随反应废液或固体倒掉。

（5）保持适当转速，防止剧烈振动，尽量避免长时间高速运转。

（6）打开搅拌开关，由低到高逐级调节调速旋钮达到所需转速。不要直接高速启动，以免引起搅拌转子因不同步而引起跳动。

（7）磁力搅拌器要有接地线。

（8）在进行搅拌操作时，必须有人在现场，不得脱岗。

（9）在进行搅拌操作时，要做好个人的安全防护，穿实验服，必要时佩戴防护眼镜、面罩和手套等。

## 八、冷却与冷凝

冷却与冷凝，被广泛用于实验过程操作之中。二者的主要区别在于被冷却的试剂是否发生相变，操作基本是相同的。

冷凝、冷却过程的安全操作规范：

（1）根据被冷却试剂的温度、压力、理化性质以及所要求冷却的实验工艺条件，正确选用冷却设备和冷却剂。忌水物料的冷却不能采用水作冷却剂。对于腐蚀性试剂的冷却，要选用耐腐蚀材料的冷却设备。

（2）在开始冷却或冷凝前，应检查冷却设备的密闭性，严防实验物料串入冷却设备中，或冷却剂串入冷却的物料中（特别是酸性气体）。

（3）在开始冷凝或冷却前，应首先清除冷凝器中的积液，再打开冷却水，然后再通入高温物料。停止实验前，应先停物料，后停冷却系统。

（4）冷却冷凝过程中，冷却剂不能中断。如冷却剂中断，系统热不能及时导出，致使反应系统温度升高、压力升高，有可能引发火灾或爆炸。

（5）检修冷凝器、冷却器时，应彻底清洗、置换，切勿在冷凝器、冷却器带试剂的情况下进行检修。

（6）高凝固点试剂，冷却后易变得黏稠或凝固，在冷却时要注意控制温度，防止物料卡住搅拌器或堵塞实验设备及管线。

> **警示案例**
>
> 事故经过：2005 年 10 月 9 日，某大学药学院实验室发生一起爆炸事故，造成现场 1 名工人重度烧伤，部分实验设备受损，现场走廊间隔用的铝合金玻璃被整体摧毁，西边墙上及两边的进出口也被爆炸气浪冲破，柜式空调机、灯罩也被破坏。
>
> 事故原因：该工人在提取操作过程中，未能把冷凝器的冷却水及时注入冷却缸，致使冷却缸内压力过大造成冲料，缸内乙醇冲出容器引发瞬间气体爆炸事故。

## 九、冷冻

冷冻，是将物料温度降到比水或周围空气更低的操作过程。冷冻的实质是不断地由低温物体取出冷量并传给高温物质（水或空气），以使被冷冻的物料温度降低。

冷冻过程的安全操作规范：

（1）对于制冷系统的压缩机、冷凝器、蒸发器以及管路系统，应注意耐压等级和气密性，防止设备、管路产生裂纹、泄漏。此外，还应加强压力表、安全阀等的检查和维护。

（2）对于低温部分，应注意其低温材质的选择，防止低温脆裂发生。

（3）当制冷系统发生事故或紧急停车时，应注意被冷冻物料的排空处置。

（4）压缩机应选用低温下不冻结且不与制冷剂发生化学反应的润滑油，且油分离器应设于室外。

（5）注意冷载体盐水系统的防腐蚀。

## 十、筛分

筛分，是利用单层或多层均匀布孔的筛面将松散的混合物料分离成为若干个不同粒度级别产品的过程。

筛分过程的安全操作规范：

（1）筛分操作是产生大量扬尘的过程，应将其筛分设备进行密封。

（2）在筛分操作过程中，粉尘如具有可燃性，应注意避免因碰撞和静电而引起粉尘燃烧、爆炸。

（3）如粉尘具有毒性、吸水性或腐蚀性，要注意呼吸器官及皮肤的保护，以防引起中毒或皮肤伤害。

（4）要加强检查，注意筛网的磨损和筛孔堵塞、卡料，以防筛网损坏和混料。

（5）筛分设备的运转部分要加强防护罩以防绞伤肢体。

（6）振动筛会产生大量噪声，应采用隔离等消声措施。

## 十一、过滤

过滤，是将悬浮液中的液体与悬浮固体颗粒有效分离，一般是采取过滤的方法。过滤操作是悬浮液在重力、真空、加压及离心的作用下，通过多孔物料层，将固体悬浮颗粒截留进行分离的操作。

过滤过程的安全操作规范：

（1）若加压过滤时能散发易燃易爆、有毒有害气体，不能采用敞开式过滤机操作，则应采用密闭过滤机，并应用压缩空气或惰性气体保持压力。在取滤渣时，应先释放过滤机的压力，否则会发生事故。

（2）对于离心过滤机，应注意其选材和焊接质量，转鼓、外壳、盖子及底座等应用韧性金属制造，还应限制其转鼓直径与转速，以防止转鼓承受高压而引起爆炸。

（3）在有爆炸危险的实验中，严禁使用离心过滤机，而采用转鼓式、带式等真空过滤机。

（4）在启动离心机时，应首先检查离心机内、转鼓边缘有无杂物。将物料均匀分散放置，以防加料不均匀也会导致离心机剧烈振动。

（5）在开停离心机时，严禁将手伸入搅拌装置中。

（6）离心过滤机超负荷运转时间过长、转鼓磨损或腐蚀、启动速度过高均有可能导致事故的发生。转鼓高速运转时，也可能由外壳中飞出酿成重大事故。应严格控制离心过滤机运转时间和转速。

（7）当离心机无盖或防护装置不良时，工具或其他杂物有可能落入其中，并在离心机旋转时以最大速度飞出伤人。即使杂物留在转鼓边缘，也可能引起转鼓振动，造成其他危险。

（8）在不停车或未停稳时，清理器壁，铲子有可能会从手中脱飞，使人致伤。

（9）在过滤具有腐蚀性物料时，转鼓需有耐腐蚀衬里，不要使用铜质转鼓，而应采用钢质衬铅或衬硬橡胶的转鼓，并应经常检查衬里有无裂缝，以防腐蚀性物料由裂缝腐蚀转鼓。镀锌、陶瓷或铝制转鼓，只能用于速度较慢、负荷较低的情况下。

（10）离心机盖子应与离心机启动设置联锁，严禁在离心机运转过程中处理物料。

（11）离心机应有限速装置，在有爆炸危险的实验场所中，其限速装置不得因摩擦、撞击而发热或产生火花。

## 十二、回流

回流，是化学反应中最常见、最基本的操作之一，适用于需长时间加热的反应或用于处理某些特殊的试剂。通过回流的方式，可以使反应体系在液体反应物或溶剂的沸点附近（较高温度）进行，可显著地提高反应速率、缩短反应时间。回流反应装置一般由加热、反应瓶、搅拌、冷凝、干燥、吸收等几个部分组成。

回流过程安全操作规范：

（1）在安装仪器前应仔细检查玻璃仪器有无裂纹，是否漏气，以免在反应过程中出现液体泄漏或气体冲出造成事故。

（2）确定主要仪器（通常是烧瓶）的高度，按从下至上、从左到右的顺序安装。温度计水银球的位置应与支管口下端位于同一水平上。

（3）S夹应开口向上，以免由于其脱落导致烧瓶失去支撑；烧瓶夹子应套有橡皮管以免金属与玻璃直接接触；固定烧瓶夹和玻璃仪器时，用左手手指将双钳夹紧，再逐步拧紧烧瓶夹螺丝，做到不松不紧；烧瓶夹应分别夹在烧瓶的磨口部位及冷凝管的中上部位置。

（4）冷凝管的冷凝水要采取"下进水、上出水"的方式通入，即进水口在下方，出水口在上方。要充分考虑冷凝水水压的变化（如白天和晚上的区别，夏天和冬天的区别），以免由于水压太大造成进水管脱落引发漏水跑水事故。

（5）正确安装好回流装置后，应先将冷却水通入冷凝管中，然后再开始加热，并根据反应特点控制加热速度。

（6）蒸馏烧瓶中所盛放液体不能超过其容积的2/3，也不能少于1/3。在蒸馏烧瓶中放少量沸石或进行搅拌，防止液体暴沸；当烧瓶中的液体沸腾后，调整加热，控制反应速度，一般以上升的蒸气环不超过冷凝管长度的1/3为宜，温度过高，蒸气来不及被充分冷凝，不易全部回到反应瓶中；温度过低，反应体系不能达到较高的温度值，使得反应时间延长。

（7）加热温度不能超过混合物中沸点最高物质的沸点。对于低沸点、易挥发或有毒有害的气体，通常应在反应器容器上方安装冷凝管。

（8）一定要使回流体系与大气保持相通，切忌将整个装置密闭以免发生安全事故。

（9）反应完毕后，拆卸装置时应先关掉电源，停冷凝水，再拆卸仪器，拆卸的顺序与安装相反，其顺序是从右至左，先上后下。

（10）在进行回流操作时，要做好个人的安全防护，穿实验服，必要时佩戴防护眼镜、面罩和手套等。操作人员不得无故脱岗。

## 十三、萃取与洗涤

萃取与洗涤，是利用物质在不同溶剂中的溶解度不同进行分离的操作。通常使用分液漏斗进行液体的萃取与洗涤操作。分液漏斗的操作不当会带来一定的危险或导致操作失败。特别是使用低沸点易燃溶剂作为萃取剂时，操作不当，更易引发火灾。

萃取与洗涤过程的安全操作规范：

（1）在实验前，应检查分液漏斗的塞子和旋塞是否严密且旋转灵活，分液漏斗是否漏液，确认不漏后方可使用。

（2）分液漏斗中的液体不宜太多，以免摇动时影响液体接触而使萃取效果下降；萃取液液位不宜超过萃取容器的 1/2。

（3）摇动时，支管口不能对着人，也不能对着火源；而且还要不断放气，以减少分液漏斗内的气压；尤其是当使用低沸点溶剂或用酸、碱溶液洗涤产生气体时，摇动会使其内部出现很大的压力，如不及时放气，漏斗内的压力远大于大气压力时，就会顶开塞子出现喷液，从而造成伤害事故。

（4）上口塞子不能涂抹润滑脂，以免污染从上口倒出的液体。

（5）待液体分成清晰的两层后，进行分离，分离液层时，慢慢旋开下面的活塞，放出下层液体；上层液体从上口倒出，不可从下口放出以免被残留的下层液体污染。

（6）在进行萃取与洗涤操作时，必须有人在现场，不得脱岗。

（7）在进行萃取与洗涤操作时，要做好个人的安全防护，穿实验服，必要时佩戴防护眼镜、面罩和手套等。

## 十四、粉碎

在实验过程中，有时采用固体物料作实验原料或催化剂，为增大表面积，经常要进行固体粉碎或研磨操作。将大块物料变成小块物料的操作称为粉碎，将小块变成粉末的操作称为研磨。

粉碎的安全操作规范：

（1）系统密闭、通风。粉碎研磨设备必须做好密闭工作，同时操作环境要保持良好的通风。

（2）系统的惰性保护。为确保易燃易爆物质粉碎研磨过程的安全，密闭的研磨系统内应通入惰性气体进行保护。

（3）系统内摩擦。对于进行可燃易燃物质粉碎研磨的设备，应有可靠的接地和防爆装置，要保持设备良好的润滑状态，防止摩擦生热或产生静电，引起粉尘燃烧爆炸。

（4）严禁对运转中的破碎机进行检查、清理、调节和检修。

（5）为防止金属物件落入破碎装置，必须装设磁性分离器。

（6）可燃物研磨后，应先冷却，再装桶，以防发热引起燃烧。

## 十五、混合

混合，是将两种以上物料相互分散而达到温度、浓度以及组成一致的操作。混合分液态与液态物料混合、固态与液态物料混合和固态与固态物料混合，而固态物料混合分为粉末、散粒的混合。

混合的安全操作规范：

（1）根据试剂性质（如腐蚀性、易燃易爆性、粒度、黏度等）正确选用设备。

（2）桨叶强度与转速。桨叶强度要高，安装要牢固，桨叶的长度不能过长，搅拌转速不能随意提高，否则容易导致电机超负荷、桨叶折断以及物料飞溅等事故。

（3）设备密闭。对于混合能产生易燃易爆或有毒有害物质的过程，混合设备应保证很好的密闭，并充入惰性气体进行保护。

（4）防静电。对于混合易燃、可燃粉尘的设备，应有很好的接地装置，并应在设备上安装爆破片。

（5）搅拌突然停止。由于负荷过大导致电机烧坏或突然停电造成的搅拌停止，会导致物料局部过热，引发事故。

（6）混合设备不允许落入金属物件，以防止卡住叶片，烧毁电机。

（7）检修安全。机械搅拌设备检修时，应切断电源并在电闸处明示"有人工作、严禁合闸"的警示牌，以提醒其他人员不要合闸，确保检修安全；或派专人看守。

## 十六、无水无氧操作

在实验过程中经常会遇到一些对空气敏感的物质、遇水遇氧能发生剧烈反应的物质，空气中的水和氧气可能会对实验结果造成影响。为了研究这些化合物的合成、分离、纯化和分析鉴定，必须使用特殊的仪器和无水无氧操作技术。

由于无水无氧操作的主要对象是对空气敏感的物质，稍有疏忽，将导致空气中的水或氧进入实验体系中，就有可能导致实验失败，严重的还会发生人身安全事故。

无水无氧操作的安全操作规范：

（1）由于无水无氧操作比一般常规操作机动灵活性小，因此在实验前对每一步实验的具体操作、所使用的仪器设备、加料次序、后处理的方法等都必须考虑好，对实验方案必须进行全盘周密的设计，所用的仪器事先必须洗净、烘干。

（2）由于许多反应的中间体不稳定，还有很多化合物在溶液中比其固态时还不稳定，因此在进行无氧操作时，需要连续进行，直到拿到较稳定的产物或把不稳定的产物储存好为止。

（3）在进行无水无氧操作时，玻璃仪器的洗涤和干燥都是十分重要的，大多数空气敏感化合物遇水和氧都会发生剧烈反应，甚至酿成爆炸、着火事故。器壁上吸附的微量氧、水都可能导致实验失败。

（4）在处理空气敏感化合物的操作时，通常用橡皮管作为连接物，用橡皮塞、橡皮隔膜作为密封物。但此类物质的表面很粗糙，吸附着大量氧和水等杂质，也容易粘上油污，使用前又不能用加热抽空等方法除去这些杂质。因此它们的洗涤、干燥和保存显得更为重要。

（5）惰性气体的净化。实验中常用的惰性气体是氮气、氩气和氦气。其中氮气最易得到，而且价格便宜，因而使用最为普遍。以氮气为保护气体的另一个优点是它的相对密度与空气很接近，在氮气保护下称量物质的质量不需要加以校正。在使用氮气、氩气、氦气时，应先对其净化，将其中所含的氧和水的量降到要求值以下，方可使用。

（6）在进行无水无氧操作时，必须有人在现场，不得脱岗。

（7）在进行无水无氧操作时，要做好个人的安全防护，穿实验服，必要时佩戴防护眼镜、面罩和手套等。

---

**警示案例**

事故经过：2008 年 12 月 29 日，美国加利福尼亚大学洛杉矶分校（UCLA）化学实验室一位 23 岁的女研究助理 Sangji 在进行无氧实验，将一个瓶子里的叔丁基锂抽入注射器时，因注射器活塞滑出，导致溶液喷溅到该助理的手和身上，引燃其穿戴的化纤类针织套衫和橡皮手套，并且未能在第一时间使用应急喷淋设施灭火。最后造成该助理全身 43% 的体表面积 II～III 度灼伤，在医院经过 18 天抢救后，于 2009 年 1 月 16 日不幸身亡。当地判决 Sangji 的导师 Patrick Harran 和加州大学洛杉矶分校（UCLA）犯有故意违反健康与实验室安全标准造成雇员死亡之罪。

事故原因：该助理误操作导致装有叔丁基锂的注射器的活塞滑出，叔丁基锂喷溅至其手和身上；助理未穿棉质实验服，燃烧的叔丁基锂接触化纤类针织套衫，导致全身大面积烧伤；未正确使用应急喷淋设施。

---

# 第四节　典型实验反应过程的安全控制措施

典型实验反应，是指列入《首批重点监管的危险化工工艺目录》和《第二批重点监管危险化工工艺目录》中的 18 类实验反应。

实验人员在进行这些实验反应时，随着时间和空间的变化，导致压力、温度变化的参数和因素增多，尤其对于一些放热反应，反应参数的变化可能导致温度上升、压力升高或反应失控，使得反应设备设施因为超出其安全负荷而发生破裂、火灾、爆炸等事故。

《特种作业人员安全技术培训考核管理规定》所称的特种作业，是指容易发生事故，对操作者本人、他人的安全健康及设备、设施的安全可能造成重大危害的作业；直接从事特种作业的从业人员是特种作业人员。根据其所列特种作业目录，从事光气及光气工艺作业、氯碱电解工艺作业、氯化工艺作业、硝化工艺作业、合成氨工艺作业、裂解（裂化）工艺作业、氟化工艺作业、加氢工艺作业、重氮化工艺作业、氧化工艺作业、过氧化工艺作业、胺基化工艺作业、磺化工艺作业、聚合工艺作业、烷基化工艺作业等15类作业的人员必须经专门的安全技术培训并考核合格，取得《中华人民共和国特种作业操作证》后，方可上岗作业。目前国家相关部门对从事15类实验的操作人员是否需要取得特种作业操作证，尚无明确规定。但实验操作人员在进行这些实验反应时，必须参照《首批重点监管的危险化工工艺目录》《首批重点监管的危险化工工艺安全控制要求、重点监控参数及推荐的控制方案》和《第二批重点监管危险化工工艺目录》《第二批重点监管危险化工工艺重点监控参数、安全控制基本要求及推荐的控制方案》的相关要求，精心设计实验方案，明确重点需监控的反应参数，制定相应的安全控制措施，做到实验过程的本质安全。

## 一、光气化反应

光气化反应，是指以光气为原料制备光气化产品的反应，包括光气的制备反应。常见的光气化反应有：光气合成双光反应、光气合成三光气反应、光气合成异氰酸酯反应、光气合成聚碳酸酯反应、酰氯化反应等。该反应是放热反应。

1. 反应危险性

（1）光气为剧毒气体，在储运、使用过程中如发生泄漏，易造成大面积污染、中毒事故。

（2）反应介质具有燃爆危险性。

（3）副产物氯化氢具有腐蚀性，易造成设备和管线泄漏，使人员发生中毒事故。

2. 重点监控部位

光气化反应釜、光气储存罐。

3. 重点监控实验参数

（1）一氧化碳、氯气含水量。

（2）反应釜温度、压力。

（3）反应物质的配料比。

（4）光气进料速度。

（5）冷却系统中冷却介质的温度、压力、流量等。

4. 安全控制措施

（1）光气合成和光气化反应所排出的尾气，必须经过回收和破坏处理，达到排放要求后，方可排放。

（2）设置光气、氯气、一氧化碳监测及超限报警仪器。

（3）应配备有氧气呼吸器和能过滤光气的过滤式防毒面具。

（4）光气应保存在干燥、阴凉、通风处。

（5）设置紧急冷却系统。

（6）设置有毒气体回收及处理系统。

（7）设置自动氨或碱液喷淋装置。

（8）在发生火灾时，禁止使用四氯化碳灭火，以免产生光气。

**警示案例**

事故经过：2004 年 6 月 15 日，福建省某科学院的物理楼发生光气泄漏，导致 1 人死亡，40 多人出现肺部损害。

事故原因：实验人员因操作不当，导致光气泄漏；违规将光气储存在人员密集场所。

## 二、电解（氯碱）反应

电解反应，是电流通过电解质溶液或熔融电解质时，在两个电极上所引起的化学变化。电解反应在实验过程中有着广泛的应用，许多基本化学工业产品（氢、氧、氯、烧碱、过氧化氢等）的制备、合成，以及电镀、电抛光、阳极氧化等都是通过电解来实现的。该反应是吸热反应。

1. 反应危险性

（1）食盐水电解过程中产生的氢气是极易燃烧的气体，氯气是氧化性很强的剧毒气体，两种气体混合极易发生爆炸。当氯气中含氢量达到 5% 以上，在光照或受热情况下则随时可能发生爆炸。

（2）如果盐水中存在的铵盐超标，在适宜的条件（pH<4.5）下，铵盐和氯作用可生成氯化铵，浓氯化铵溶液进一步与氯反应，可生成黄色油状的三氯化氮。三氯化氮是一种爆炸性物质，与许多有机物接触或加热至 90℃ 以上，以及被撞击、摩擦时，即发生剧烈的分解而爆炸。

（3）电解溶液腐蚀性强。

（4）液氯的生产、储存、包装、输送、运输可能发生液氯的泄漏。

2. 重点监控部位

电解槽、氯气储存单元。

3. 重点监控实验参数

（1）电解槽内盐水液位。

（2）电解槽内电流和电压。

（3）电解槽内盐水中的铁含量。

（4）电解槽进出物料流量。

（5）可燃和有毒气体浓度。

（6）电解槽的温度和压力。

（7）原料中铵含量。

（8）氯气杂质含量（水、氢气、氧气、三氯化氮等）等。

4. 安全控制措施

（1）因在电解过程中存在氢气，有着火爆炸的危险，所以电解槽应安装在自然通风良好的单层建筑物内，或在通风橱内进行。

（2）电解槽温度、压力、液位、流量报警和联锁。

（3）严格控制盐水中的铁杂质、铵盐含量。

（4）防止氢气与氯气混合。

（5）电解供电整流装置与电解槽供电的报警和联锁。

（6）设置可燃和有毒气体检测报警装置。

（7）设置在事故状态下的氯气吸收中和系统。

## 三、氯化反应

氯化反应，是以氯原子取代有机化合物中氢原子的反应过程。主要包括取代氯化、加成氯化、氧氯化等。实验中的此种取代过程是直接用氯化剂处理被氯化的试剂。被氯化的物质，比较常见的有甲烷、乙烷、乙烯、丙烯、苯、甲苯等，被广泛应用的氯化剂有液态或气态氯、气态氯化氢、不同浓度的盐酸、三氯氧磷、三氯化磷、五氯化磷。该反应是放热反应。

1. 反应危险性

（1）氯化反应的危险性主要取决于被氯化物质的性质及反应过程的控制条件。氯化反应所用的原料大多具有燃爆危险性，而且氯化反应是一个放热过程，尤其是在较高温度下进行氯化，反应更为剧烈，速度快，放热量较大。在高温下，如果发生物料泄漏，就会引起着火或爆炸。

（2）在氯化过程中，不仅原料与氯化剂发生作用，而且所生成的氯化衍生物也与氯化剂发生反应，因此在反应物中除氯化物之外，总是含有二氯及三氯取代物。所以氯化的反应物是各种不同浓度的氯化产物的混合物。

（3）氯化反应中最常用的氯化剂是液态或气态的氯，属于剧毒化学品，其氧化性强，储存压力较高，多数氯化工艺采用液氯生产是先汽化再氯化，一旦泄漏将造成极大的危害。

（4）氯气中的杂质，如水、氢气、氧气、三氯化氮等，在使用中易发生危险，特别是三氯化氮积累后，容易引发爆炸危险。

（5）生成的氯化氢气体遇水后腐蚀性强。

（6）氯化反应尾气可能形成爆炸性混合物。

2. 重点监控部位

氯化反应釜、氯气气瓶。

3. 重点监控实验参数

（1）氯化反应釜温度和压力。

（2）氯化反应釜搅拌速率。

（3）反应物料的配比。

（4）氯化剂进料流量。

（5）冷却系统中冷却介质的温度、压力、流量等。

（6）氯气杂质含量（水、氢气、氧气、三氯化氮等）。

（7）氯化反应尾气组成等。

4. 安全控制措施

（1）氯化反应过程所用的原料大多数为有机易燃物或强氧化剂，实验过程中要严格控制各种点火源的安全距离，电气设备以及实验场所应符合防火防爆要求。

（2）由于氯化反应是放热反应（有些是强放热过程，如甲烷氯化，每取代一原子氢，放出热量 100kJ 以上），尤其是在较高温度下进行氯化，反应更为剧烈。氯化反应装置必须有良好的冷却系统，并可以控制氯气的流量，以免反应剧烈，温度骤升而引起事故。

（3）氯化反应中最常用的氯化剂是液态或气态的氯，毒性较大。氯气的氧化性极强，储存压力较高，一旦发生泄漏，危险性极大。用气瓶或储罐灌装时要密切注意外界温度和压力的影响。气瓶或储罐的液氯在进入氯化器之前必须进入蒸发器使其气化，严禁将气瓶或储罐的氯直接通入氯化器，因为这样有可能使被氯化的有机物质倒流进入气瓶或储罐，引起爆炸。

（4）由于氯化反应几乎都有氯化氢气体，因此必须采用耐腐蚀的设备、管线，以防氯化氢泄漏导致危险发生。

（5）使用氯气时一定要将其浓度控制在最高允许浓度之下。设置事故状态下氯气吸收中和系统，安装可燃和有毒气体检测报警装置。

（6）应严格控制各种着火源，电气设备应符合防火防爆要求。

## 四、硝化反应

硝化反应，是指在有机化合物分子中引入硝基取代氢原子而生成硝基化合物或用硝酸根取代羟基生成硝酸酯的化学反应。常见的硝化剂是浓硝酸或混合酸（浓硝酸和浓硫酸的混合物）。该反应是放热反应。

1. 反应危险性

（1）硝化反应是放热反应，硝基化合物一般都具有爆炸危险性，特别是多硝基化合物和硝酸酯，受热、摩擦、撞击或接触着火源，都极易发生着火或爆炸。

（2）常用的硝化剂，如浓硝酸、发烟硫酸、混酸具有强烈的氧化性和腐蚀性，它们与油脂、有机化合物，尤其是不饱和的有机化合物接触，即能引起燃烧或爆炸。

（3）混酸配制涉及的物料是硫酸、硝酸、浓缩废酸等，操作不慎或防护不当，容易造成化学灼伤、设备腐蚀等事故。混酸、硫酸、硝酸等还具有强氧化性，与有机物等接触易发生氧化反应，释放大量反应热，导致硝化物料喷出，酿成火灾爆炸事故。

（4）硝化反应速度快，放热量大，需要在低温条件下进行。大多数硝化反应是在非均相中进行的，反应组分的不均匀分布容易引起局部过热导致危险。

（5）硝酸蒸气对呼吸道有强烈的刺激作用，硝酸分解出的二氧化氮除对呼吸道有刺激作用外，还能使人血压下降、血管扩张；硝基化合物的蒸气和粉尘毒性都很大，不仅在吸入时渗入人的机体，而且还能通过皮肤进入人体。硝基化合物严重中毒时，会使人失去知觉。

（6）在硝化反应中，如果中途出现搅拌中断、冷却水冷却效果不佳、加料速度过快等现象，都会使温度剧增，并有多硝基物生成，造成体系温度急剧升高，易引起着火和爆炸的危险。尤其在间歇硝化的反应开始阶段，停止搅拌或由于搅拌叶片脱落等造成搅拌失效是非常危险的。因为这时两相很快分层，大量活泼的硝化剂在酸相中积累，引起局部过热；一旦搅拌再次开动，就会突然引发局部剧烈反应，瞬间释放大量的热量，引起爆炸事故。

（7）硝化易产生副反应和过反应，许多硝化反应具有深度氧化占优势的链反应和平行反应的特点，同时还伴有磺化、水解等副反应，直接影响到实验的安全；芳香族的硝化反应常发生生成硝基酚的氧化副反应，硝基酚及其盐类性质不稳定，极易燃烧、爆炸。在蒸馏硝基化合物（硝基甲苯）时，所得到的热残渣能发生爆炸，这是热残渣与空气中氧相互作用的结果。

（8）硝化反应物料具有燃爆危险性，有的还有毒性，如使用和储存管理不当，很容易造成火灾。

（9）硝化过程中最危险的是反应体系中有机物质的氧化，其特点是放出大量氧化氮气体以及使混合物的温度迅速升高引起超温，导致硝化混合物从设备中喷出而引起爆炸。

（10）在制备硝化剂时，若温度过高或混入少量水，就会使硝酸大量分解和蒸发，不仅会导致设备受到强烈腐蚀，还可能引起爆炸事故。

2. 重点监控部位

硝化反应釜、分离系统。

3. 重点监控实验参数

（1）硝化反应釜内温度、搅拌速率。

（2）硝化剂流量、冷却水流量。

（3）pH 值。

（4）硝化产物中杂质含量。

（5）精馏分离系统温度。

（6）塔釜杂质含量等。

4. 安全控制措施

（1）硝化反应中常用的硝化剂是浓硝酸或混酸（浓硝酸和浓硫酸的混合物）。混酸中硫酸量与水量的比例应当计算，混酸中硝酸量不应少于理论需要量。在不断搅拌和冷却条件下加浓硝酸，严格控制温度在 30~50℃，严格控制加料次序和酸的配比，一般先将硫酸加至水中稀释，然后加入浓硝酸，否则，容易发生冲料。配制成的混酸具有强烈的氧化性和腐蚀性，必须防止触及人体和衣物，防止和其他易燃物接触，避免因强烈氧化而引起自燃。

（2）保证原料纯度。严格控制原料中有机杂质的含量，因为这些杂质遇硝酸可能会生成爆炸性产物；严格控制原料的含水量，避免水与混酸作用，放出大量的热，导致温度失控。

（3）硝化反应所用的原料甲苯、苯酚等都是易燃易爆物质。因此，必须谨慎处理和使用硝化剂、硝化产物，避免因摩擦、撞击、高温、光照或接触氧化剂、明火等引起火灾爆炸事故。

（4）硝化反应是强烈放热的反应，温度控制是硝化反应安全的基础，应当安装温度自动调节器，防止超温发生爆炸；采取有效的冷却措施，及时移除反应放出的大量热，保证硝化反应在适当的温度下进行，防止温度失控。

（5）在试验开始前，要仔细地配制反应混合物并除去其中易氧化的组分、调节温度及连续混合，防止硝化过程发生氧化反应。

（6）在进行硝化反应时，不需要压力，但在卸出物料时，须采用一定的压力。因此，硝化器应符合压力容器的要求。硝化反应的腐蚀性很强，要注意硝化实验设备、管线的防腐性能；硝化设备应确保严密不漏，防止硝化物料溅到高温物体中而引起的爆炸或燃烧、溅到操作人员身上引发人身伤害事故。

（7）为避免反应失常或产生爆炸，硝化过程应严格控制加料速度，控制硝化反应温度，避免一切摩擦、撞击、高温因素，不得接触明火和酸、碱物质等。

（8）在处理特别危险的硝化物（如硝化甘油）时，需将其放入有大量水的事故处理槽中进行反应。

（9）放料阀可采用自动控制的气动阀和手动阀并用的方式。往硝化器中加入固体物质，必须采用漏斗将物料沿专用的管子加入硝化器。

（10）由于硝化反应过程的危险性，为防止爆炸事故发生，反应体系最好设置安全防爆装置和相当容积的紧急放料装置。一旦温度失控，应立即紧急放料，并迅速进行冷却处理。

## 五、合成氨反应

合成氨反应，是将氮和氢两种组分按一定比例（1：3）组成的气体（合成气），在高温、高压下（一般为 $400\sim450℃$，$15\sim30MPa$）经催化反应生成氨的工艺过程。该反应是吸热反应。

1. 反应危险性

（1）高温、高压使可燃气体爆炸极限扩宽，气体物料一旦过氧（亦称透氧），极易在设备和管道内发生爆炸。

（2）高温、高压气体物料从设备管线泄漏时会迅速膨胀与空气混合形成爆炸性混合物，遇到明火或因高流速物料与裂（喷）口处摩擦产生静电火花会引起着火和空间爆炸。

（3）气体压缩机等转动设备在高温下运行会使润滑油挥发裂解，在附近管道内造成积炭，可导致积炭燃烧或爆炸。

（4）高温、高压可加速设备金属材料发生蠕变、改变金相组织，还会加剧氢气、氮气对钢材的氢蚀及渗氮，加剧设备的疲劳腐蚀，使其机械强度减弱，引发物理爆炸。

（5）液氨大规模事故性泄漏会形成低温云团引起大范围人群中毒，如遇明火还会发生空间爆炸。

2. 重点监控实验参数

合成塔、压缩机、氨储存系统的运行基本控制参数，包括温度、压力、液位、物料流量及比例等。

3. 重点监控部位

合成塔、压缩机、氨储存系统。

4. 安全控制措施

（1）将合成氨装置内温度、压力与物料流量、冷却系统形成联锁关系。

（2）将压缩机温度、压力、入口分离器液位与供电系统形成联锁关系。

（3）设置紧急停车系统。

# 六、裂解（裂化）反应

裂解（裂化）反应，是有机化合物在高温下分子发生分解的反应过程。裂解是统称，不同的情况下可以有不同的名称：如单纯加热不使用催化剂的裂解称为热裂解；使用催化剂的裂解称为催化裂解；使用添加剂的裂解，根据添加剂的不同，有水蒸气裂解、加氢裂解。石油化工中的裂解是指石油系的烃类原料在隔绝空气和高温条件下，发生碳链断裂或脱氢反应，生成小分子烃类及其他产物的过程。该反应是高温吸热反应。

1. 反应危险性

（1）裂解（裂化）反应一般在高温（高压）下进行反应，反应过程中会产生大量的裂化气。装置内的物料温度一般超过其自燃点，若出现气体泄漏，会立即引起火灾，如遇明火有发生爆炸的危险。

（2）炉管内壁结焦会使流体阻力增加，影响传热，当焦层达到一定厚度时，因炉管壁温度过高，而不能继续运行下去，必须进行清焦，否则会烧穿炉管，裂解气外泄，引起裂解炉着火或爆炸。

（3）如果由于断电或引风机机械故障而使引风机突然停转，则炉膛内很快变成正压，会从窥视孔或烧嘴等处向外喷火，严重时会引起炉膛爆炸。

（4）如果燃料系统大幅度波动，燃料气压力过低，则可能造成裂解炉烧嘴回火，使烧嘴烧坏，甚至会引起爆炸。

（5）有些裂解工艺产生的单体会自聚或爆炸，需要向生产的单体中加阻聚剂或稀释剂等。

（6）加氢裂化要使用大量氢气，而且反应温度和压力都较高，在高压下钢与氢气接触，钢材内的碳易被氢所夺取，使碳钢硬度增大而降低强度，产生氢脆。如设备或管道检查或更换不及时，设备就会在高压（10~15MPa）下发生爆炸。

2. 重点监控实验参数

（1）裂解炉进料流量。

（2）裂解炉温度。

（3）引风机电流。

（4）燃料油进料流量。

（5）稀释蒸汽比及压力。

（6）燃料油压力。

（7）滑阀差压超驰控制、主风流量控制、外取热器控制、机组控制、锅炉控制等。

3. 重点监控部位

（1）裂解炉。

（2）制冷系统。

（3）压缩机。

（4）引风机。

（5）分离单元。

4. 安全控制措施

（1）裂化反应一般在高温设备中进行。高压设备应由强度大、耐高温、耐腐蚀的材料制成，使用前应检查是否漏气，操作时应严格控制反应温度、压力参数。反应器耐压强度应为工作压力的 $2\sim3$ 倍，压力表的指示范围至少应超过工作压力的 $1/3$。

（2）热裂解反应要设置紧急放空口，以防止因阀门不严或设备泄漏造成事故。

（3）保持反应器和再生器压差的稳定，是催化裂化反应最重要的安全措施。

（4）催化裂化应备有单独的供水系统，降温循环水的量要充足。

（5）加氢裂化是强烈的放热反应，反应器必须通冷氢气以控制反应温度。要加强对设备的检查，定期更换管道及设备，防止气体泄漏、氢脆等事故的发生。加热操作要平稳，避免局部过热，导致高温管线、反应器等漏气而引起着火。

（6）反应结束后应使反应釜自行冷却，不能用水冷却；打开阀门，待余气排尽后，再打开釜体。

## 七、氟化反应

氟化反应，是化合物的分子中引入氟原子的反应。氟与有机化合物作用是强放热反应，放出大量的热可使反应物分子结构遭到破坏，甚至着火爆炸。氟化剂通常为氟气、卤族氟化物、惰性元素氟化物、高价金属氟化物、氟化氢、氟化钾等。该反应是放热反应。

1. 反应危险性

（1）反应物料具有燃爆危险性。

（2）氟化反应为强放热反应，不及时排除反应热量，易导致超温超压，引发设备爆炸事故。

（3）多数氟化剂具有强腐蚀性、剧毒，在生产、储存、运输、使用等过程中，容易因泄漏、操作不当、误接触以及其他意外而造成危险。

2. 重点监控实验参数

（1）氟化反应釜内温度、压力、搅拌速率。

（2）氟化物流量。

（3）助剂流量。

（4）反应物的配料比。

（5）氟化物浓度。

（6）自动比例调节装置和自动联锁控制装置。

3. 重点监控部位

氟化剂储存设施。

4. 安全控制措施

（1）氟化反应操作中，要严格控制氟化物浓度、投料配比、进料速度和反应温度等。必要时应设置自动比例调节装置和自动联锁控制装置。

（2）将氟化反应釜内温度、压力与釜内搅拌、氟化物流量、氟化反应釜夹套冷却水进水阀形成联锁控制，在氟化反应釜处设立紧急停车系统，当氟化反应釜内温度或压力超标及搅拌系统发生故障时自动停止加料并紧急停车。

（3）氟化反应实验设置安全泄放系统。

# 八、加氢反应

加氢反应，是在有机化合物分子中加入氢原子的反应。主要包括不饱和键加氢、芳环化合物加氢、含氮化合物加氢、含氧化合物加氢、氢解等。涉及加氢反应的工艺为加氢工艺。该反应是放热反应。

1. 反应危险性

（1）一般情况下，加氢反应的原料和产品都属于危险化学品，具有燃爆危险性。无论是利用初生态氢还原，还是用催化加氢，都是在氢气存在，并在加热、加压条件下进行的，氢气的爆炸极限为 4.1%~74.2%，如果操作失误或设备泄漏，都极易引起爆炸。

（2）高压条件下，氢气的自燃点降低，爆炸极限浓度范围更宽，因此高压加氢过程的危险性更大，高压氢一旦泄漏，就会立刻充满压缩机房，加之泄漏摩擦而产生的静电火花，就可能引起爆炸。

（3）加氢反应常用的催化剂为雷尼镍和钯碳，在空气中吸潮有自燃的危险。钯碳催化剂更易自燃，平时不能暴露在空气中，而要浸入酒精中。

（4）加氢反应为强烈的放热反应。氢气在高温高压下与钢材接触，钢材内的碳分子易与氢气发生反应生成碳氢化合物，使钢制设备强度降低，发生氢脆。

（5）催化剂再生和活化过程中易引发爆炸。

（6）加氢反应尾气中有未完全反应的氢气和其他杂质在排放时易引发着火或爆炸。

2. 重点监控实验参数

（1）加氢反应釜或催化剂床层温度、压力。

（2）加氢反应釜内搅拌速率。

（3）氢气流量。

（4）反应物质的配料比。

（5）系统氧含量。

（6）冷却水流量。

（7）氢气压缩机运行参数、加氢反应尾气组成等。

3. 重点监控部位

加氢反应釜、氢气压缩机。

4. 安全控制措施

（1）催化加氢是多相反应，一般（如氨、甲醇及液体燃料的合成）是在高压下进行的，这类过程的主要危险性，是由于原料及成品（氢、氨、一氧化碳等）都具有毒性、易燃易爆等。高压反应设备及管道应采用耐腐蚀的材料。

（2）放置加氢反应的实验场所应采用轻质屋顶，设天窗或风帽，利于氢气的逸散，氢气尾气排放管要高出房顶并设阻火器。加氢反应实验场所内应安装氢气自动检测报警装置等。

（3）采用还原性强而危险性小的新型还原剂可有效降低事故的发生率。例如：用硫化钠代替铁粉还原，可以避免氢气产生，同时也消除了铁泥堆积的问题。

（4）在催化剂加氢过程中为了迅速消除可能发生的火灾事故，应备有二氧化碳灭火设备。

（5）在催化加氢过程中，压缩环节极为重要。氢气在高压情况下，爆炸范围加宽，自燃点降低，从而增加了危险性。高压氢气一旦泄漏，将会很快充满实验场所，因静电火花引起爆炸。氢气压缩机的各段，都应装有压力计和安全阀。

（6）高压设备和管线的选材要考虑能够防止高温高压氢的腐蚀问题。高压设备及管线应按照有关规定进行检验。高压反应的设备和管路受到腐蚀，维修不及时或操作不当，均会发生火灾、爆炸和中毒等事故。因此，加氢高压设备、管线应采用质量优良的材料制成的无缝钢管，还要考虑到高温高压下的氢气对金属有渗碳作用，易造成氢腐蚀，要对加氢设备管线定期检测。

（7）为了避免吸入空气形成爆炸性混合物，应使供气管线保持压力稳定，同时也要防止突然超压，以免造成爆炸事故。

（8）冷却机器和设备的水不得含有腐蚀性物质，在开始实验或检修设备管线之前，应用氮气吹扫设备和管线。设备及管线中允许残留的氧气含量不得超过 0.5%。为了防止中毒，应将吹扫气体排到室外。

# 九、重氮化反应

重氮化反应，是使芳伯胺变为重氮盐的反应。通常是所含芳胺的有机化合物在酸性介质中与亚硝酸钠作用，使其中的氨基（—$NH_2$）转变为重氮基（—N＝N—）的化学反应。通常重氮化试剂是由亚硝酸钠和盐酸作用临时制备的。除盐酸外，也可以使用硫酸、高氯酸和氟硼酸等无机酸。脂肪族重氮盐很不稳定，即使在低温下也能迅速自发分解，芳香族重氮盐较为稳定。绝大多数的重氮化反应是放热反应。

1. 反应危险性

（1）重氮化反应的火灾危险性主要在于所产生的重氮盐，特别是含有硝基的重氮盐极易分解，在温度稍高（有的甚至在室温时）或光照的作用下即分解。如重氮盐酸盐、重氮硫酸盐，特别是含有硝基的重氮盐，如重氮二硝基苯酚等，它们在温度稍高或光的作用下，极易分解，一般每升高 10℃，分解速度加快 2 倍。

（2）重氮化实验过程所使用的亚硝酸钠是无机氧化剂，在 175℃时能发生分解，与有机物反应发生着火或爆炸。亚硝酸钠并不只是氧化剂，还可作为还原剂，所以当遇到比其氧化性强的氧化剂时，又表现为还原性，故遇到氯酸钾、高锰酸钾、硝酸铵等强氧化剂时，有发生着火或爆炸的可能。

（3）在干燥状态下，有些重氮盐不稳定，活性大，受热或摩擦、撞击就能分解爆炸。含重氮盐的溶液若洒落在地上、蒸汽管道上，干燥后亦能引起着火或爆炸。在酸性介质中，有些金属如铁、铜、锌等能促使重氮化合物激烈地分解，甚至引起爆炸。

（4）作为重氮剂的芳胺化合物具有燃爆危险性，在一定条件下，操作不慎也有着火和爆炸的危险。

（5）在重氮化反应过程中，若反应温度过高、亚硝酸钠的投料过快或过量，均会增加亚硝酸的浓度，加速物料的分解，产生大量氧化氮气体，有引起着火和爆炸的危险。

（6）亚硝酸钠并非氧化剂，但当遇到氯酸钾、高锰酸钾、硝酸铵等强氧化剂时，又具有还原性，发生剧烈反应，有发生着火或爆炸的危险。

2. 重点监控部位

重氮化反应釜、后处理系统。

3. 重点监控实验参数

（1）重氮化反应釜内温度、压力、液位、pH 值。

（2）重氮化反应釜内搅拌速率。

（3）亚硝酸钠流量。

（4）反应物质的配料比。

（5）后处理单元温度等。

4. 安全控制措施

（1）按要求严格控制物料配比和加料速度。一般将芳香族伯胺溶解在酸溶液中，待冷却后，慢慢加入亚硝酸铵溶液(若加快易造成局部浓度过大，反应速度过快、放热量大而引起着火或爆炸)，保证良好的搅拌和低温状态。

（2）重氮化反应一般在低温条件下进行，温度过高会导致重氮盐和硝酸的分解并放出大量热量，引起着火或爆炸。

（3）芳香族胺大都属于可燃有机物且毒性较大，亚硝酸是强致癌物，使用时应采取必要的防护措施。

（4）重氮盐不稳定，接触空气或高温条件下易放热着火。有些重氮盐在干燥状态下不稳定，受热或摩擦、撞击时易分解爆炸，操作时应避免含重氮盐的溶液洒落到外面。没有特殊情况，合成的重氮盐直接进行下一步反应，以免长期放置。

# 十、氧化反应

氧化反应，氧化为有电子转移的化学反应中失电子的过程，即氧化数升高的过程。多数有机化合物的氧化反应表现为原料得到电子或失去电子。常用的氧化剂有：空气、氧气、双氧水、氯酸钾、高锰酸钾、硝酸盐等。该反应是放热反应。

1. 反应危险性

（1）氧化反应初始反应时需要加热，而反应过程中又会放热，特别是催化气相氧化反应一般都是在 250～600℃ 的高温下进行。这些反应热如不及时移去，会使温度迅速升高，当温度达到物料的自燃点就可能发生燃烧。有的物质的氧化（如氨、乙烯和甲醇蒸气在空气中的氧化），其物料配比接近于爆炸下限（上限），倘若配比失调，温度控制不当，极易爆炸起火。

（2）作为氧源的部分氧化剂具有助燃、燃爆作用，如氯酸钾、高锰酸钾、铬酸酐等都属于氧化剂，如遇高温或受撞击、摩擦以及与有机物、酸类接触，皆能引起火灾爆炸。而有机过氧化物不仅具有很强的氧化性，而且大部分自身就是易燃物质，有的则对温度特别敏感，遇高温则容易发生爆炸。

（3）某些氧化反应的中间体很不稳定，也有发生火灾和爆炸的危险。如乙醛氧化生产醋酸的过程中有过醋酸生成，过醋酸是有机过氧化物，当其浓度积累到一定程度后就会发生分解导致爆炸。

（4）在采用催化氧化过程中，无论是均相或是非均相的，都是以空气或纯氧气为氧化剂，可燃的烃或其他有机物与空气或氧的气态混合物在一定浓度范围内，如引燃就会发生连锁反应，火焰迅速扩散。在很短的时间内，温度急剧增高，压力也会剧增，从而引起爆炸。

2. 重点监控部位

氧化反应釜。

3. 重点监控实验参数

（1）氧化反应设备内温度和压力。

（2）氧化反应设备内搅拌速率。

（3）氧化剂流量。

（4）反应物料的配比。

（5）气相氧含量。

（6）过氧化物含量等。

4. 安全控制措施

（1）对氧化反应一定要严格控制气化剂的配料比，投料速度也不宜过快，并要有良好的搅拌和冷却装置，以防升温过快、过高。尤其是沸点较低（挥发度则较大）的有机物，存在高风险。如乙醚、乙醛、乙酸甲酯等具有极度易燃性。

（2）氧化过程中如以空气或氧气作氧化剂时，反应物料的配比（可燃气体和空气的混合比例）应严格控制在爆炸极限范围之外。空气进入反应器之前，应经过气体净化装置，消除空气中的灰尘、水蒸气、油污以及可使催化剂活性降低或中毒的杂质，以保证催化剂的活性，减少着火和爆炸的风险。

（3）在催化氧化过程中，对放热反应，要控制适宜的温度、流量，防止超温、超压，使混合气体始终处于爆炸范围之外。

（4）为防止接触器发生爆炸或火灾时危及人身和设备安全，应在反应器和管道上安装阻火器，阻止火焰蔓延，防止回火。为了防止反应器发生爆炸，反应器应有泄压装置，并尽可能采用自动控制或自动调节以及警报联锁装置。

（5）使用硝酸、高锰酸钾等氧化剂时，要严格控制加料速度，防止多加、错加；固体氧化剂应粉碎后再使用，最好呈溶液状态使用，反应过程中要不间断地搅拌；严格控制反应温度，决不允许超过被氧化物质的自燃点。

（6）使用氧化剂氧化无机物时，如使用氯酸钾氧化生成铁蓝颜料时，应控制产品烘干温度不超过其着火点，在烘干之前用清水洗涤产品，将氧化剂彻底除净，以防止未完全反应的氯酸钾在烘干时易起火。有些有机化合物的氧化，特别在高温下的氧化，在设备及管道内可能产生焦状物，应及时清除，以防自燃。

（7）在采用催化氧化过程时，无论是均相或是非均相的，都是以空气或纯氧为氧化剂，可燃的烃或其他有机物与空气或氧的气态混合物在一定的浓度范围内，如引燃就会发生分支连锁反应，火焰迅速传播，在很短时间内，温度急速增高，压力也会剧增，从而引起爆炸。

（8）氧化反应使用的原料及产品，应按有关危险化学品的管理规定，采取相应的防火措施，如隔离存放、远离火源、避免高温和日晒、防止摩擦和撞击等。

**警示案例**

事故经过：2016年9月21日上午10点30分左右，某大学化学化工与生物工程学院3名研究生在实验室进行化学实验时发生爆炸。

事故原因：2020年12月18日，上海市长宁区法院作出一审判决，对于实验室爆炸事故的原因及责任认定如下：氧化石墨烯制备实验中所使用的浓硫酸及高锰酸钾均属于危险化学品，该实验是高度危险的实验，导师明知实验有危险仍未告知实验的危险性，未采取有效安全防护措施，未进行提醒和提示，而是默许并放任危险的存在。其次，该大学违反了国家及其自身对实验室以及危险化学品的管理规定，未采取有效安全防护措施，未告知实验的危险性，采取"让高年级学生带低年级学生"的方式进行高度危险实验，事发时实验室管理人员未落实其校内实验室相关安全管理制度，未尽到安全管理职责，存在重大过失。

# 十一、过氧化反应

过氧化反应，是向有机化合物分子中引入过氧基(—O—O—)的反应，得到的产物为过氧化物的工艺过程为过氧化工艺。该反应是吸热反应或放热反应。

1. 反应危险性

（1）过氧化物都含有过氧基(—O—O—)，属含能物质，由于过氧键结合力弱，断裂时所需的能量不大，对热、振动、冲击或摩擦等都极为敏感，极易分解甚至爆炸。

（2）过氧化物与有机物、纤维接触时易发生氧化、产生火灾。

（3）反应气相组成容易达到爆炸极限，具有燃爆危险性。

2. 重点监控部位

过氧化反应釜。

3. 重点监控实验参数

（1）过氧化反应釜内温度。

（2）pH 值。

（3）过氧化反应釜内搅拌速率。

（4）（过）氧化剂流量。

（5）参加反应物质的配料比。

（6）过氧化物浓度。

（7）气相氧含量等。

4. 安全控制措施

（1）反应釜温度和压力的报警和联锁。

（2）反应物料的比例控制和联锁及紧急切断动力系统。

（3）紧急断料系统。

（4）紧急冷却系统。

（5）紧急送入惰性气体的系统。

（6）气相氧含量监测、报警和联锁。

（7）紧急停车系统。

（8）安全泄放系统。

（9）可燃和有毒气体检测报警装置等。

# 十二、胺基化反应

胺化是在分子中引入胺基（$R_2N$—）的反应，包括 $R$—$CH_3$ 烃类化合物（R：氢、烷基、芳基）在催化剂存在下，与氨和空气的混合物进行高温氧化反应，生成腈类等化合物的反应。涉及胺基化反应的工艺过程为胺基化工艺。该反应是放热反应。

1. 反应危险性

（1）反应介质具有燃爆危险性。

（2）在常压 20℃时，氨气的爆炸极限为 15%~27%，随着温度、压力的升高，爆炸极限的范围增大。因此，在一定的温度、压力和催化剂的作用下，氨的氧化反应放出大量热，一旦氨气与空气比失调，就可能发生爆炸事故。

（3）由于氨呈碱性，具有强腐蚀性，在混有少量水分或湿气的情况下无论是气态或液态氨都会与铜、银、锡、锌及其合金发生化学作用。

（4）氨易与氧化银或氧化汞反应生成爆炸性化合物（雷酸盐）。

2. 重点监控部位

胺基化反应釜。

3. 重点监控实验参数

（1）胺基化反应釜内温度、压力。

（2）胺基化反应釜内搅拌速率。

（3）物料流量。

（4）反应物质的配料比。

（5）气相氧含量等。

4. 安全控制措施

（1）反应釜温度和压力的报警和联锁。

（2）反应物料的比例控制和联锁系统。

（3）紧急冷却系统。

（4）气相氧含量监控联锁系统。

（5）紧急送入惰性气体的系统。

（6）紧急停车系统。

（7）安全泄放系统。

（8）可燃和有毒气体检测报警装置等。

# 十三、磺化反应

磺化是向有机化合物分子中引入磺酰基（—$SO_3H$）的反应。磺化方法分为三氧化硫磺化法、共沸去水磺化法、氯磺酸磺化法、烘焙磺化法和亚硫酸盐磺化法等。涉及磺化反应的工艺过程为磺化工艺。磺化反应除了增加产物的水溶性和酸性外，还可以使产品具有表面活性。芳烃经磺化后，其中的磺酸基可进一步被其他基团[如羟基（—OH）、氨基（—$NH_2$）、氰基（—CN）等]取代，生成多种衍生物。该反应是放热反应。

1. 反应危险性

（1）磺化反应是放热反应，若在反应过程中得不到有效的冷却和良好的搅拌，反应热的积聚就有可能引起超温，导致剧烈的反应，放出更多的热量，乃至发生燃烧反应，造成起火或爆炸。

（2）低温条件下进行磺化反应时，应严格控制反应温度。当反应温度偏低时，反应速度较慢，可能积累较多的未反应料，使反应物浓度增加，当恢复到较高的正常反应温度时，会发生剧烈反应，瞬间放出大量的热导致超温，引起着火或爆炸事故。

（3）反应原料苯、硝基苯、氯苯等是可燃物，具有燃爆危险性，磺化剂具有氧化性、强腐蚀性，二者相互作用具备了燃烧的条件，若投料顺序颠倒，浓硫酸与水生成稀硫酸并放热，超温至燃点，会导致燃烧或爆炸事故；另外，如果投料速度过快、搅拌不良、冷却效果不佳等，也都有可能造成反应温度异常升高，使磺化反应变为燃烧反应，引起火灾或爆炸事故。

（4）氧化硫易冷凝堵管，泄漏后易形成酸雾，危害较大。

（5）磺化试剂浓硫酸、发烟硫酸、三氧化硫、氯磺酸等，有强烈的刺激性和氧化性，若泄漏会造成灼烧、腐蚀、中毒等危害。

2. 重点监控部位

磺化反应釜。

3. 重点监控实验参数

（1）磺化反应釜内温度。

（2）磺化反应釜内搅拌速率。

（3）磺化剂流量。

（4）冷却水流量。

4. 安全控制措施

（1）由于磺化反应是放热反应，良好的搅拌可以加速反应底物在酸性磺化试剂中溶解，提高传热、传质效率，提高反应速率，避免局部过热。

（2）根据反应底物和所需目的产物的不同，加料顺序也相应调整。如果是液相反应，若在反应温度下反应底物仍是固态，应先将磺化试剂加到反应器中，再在低温下加入固体反应底物，待其溶解后缓慢升温反应，有利于反应均匀稳步进行。若反应底物在反应温度下是液体，可先将其加入反应器中，再逐步加入磺化试剂，特别是在高温下的反应，更要如此。

（3）按照要求严格控制反应温度，否则轻者导致较多副产物的生成，严重时可造成事故的发生。

## 十四、聚合反应

聚合是一种或几种小分子化合物变成大分子化合物（也称高分子化合物或聚合物，通常相对分子质量为 $1 \times 10^4 \sim 1 \times 10^7$）的反应，涉及聚合反应的工艺过程为聚合工艺。聚合工艺的种类很多，按聚合方法可分为本体聚合、悬浮聚合、乳液聚合、溶液聚合等。该反应是放热反应。

1. 反应危险性

（1）由于聚合物的单体大多数是易燃易爆物质，具有自聚和燃爆危险性，单体在压缩过程中或在高压系统中泄漏，容易发生火灾爆炸。

（2）聚合反应多在高压下进行，反应本身又是放热反应，如果反应条件控制不当，很容易发生事故。

（3）如果反应过程中热量不能及时移出，如搅拌发生故障、停电、停水，由于反应釜内聚合物黏壁作用，使反应热不能及时导出，随物料温度上升，发生裂解和爆聚，所产生的热量使裂解和爆聚过程进一步加剧，造成局部过热或反应釜超温，进而引发反应釜爆炸。

（4）聚合反应中加入的引发剂都是化学活泼性很强的过氧化物，一旦配料比控制不当，容易引起爆聚，反应器压力骤增易引起爆炸。

2. 重点监控部位

聚合反应釜、粉体聚合物料仓。

3. 重点监控实验参数

（1）聚合反应釜内温度、压力，聚合反应釜内搅拌速率。

（2）引发剂流量。

（3）冷却水流量。

（4）料仓静电、可燃气体监控等。

4. 安全控制措施

（1）单体在压缩过程中或在高压系统中泄漏，容易发生火灾爆炸。应设置可燃气体检测报警器。设置静电接地系统。

（2）对催化剂、引发剂等要加强储存、运输、调配、注入等工序的严格管理。

（3）本体聚合体系黏度大，反应温度难控制、传热困难。如果反应产生的热量不能及时移出，当升高到一定温度时，就可能强烈放热，有发生爆聚的危险。一旦发生爆聚，则设备发生堵塞，体系压力骤增，极易发生爆炸。加入少量的溶剂或内润滑剂可以有效降低体系的黏度。尽可能采用较低的引发剂浓度和较低的聚合温度，使聚合反应放热变得缓和。控制"自动加速效应"，使反应热分阶段放出。强化传热，降低操作压力等措施可减少发生危险的可能性。

（4）溶液聚合体系黏度低，温度容易控制，传热较易，可避免局部过热。这种聚合方法的主要安全控制是避免易燃溶剂的挥发和静电火花的产生。

（5）悬浮聚合时应严格控制反应条件，保证设备的正常运转，避免由于出现溢料现象，导致未聚合的单位和引发剂遇火易引发着火或爆炸事故。

（6）乳液聚合常用无机过氧化物作引发剂，反应时应严格控制其物料配比及反应温度，避免由于反应速度过快发生冲料。同时要对聚合过程产生的可燃气体妥善处理。反应过程中应保证强烈而又良好的搅拌。

（7）缩合聚合是吸热反应，应严格控制反应温度，避免由于温度过高，导致系统的压力增加，引起爆裂，泄漏出易燃易爆单体。

## 十五、烷基化反应

烷基化反应，是把烷基引入有机化合物分子中的碳、氮、氧等原子上的反应。涉及烷基化反应的工艺过程为烷基化工艺，可分为 C-烷基化反应、N-烷基化反应、O-烷基化反应等。烷基化常用烯烃、卤代烃、醇等能在有机化合物分子中的碳、氧、氮等原子上引入烷基的物质作烷基化剂。该反应是放热反应。

1. 反应危险性

（1）被烷基化的物质大多是易燃易爆的气体或液体，具有燃爆危险性，具有很宽的爆炸极限，一些烷基化试剂的蒸气有毒或其本身就是剧毒物质，因此使用时要格外小心，以免火灾和中毒事故的发生；如苯是甲类液体，闪点–11℃，爆炸极限 1.5% ~ 9.5%；苯胺是丙类液体，闪点 71℃，爆炸极限 1.3% ~ 4.2%。

（2）烷基化剂一般比被烷基化的物质的火灾危险性要大，操作不当有着火爆炸的危险；如丙烯是易燃气体，爆炸极限 2% ~ 11%；甲醇是甲类液体，爆炸极限 6% ~ 36.5%。

（3）烷基化反应常用的催化剂具有很强的反应活性。如三氯化铝是忌湿物品，有强烈的腐蚀性，遇水或水蒸气水解放出氯化氢和大量的热，可引起爆炸；若接触可燃物，则易着火。而硫酸二甲酯有剧毒，哪怕少许的泄漏都可导致中毒甚至死亡。

（4）一些烷基化反应的产品本身就是易燃易爆物质，也有一定的火灾危险；如异丙苯是乙类液体，闪点 35.5℃，自燃点 434℃，爆炸极限是 0.68% ~ 4.2%；二甲基苯胺是丙类液体，闪点61℃，自燃点371℃；烷基苯是丙类液体，闪点127℃。

（5）烷基化反应都是在加热条件下进行的，如果发生原料、催化剂、烷基化剂等加料次序颠倒、加料速度过快或者搅拌中断停止等异常现象，就容易引起局部剧烈反应，引起跑料，就有可能引发火灾或爆炸事故。

2. 重点监控部位

烷基化反应釜。

3. 重点监控实验参数

（1）烷基化反应釜内温度和压力。

（2）烷基化反应釜内搅拌速率。

（3）反应物料的流量及配比等。

4. 安全控制措施

（1）严格按照要求确定原料配比、加料顺序加入试剂，避免物料的泄漏。

（2）加入无水三氯化铝时应避免接触皮肤和长时间暴露在空气中。

（3）应连有吸收装置以吸收反应生成的副产物氯化氢气体，必要时可适当控制在负压状态，以防来不及吸收导致水倒吸至反应器中而发生危险。

（4）要保证搅拌良好、冷凝措施得力，使反应放出的热量能及时移除，以防事故的发生。

（5）当使用硫酸二甲酯作烷基化试剂时，绝对不能有泄漏情况的发生。

（6）采用新型催化剂（如离子液、固载催化剂）替代危险性催化剂，降低反应的风险。

## 十六、新型煤化工反应

新型煤化工反应，是以煤为原料，经化学加工使煤直接或间接转化为气体、液体和固体燃料、化工原料或化学品的反应过程。主要包括煤制油（甲醇制汽油、费-托合成油）、煤制烯烃（甲醇制烯烃）、煤制二甲醚、煤制乙二醇（合成气制乙二醇）、煤制甲烷气（煤气甲烷化）、煤制甲醇、甲醇制醋酸等反应工艺。该反应是放热反应。

1. 反应危险性

（1）反应介质涉及一氧化碳、氢气、甲烷、乙烯、丙烯等易燃气体，具有燃爆危险性。

（2）反应过程多为高温、高压过程，易发生工艺介质泄漏，引发火灾、爆炸和一氧化碳中毒事故。

（3）反应过程可能形成爆炸性混合气体。

（4）多数煤化工新工艺反应速度快，放热量大，容易造成反应失控。

（5）反应中间产物不稳定，易造成分解爆炸。

2. 重点监控部位

煤气化炉。

3. 重点监控实验参数

（1）反应器温度和压力。

（2）反应物料的比例控制。

（3）料位。

（4）液位。

（5）进料介质温度、压力与流量。

（6）氧含量。

（7）外取热器蒸汽温度与压力。

（8）风压和风温。

（9）烟气压力与温度。

（10）压降。

（11）$H_2$/CO 比。

（12）NO/$O_2$ 比。

（13）NO/醇比。

（14）$H_2$、$H_2S$、$CO_2$含量等。

**4．安全控制措施**

（1）反应器温度、压力报警与联锁。

（2）进料介质流量控制与联锁。

（3）反应系统紧急切断进料联锁。

（4）料位控制回路；液位控制回路。

（5）$H_2$/CO 比例控制与联锁；NO/$O_2$ 比例控制与联锁。

（6）外散热器蒸汽热水泵联锁。

（7）主风流量联锁。

（8）可燃和有毒气体检测报警装置。

（9）紧急冷却系统。

（10）安全泄放系统。

# 十七、电石反应

电石反应，是以石灰和碳素材料（焦炭、兰炭、石油焦、冶金焦、白煤等）为原料，在电石炉内依靠电弧热和电阻热在高温进行反应，生成电石的工艺过程。电石炉型式主要分为两种：内燃型和全密闭型。该反应是吸热反应。

**1．反应危险性**

（1）电石炉工艺操作具有火灾、爆炸、烧伤、中毒、触电等危险性。

（2）电石遇水会发生剧烈反应，生成乙炔气体，具有燃爆危险性。

（3）电石的冷却、破碎过程具有人身伤害、烫伤等危险性。

（4）反应产物一氧化碳有毒，与空气混合到 12.5%~74%时就会引起燃烧和爆炸。

**2．重点监控部位**

电石炉。

**3．重点监控实验参数**

（1）炉气温度。

（2）炉气压力。

（3）料仓料位。

（4）电极压放量。

（5）一次电流。

（6）一次电压。

（7）电极电流。

（8）电极电压。

（9）有功功率。

（10）冷却水温度、压力。

（11）净化过滤器入口温度、炉气组分分析等。

4. 安全控制措施

（1）设置紧急停炉按钮。

（2）电石炉炉压调节、控制。

（3）电极升降控制。

（4）电极压放控制。

（5）炉气组分在线检测、报警和联锁。

（6）设置紧急停车按钮。

# 十八、偶氮化反应

偶氮化反应，是合成通式为 R—N —N—R 的偶氮化合物的反应，式中 R 为脂烃基或芳烃基，两个 R 基可相同或不同。涉及偶氮化反应的工艺过程为偶氮化工艺。脂肪族偶氮化合物由相应的肼经过氧化或脱氢反应制取。芳香族偶氮化合物一般由重氮化合物的偶联反应制备。该反应是放热反应。

1. 反应危险性

（1）部分偶氮化合物极不稳定，活性强，受热或摩擦、撞击等作用能发生分解甚至爆炸。

（2）偶氮化生产过程中所使用的肼类化合物，高毒，具有腐蚀性，易发生分解爆炸，遇氧化剂能自燃。

（3）反应原料具有燃爆危险性。

2. 重点监控部位

偶氮化反应釜、后处理系统。

3. 重点监控实验参数

（1）偶氮化反应釜内温度、压力、液位、pH 值。

（2）偶氮化反应釜内搅拌速率。

（3）肼流量。

（4）反应物质的配料比。

（5）后处理单元温度等。

4. 安全控制的措施

（1）设置反应釜温度和压力的报警和联锁系统。

（2）设置反应物料的比例控制和联锁系统。

（3）设置紧急冷却系统。

（4）设置紧急停车系统。

（5）设置安全泄放系统。

> **警示案例**
>
> 事故经过：2022 年 5 月 3 日上午 11 点 10 分左右，北京某医药公司三层实验室发生火灾，过火面积 9m²，造成 2 名实验人员死亡，2 名实验人员轻伤。
>
> 事故原因：操作人员进行合成反应实验过程时，反应突然失控，导致反应热失控，引起火情。

## 第五节  实验安全操作规程的编写

依照《中华人民共和国安全生产法》（2021 年版）相关规定，法人单位主要负责人应组织制定实验安全操作规程。做好实验过程安全的前提，是根据对实验过程的危险源及危险有害因素辨识、风险分析评估结果，组织相关人员编写切实有效可行的安全操作规程，并做好安全操作规程的培训考核工作，实验人员严格按照安全操作规程进行操作。

### 一、实验安全操作规程的定义

实验安全操作规程是依照国家法律法规、规章制度标准规范及其实验安全管理制度，根据实验过程的危险程度、实验反应类型及具体实验内容，为消除导致人身伤亡或者造成设备、财产破坏以及危害环境的因素，针对实验过程制定的具有可操作性的、保障安全实验的具体技术要求和实施操作程序。

实验安全操作规程，是规范实验安全行为、开展实验过程风险辨识评估、开展实验隐患排查治理、建立实验安全隐患清单的有效依据；是用以保障实验操作人员安全的必要规范和执行步骤；是实验操作人员进行实验操作、调整仪器设备和其他作业过程中，必须遵守的程序和行为规范。

### 二、实验安全操作规程的编写人员

依照《中华人民共和国安全生产法》（2021 年版）相关规定，法人单位主要负责人应在危险源辨识的基础上，根据实验反应类型及机理、主要原辅材料、实验工艺流程、实验活动、实验仪器设备使用要求组织编制实验安全操作规程，应确保所有实验过程都有安全操作规程可依，实验操作人员严格遵守操作规程，确保实验过程安全。

法人单位或安全管理机构应组织制定并实施本单位操作规程，法人单位主要负责人负责安全操作规程的审批、发布，实验安全管理人员参与安全操作规程的编写和修订。

实验安全操作规程的编写人员还应包括实验项目负责人、实验项目参与人、仪器设备管理人员、实验技术人员和实验操作人员。

### 三、实验安全操作规程编制依据

实验安全操作规程编制依据包括但不限于：

（1）国家、部委、地方政府现行安全相关的法律法规、规章制度、标准规范和有关规定。

（2）化学品安全技术说明书和化学品安全标签。

（3）本单位的安全实验管理规定、制度等。

（4）本实验的危险源及其危险有害因素辨识清单、风险评估资料。

（5）实验仪器设备的使用说明书以及设计、制造资料。

（6）实验反应类型、实验工艺流程。

（7）实验步骤和方法、实验操作人员的经验和教训。

（8）实验操作危险分析以及安全管理相关资料。

（9）实验操作环境条件、工作制度、安全生产责任制等。

（10）职业健康相关资料。

（11）本单位或类似实验曾经出现过的未遂事件、事故案例。

（12）与本项实验有关的其他不安全因素。

### 四、实验安全操作规程的内容

实验安全操作规程的使用对象是实验操作人员，内容应简洁、通俗、清晰。安全操作规程一般应包括但不限于以下内容：

（1）实验安全操作规程的适用范围及发布日期；实验安全操作规程编制、审核、批准人员签名。

（2）该实验操作对操作人员的要求，操作人员人数、培训教育情况的要求，操作人员的职业禁忌要求等。特种作业和特种设备作业人员应取得相应的资格证。

（3）实验过程中存在的主要危险源和危险有害因素、伤害对象、事故后果，控制风险应采取的有效措施；针对性地禁止操作人员去接触这些危险源部位。

（4）实验过程中所使用危险化学品等原辅材料的种类、数量、危险性、储存、使用、废弃处置要求。特别是高度易燃、易爆，高反应活性、氧化性、腐蚀性、剧毒化学品，易制爆危险化学品，易制毒化学品。

（5）实验操作前的准备，包括准备哪些化学试剂，实验操作前应做哪些检查，仪器设备和环境应当处于什么状态、应做哪些调整，准备哪些工具等。

（6）规定正常情况下实验过程中的安全操作步骤顺序、安全操作注意事项。实验过程中和实验收尾时的相关安全要求和禁止事项。

（7）根据实验仪器设备、反应类型、实验工艺技术信息、工艺指标和操作参数（如物料配比、温度、压力、流量、液位等），规定实验正常运行的主要参数设定方法和操作步骤。

（8）应明确实验反应的工艺危险特点，重点监控反应参数、安全控制的基本要求、应采用的控制方式。

（9）实验操作人员需要穿戴的个体防护要求，包含应该和禁止穿戴的防护用品种类，以及如何穿戴等。防护用品包括但不限于防护服、护目镜、防护面罩、防护口罩、防毒面具、防护手套等。

（10）实验操作过程中仪器设备的状态起始状态，如手柄、开关所处的位置等，仪器设备操作的先后顺序、方式。操作仪器设备时，操作人员所处的位置和操作时的规范姿势。

（11）规定安全设施的开启（如开启通排风系统），仪器设备或系统安全检查（如装置气密性检查）的安全操作要求。针对反应釜、压力容器等某些特殊仪器设备，应规定检查和保养标准。

（12）规定实验过程结束后的安全要求，包括关闭水、电、气应注意的安全事项，仪器设备和实验场所清扫过程应注意的安全事项。

（13）明确实验过程中故障及异常情况，如异常的声音、气味、报警等，分析导致故障及异常情况发生的原因，发生故障及异常情况时的紧急操作方法和注意事项，或提示其具体执行某现场处置方案或专项应急预案。

（14）异常状态（如停水、停电等）、事故处理及紧急情况下现场处置要求，包括应急救援物资配备要求、故障及异常情况的安全要求，应急处置措施和事故处置要求。应急处置措施的内容包括但不限于紧急救护要求、应急设施要求、消防安全要求和应急救援部门/组织/队伍联系电话。

实验的开始、停止阶段是实验过程的一种特殊状态，实验反应参数变化快，若不加强管理容易导致事故发生。制定实验安全操作规程时，要高度重视实验的开始、结束阶段的操作过程的编写。要制定严谨、科学的实验开始、停止程序，特别是仪器设备的开、停机过程，要包括实验开始、停止前的条件确认，每一步操作的注意事项；开始下一步操作之前的确认事项，可能出现的异常现象及处理方法，操作人员的职责等。应提高从业人员对各类仪器设备的操作技能，特别是开、停机，了解仪器设备存在的危险和有害因素，健全各类仪器设备操作档案，包括开机时间、使用情况、停机时间和停机原因及检修情况、完好情况。

## 五、实验安全操作规程的撰写

实验安全操作规程的文字应简明扼要，且无歧义。为了使实验操作人员更好地掌握操作规程和应急处置措施，也可以将安全操作规程图表化、流程化。

（1）每条操作规程宜采用一句话且规定一项操作，包括动作的性质、内容及目的。

（2）操作规程中提示性条款宜采用"必须……方可……，检查……确认……，注意……"的句式，阐述安全操作步骤，明确安全要点。

（3）操作规程中警示性条款宜采用"不能/必须/应……，以防/防止/避免……"的句式，阐述不按规程操作可能导致的后果。

（4）规程中禁止性条款宜采用"严禁/禁止/不得……"的句式，明确严禁事项。

（5）操作规程中避免采用"确认正常，适量"等主观性词语。

（6）操作规程中的计量单位应采用法定计量单位，且前后表述一致。

（7）操作规程要考虑并罗列该实验过程的危险和有害因素及可能出现的安全隐患，有针对性地禁止实验人员去接触这些危险和有害因素部位，防止产生不良后果。

（8）操作规程要考虑因员工的不安全行为而导致的不安全问题。

（9）要提醒实验人员注意安全，防止意外事故发生。尽管人的不安全行为和物的不安全状态都控制得很好，编写时还要增加注意安全方面的条款。例如，在检修仪器设备时，应切断电源，挂上"不准开车"指示牌，以防他人误碰开关导致仪器设备启动，发生人身伤亡事故。

（10）要考虑仪器设备出现故障停止实验后，实验人员知道通知对象。例如，设备在运转时，闻到焦糊味，听到异响应及时停止实验，并报告实验管理人员。如，电气设备发生故障时，应通知电工，不准自行修理。

（11）要考虑实验过程中每个工作细节可能出现的不安全问题。例如，不准酒后做实验；进入实验场所要佩戴护目镜，不准穿易滑的鞋子，长发应盘起或戴帽。

（12）实验安全操作规程编写完成后，还应广泛征求相关职能单位和一线实验操作人员的意见，进一步修改完善，经过审批后，方可发布实施。

（13）实验安全操作规程可以单独编制，也可与实验方案、仪器设备操作规程、实验工艺作业指导书等合并编制；合并编制时，实验安全操作的要求应单独列出，或有清晰、明确的描述和提示。

## 六、实验安全操作规程的发布和修订

实验安全操作规程编写完成后，应广泛征求使用部门和设备管理部门意见，进一步修改完善、经过法人单位主要负责人审批发布，作为内部标准严格执行。随着实验方案和工艺的变化、新设备的使用、新材料和新技术的应用，操作的方式和方法也会发生变化，因此操作规程编制完成后，要根据以上情况的变化及时修订。

实验安全操作规程必须定期和及时修订。操作规程是否安全、科学、合理，必须经过实际操作的检验，在实验操作中发现操作规程不合理的地方，须及时修订。操作规程修订时，必须有经验丰富的实验操作人员参加，可及时将操作人员在实际操作过程的经验和教训补充完善到操作规程中。一般出现以下情况时，应立即修订。

（1）当实验仪器设备的类型和种类发生变化时；在实验过程中操作步骤、反应条件等发生显著变化时；实验过程中采用新技术、新工艺、新设备、新材料时，应对实验安全操作规程进行更新修订。

（2）当操作规程的编写依据发生变化或某操作过程发生事故，应及时修订规程，相关操作人员重新参加培训学习和考核。

（3）在安全事件和安全事故调查中，发现操作规程相关规定错误或存在问题时，也必须及时修订。

（4）每年评估确认安全操作规程的适用性和有效性，发现问题及时修订。每三年应对操作规程进行一次评审，根据评审结果确定是否修订。

（5）操作规程更新修订后，应将原操作规程及时从相关岗位收回，发放新的操作规程，并对岗位作业人员进行重新培训教育。

（6）应做好操作规程修订版与前版内容衔接，明确修订原因、修订依据等并保存相关文字记录。

## 七、实验安全操作规程的使用

实验安全操作规程应尽量以纸质版方式发放到实验各岗位，方便实验操作人员学习、查阅；也可将操作规程的主要内容制成目视化看板、展板等放置在实验场所。

（1）应对实验操作人员、新员工及转复岗人员进行操作规程的培训，经考核合格后，方可上岗操作。

（2）应将操作规程纳入实验安全培训学习材料。

（3）操作规程的下发以及培训、学习和考核须保存相关记录。

（4）在岗人员应定期进行安全操作规程的再教育，以确保每个岗位作业人员熟悉并执行本实验安全操作规程。

> **警示案例**
>
> 事故经过：2002年7月，某化验室人员准备开启一台102G型气相色谱仪，在通入氢气后，色谱仪突然发生爆炸。色谱仪的前门被炸到2m外，仪器内部的加热丝、热电偶、风机都损坏，幸亏这名化验室人员站在色谱仪器旁边检查，没有受伤。
>
> 事故原因：2个月前一名维修人员把色谱柱卸下进行维修，但未通知相关人员，也未对此设备挂"正在维修"牌。而化验员在不知情的情况下直接启动该设备，在启动设备前，也未对此设备进行检查，就直接通入氢气使用，导致气体泄漏，发生爆炸事故。

# 第八章  仪器设备完好性管理

人们习惯将测试用的器械称作仪器，而将实验、制作和生产性质的器械称作设备。但是，往往仪器和设备是分不开的，因为现在的仪器设备是科学技术的综合体，既有制作、实验及生产功能，又有测试功能，所以习惯上就将仪器和设备统称为仪器设备。实验仪器设备是实验教学、科研中所需要的各种器械用品的总称，是进行实验、教学科研和创新必备的物质基础。实验过程中使用的仪器设备质量和性能对实验安全有着重要影响。

仪器设备完好性是指仪器设备、配套设施及相关技术资料齐全完整，仪器设备始终处于满足安全实验平稳要求的状态；仪器设备可靠性是指仪器设备在规定时间内、规定条件下无故障地完成运行要求的能力。

## 第一节  仪器设备管理要求

仪器设备是实验的基础，要实现实验安全，各类仪器设备必须部件齐全、功能完备。法人单位应对仪器设备从采购、验收、安装、使用到维护维修、停用报废等开展全生命周期管理，通过加强仪器设备检查、测试和预防性的维护维修等，保证仪器设备的正常运行，满足实验安全要求，防范安全事故发生。

### 一、仪器设备选型

法人单位应根据国家和行业标准，结合实验过程的规模和要求，为仪器设备的配备制定相应的要求和指标，包括但不限于仪器设备的配置要求、放置空间要求、安装要求、性能指标、运行指标、环境影响指标、噪声、电气系统和控制功能、安全保护指标、关键部分材质、耗材和试剂的配套、与其他仪器设备及相关公用工程设施的接口关系、结构和外观、计算机系统。在配备仪器设备时，应充分考虑实验场所的空间布局和电源、水源等配套设施条件是否满足。法人单位应根据以上规定和指标进行仪器设备的选型工作。

法人单位要组织实验人员积极参与实验仪器设备的选型和设计，实验人员应会同设计单位、设备人员在实验方案设计阶段，明确仪器设备设计选型所应遵循的法律法规、标准规范以及设备制造、安装的技术条件和质量要求，根据实验过程风险识别和风险分析的结果，从有效控制风险和仪器设备完好性管理的角度出发，认真开展仪器设备的设计与选型工作，选择技术先进、质量可靠、安全环保、经济合理、维修便捷的仪器设备，提升设备本质安全水平，确保仪器设备在整个使用寿命周期内安全运行，从源头上预防和控制危险化学品或能量的泄漏或释放，以消除或减轻此类事故的危害。

## 二、仪器设备购置

法人单位应根据仪器设备的技术要求，参考以往的经验和业内的反映，慎重选择供应商、制造商，要充分考虑仪器设备在实验安全中的重要作用，避免简单以"低价中标"为原则选择供应商、制造商。特别是针对含有易燃易爆、有毒有害物质的高温高压、低温低压等关键仪器设备，应重点审查仪器设备供应商、制造商的资质，以及提供仪器设备安装、维护、维修等后续服务和技术培训的能力等。与供应商或制造商沟通并明确仪器设备的具体要求和指标，仪器设备的验收要求。

当没有商品化的成型设备可供采购时，可根据实验的规模和实验过程要求向仪器设备生产厂家定制满足其特定指标和性能的仪器设备。

实验仪器设备购置和制造的过程质量控制包括：供应商和制造商服务能力评估，采购技术条件确认，合同及技术协议签订，设备质量风险防控，设备质量证明文件确认，出入库检验等。

## 三、自制仪器设备

自制仪器设备，是指为了提高科研、实验质量，或适应科学研究和技术开发需要，但市场上没有满足使用要求的成型仪器设备可供采购时，需自行设计、自行加工制造的仅用于自身实验活动的仪器设备。

（1）根据创新实验方法的需要而进行研制或改造的实验仪器设备。

（2）通过修旧利废，重新开发再用的仪器设备；对使用时间长、性能落后、结构设计不合理、不能适应实验要求的仪器设备，在其使用性能、结构、材料等方面进行重大改进或开发。

（3）专业性较强，市场上难以采购到的实验仪器设备。

（4）市场上虽有供应但价格昂贵，通过改造与自制能节约大量经费或标准设备不能满足使用要求，需要改造而新增的仪器设备或配件。

（5）参照已有设计资料或样板，在不违反国家知识产权法规的前提下，通过自行消化、吸收、创新并仿制研制，综合性价比明显优于市场同类型的产品仪器设备。

（6）将科研成果进行转化或利用现有设备进行改造，提高设备使用效率，有重大实验推广效益，具有推广价值，可产生较大经济效益的仪器设备。

自制仪器设备安全要求如下：

自制仪器设备以安全可靠为必要条件，有国家安全标准的仪器不得申报自制（如压力容器、锅炉等）。

需要自制仪器设备时，应参考同类仪器设备的技术要求，收集相关法律法规、通用技术要求和知识产权信息等，并根据仪器设备的具体功能和技术指标，进行仪器设备的设计、试制、可靠性测试和功能验证等。

事故经过：2004年2月28日，北京某高校逸夫科学楼发生一起水热反应釜爆炸事故。

事故原因：学生违规使用高温加热炉加热；反应釜制作简陋，安全性差。

## 四、仪器设备安装

法人单位要在承包商、技术文件审核、施工方案确认、过程质量控制、施工验收、调试与试验等环节制定质量控制措施，确保仪器设备安装、调试符合法律法规、规章制度、标准规范、设计文件和制造商安全手册的要求。

（1）仪器设备供应商、制造商应提供设备零件手册及结构图、仪器设备安装及安全操作说明书；仪器设备验收时未按要求提供零件手册及结构图的仪器设备不得通过验收。

（2）确认仪器设备的性能参数与采购要求相一致；仪器设备的外观完好及配件齐全。

（3）仪器设备的安装由制造商、供应商、外部专业人员或单位内部有能力的人员进行。仪器设备的安装主要依据供应商提供的说明书、安装和运行指南。

（4）应根据制造商的安装指南进行安装仪器设备，或由制造商的技术人员进行安装。

（5）仪器设备的安装地点环境条件应符合设备安装要求，如合适的场地、空间、电源、通风、温度、湿度及照明条件等，不会对其正常使用造成不良影响。

（6）安装时，还应考虑注意仪器设备与实验场所的其他仪器设备的兼容性和协调性，避免相互干扰。

（7）仪器设备安装完成后，安装人员对仪器设备进行测试或调试，形成测试或调试报告交由法人单位。法人单位应组织采购部门、设备管理部门、使用部门等人员对仪器设备进行验收，验收合格后方可投入使用。

事故经过：1998年8月，某实验室新进一台3200原子吸收分光光度计，在实验人员调试过程中发生爆炸，爆炸导致2人轻伤，另1人由于一块0.5cm的玻璃进入眼内，住院治疗。

事故原因：仪器厂家对仪器的连接线未采用安全的铜制管线，而是采用了聚乙烯管线，造成仪器本身存在安全隐患。分析人员在调试仪器之前，未对仪器的各连接处进行严格的试漏，造成乙炔在接头处泄漏，导致爆炸发生。

## 五、仪器设备使用

实验过程中经常使用的仪器设备有高温高压、低压低温设备、玻璃仪器和高能、高速、高负荷等设备，所引发的常见事故类别见表8-1。

表 8-1　实验过程常用仪器设备及引发的事故类别

| 装置类别 | 风险点 | 事故类别 | 实验场所常见设备 |
|---|---|---|---|
| 玻璃器材及玻璃材料反应装置 | 割伤、擦伤、刺伤、烫伤、切断伤 | 灼烫、其他伤害 | 烧瓶、玻璃棒、试管 |
| 高压反应装置及气瓶 | 化学性灼伤、冲击伤、中毒、挫伤、轧伤、压伤、倒塌性埋伤、烫伤、骨折 | 火灾、容器爆炸、中毒和窒息 | 高压钢瓶、高压反应釜 |
| 加热与灼伤装置及高温设备 | 烧伤、烫伤 | 灼烫 | 高温炉、烘箱、马弗炉 |
| 低温与超低温装置及设备 | 冻伤 | 其他伤害 | 冰箱、$CO_2$ 钢瓶（干冰）、冷冻机、液氮罐 |
| 高速装置 | 绞伤、骨折、挫伤、轧伤、切断伤、冲击伤 | 物体打击、触电、高处坠落 | 离心机 |
| 机械设备 | 绞伤、骨折、挫伤、轧伤、切断伤、冲击伤、撕脱伤、电伤、倒塌性埋伤 | 物体打击、触电、高处坠落、机械伤害、坍塌 | 机床、车床、机械真空泵、电动搅拌机、离心机 |
| 大型仪器设备 | 割伤、辐射损伤 | 机械伤害 | 气相色谱仪、核磁共振仪 |

法人单位应制定符合实际的设备管理制度，保证所有仪器运行状态的完好性。根据仪器设备情况，配备专（兼）职设备管理人员，对所有仪器设备进行编号，建立仪器设备台账、技术档案和备品配件管理制度，编制设备操作和维护规程。

（1）在仪器设备投用前，应组织制造商或设备管理专业人员、实验操作人员等编制设备安全操作规程，明确仪器设备的启动、核查、操作和关停等过程的操作步骤、操作安全注意事项，异常情况的处理方式等内容。

（2）应当建立健全仪器设备操作规程和岗位责任制，仪器设备操作人员在上岗前必须经过培训，考试合格并取得上岗证后方可上岗。

（3）在仪器设备上粘贴设备使用标签、编码、设备状态，仪器设备使用人员可方便地识别其状态或有效期。

（4）仪器设备的安全操作规程、使用说明书应放至实验操作人员便于取阅的位置；操作人员应严格遵守仪器设备操作、使用和维护规程。做到启动前认真准备，启动中反复检查；仪器设备运行中做好检查、调整，不准超温、超压、超速、超负荷运行；停止使用后将仪器设备恢复原状。

（5）强化仪器设备的日常使用管理，定期对仪器设备的功能和技术指标进行校检和标定，及时发现并消除安全隐患。使用人和保管人员要认真填写使用记录，对精度和性能降低的仪器设备要及时进行调整、修复。

（6）启动前检查仪器设备是否完好无损，各部件是否齐全；仪器设备所需的环境条件（如温度、湿度、电源等）是否满足；对仪器设备进行必要的预热或初始化操作；检查仪器设备的检验状态，确保其在有效期内。

（7）实验过程中，实验操作人员应定时对仪器设备的运行情况进行巡检，在仪器设备运行时，严禁长时间无人看守；如发现异常振动、压力超标、异常动作、异常声响、过热或泄漏等异常情况，应妥善处理并立即报告，请专业人员进行检查、维修，待故障排除能正常使用后，方可重新启用；未查清原因、未排除故障，不得盲目再次启动仪器设备。

（8）当高温、高压、高速旋转、高电压、高水压、高辐射的仪器设备运行时，操作人员不能擅自离开，必须密切观察其运行状态，一旦发生异常情况，须及时采取合理的措施，以避免安全事故的发生。

（9）国家规定强检的仪器设备，必须按要求定期检定，超期未检或检定不合格的不得使用。

（10）对长期停用的仪器设备，应对其内部的物料、危险介质进行清理，待清理干净后，进行维修保养，使之处于待运行状态，设置"停用"的明显标识，定期维护。在重新使用前应对其进行技术检验、性能评估。

（11）针对如高压、有毒、辐射等高危险性的实验设备，要定期进行检测和可靠性分析，确保装置的安全性，降低事故的风险。

## 六、仪器设备维护维修

仪器设备使用单位编制仪器设备维护维修计划及作业指导书，作业指导书应确定仪器设备维护的内容、方法、步骤、周期以及所需的设施、环境条件等资源和有关安全操作的要求。作业指导书应依据仪器设备操作手册和实验工艺操作要求，有专门人员、具有实际操作经验的人员编写及更新。

（1）仪器设备维护维修工作应由具备相应资质人员，根据设备制造商的说明书和仪器设备维修保养规程执行；维修人员应了解仪器设备的基本原理，熟悉仪器设备的使用与操作和必要的校准要求等。也可委托专业维护机构或制造商进行维护。

（2）在对仪器设备进行维护维修前，应识别仪器设备中存在的能量或危险物料，制定并实施能量或物料清空置换、隔离方案，并上锁挂牌警示后，方可对仪器设备进行维修保养。

（3）应向维修保养人员提供设备的危险工作环境及危险源细节说明的文件。应为设备维修保养人员提供安全的维修条件和工作环境，明确交接界面和管理职责，落实隔离、清理、吹扫、置换、气体检测等措施。

（4）维护维修保养人员在移动实验场所的其他设备时，应在得到实验场所管理人员许可后方可实施。

（5）在仪器设备维护维修完成后，实验操作人员应对仪器设备进行检查以确保其能正常使用。

（6）定期维护仪器设备的安全设施，包括运动部件的护罩、护栏，高温、深冷仪器设备的防烫、防冻设施等。

（7）对停用或长期不用的仪器设备也应进行定期的维护。

（8）实验场所应保留仪器设备的维护维修记录。

## 七、仪器设备报废

（1）对达到使用年限或安全性能无法满足使用需要的仪器设备，且无维修改造价值的，应按相关规定对其进行报废。

（2）如确定仪器设备要报废时，应对报废的仪器设备进行危险辨识和评估，消除风险后方可进行报废和拆除。

（3）应尽快将已报废的仪器设备搬离实验场所操作区域。对因特殊原因短期内无法搬离的仪器设备明确报废状态，防止误用。

**警示案例**

事故经过：2013年4月30日上午9时许，江苏省某高校一个废弃的实验室（平房）在拆迁施工中，突然发生爆炸，造成施工人员1死3伤，发生爆炸的楼房倒塌，屋顶钢架构扭曲变形，校内部分宿舍及周边小区的玻璃被震碎。据学校相关负责人介绍，该实验室早在10多年前就已废弃，施工人员是学校请来拆除实验室空调的，他们发现实验室内有一些值钱的铁废料，随后就自己跑进去切割钢罐，旁边放着煤气罐和氧气瓶，在操作时引发了事故。

事故原因：某学校对废弃实验室的煤气罐、氧气瓶、易爆化学品等未按规定进行报废；作业人员在进行拆除作业时，某学校未派人对施工过程进行监护；进行切割的人员无电焊从业资质，无证作业。

# 第二节　安全设施管理

实验安全的首要任务是预防事故发生，但墨菲定律告诉我们，百密难免一疏，虽然可以通过加强培训提高操作人员的风险意识，但实验事故仍不能完全杜绝。如果有安全设施的正确配置和操作人员的正确熟练使用，即使发生事故，也能及时对人员进行保护、施救，减少事故损失。

## 一、安全设施的类型

安全设施是在实验过程中用于预防、控制、减少与消除事故影响采用的设备、设施装备及其他技术措施的总称，安全设施分为预防事故设施、控制事故设施、减少与消除事故影响设施三类。

1. 预防事故设施

（1）检测、报警设施：包括压力、温度、液位、流量、组分等报警设施，可燃气体、有毒有害气体、氧气等检测和报警设施，用于安全检查和安全数据分析等检验检测设备、仪器。

（2）安全防护设施：包括防护罩、防护屏、负荷限制器、行程限制器，制动、限速、防雷、防潮、防晒、防冻、防腐、防渗漏等设施，传动设备安全锁闭设施、电器过载保护设施，静电接地设施。

（3）防爆设施：包括各种电气、仪表的防爆设施，抑制助燃物品混入（如氮封）、易燃易爆气体和粉尘形成等设施。阻隔防爆器材，防爆工器具。

（4）作业场所防护设施：包括作业场所的防辐射、防静电、防噪声、通风（除尘、排毒）、防护栏（网）、防滑、防灼烫等设施。

（5）安全警示标志：包括各种禁止、警告、指令、提示作业安全等警示标志。

2. 控制事故设施

（1）泄压和止逆设施：包括用于泄压的阀门、爆破片、安全阀、水封系统、放空管等设施，用于止逆的阀门等设施，真空系统的密封设施。

（2）紧急处理设施：包括紧急备用电源，紧急切断、分流、排放、吸收、中和、冷却等设施，通入或加入惰性气体、反应抑制剂等设施，紧急停车、仪表联锁等设施。

3. 减少与消除事故影响设施

（1）防止火灾蔓延设施：包括阻火器、安全水封、回火防止器、防油（水）堤、防爆墙、防爆门等隔爆设施，防火墙、防火门、蒸汽幕、水幕等设施，防火材料涂层。

（2）灭火设施：包括水喷淋、惰性气体、蒸汽、泡沫释放等灭火设施，灭火器、消火栓、高压水枪（炮）、消防车、消防水管网、消防站等设施。

（3）紧急个体处置设施：包括洗眼器、喷淋器、逃生器、逃生索、应急照明等设施。

（4）应急救援设施：包括堵漏、工程抢险装备和现场受伤人员医疗抢救装备。

（5）逃生避难设施：包括逃生和避难的安全通道（梯）、避难信号等。

（6）劳动防护用品和装备：包括头部、面部，视觉、呼吸、听觉器官，四肢，躯干防火、防毒、防灼烫、防腐蚀、防噪声、防光射、防高处坠落、防砸击、防刺伤等免受作业场所物理、化学因素伤害的劳动防护用品和装备。

## 二、安全设施管理要求

安全设施是预防、控制、减少与消除事故的重要措施，其设置程序不仅要满足有关法律法规的要求，还要符合有关技术规范的要求。同时还要做好日常管理，才能发挥其应有的作用。在日常管理方面，做好以下工作：

（1）安全设施采购时应选用工艺技术先进、产品成熟可靠、符合国家标准和规范的安全设施，其功能、结构、性能和质量应满足安全实验要求，不得选用国家明令淘汰、未经鉴定、带有试用性质的安全设施。

（2）实验装置的安全设施必须与实验装置同时设计、同时施工、同时投用。组织编制和修订安全设施安全操作规程，并经常组织操作人员进行正确使用安全设施的培训，定期开展岗位练兵和应急演练，不断提高员工使用安全设施的技能。

（3）法人单位要制定安全设施更新、停用（临时停用）、拆除、报废管理制度，认真落实安全设施管理使用有关规定，严格执行安全设施更新、检验、检修、停用（临时停用）、拆除、报废申报程序。严禁擅自停用(临时停用)、拆除安全设施,要定期对安全设施进行检查,并配合检验及维护工作,确保其完好。

(4) 要建立安全设施档案、台账,定期组织对安全设施的使用、维护、保养、检验情况进行专业性安全检查。

(5) 安全设施的安装、调试、使用和维护应由具备资格的人员进行。

(6) 涉及危险化工工艺和重点监管危险化学品的实验装置要根据风险状况设置安全联锁或紧急停车系统、安全仪表系统等。

(7) 其他相关人员在进入实验室前,应对其进行有关安全设施的使用培训,知晓存放位置及使用方法。

### 三、应急喷淋器

应急喷淋器是适用于实验人员的身体在实验作业场所暴露于危险化学品等危险物品后,为防止喷溅到身上危险化学品造成意外伤害,进行紧急全身冲淋处理的应急处置设施。因此在实验过程中有可能接触到刺激性毒物、高腐蚀性物质或易经皮肤吸收毒物的场所应设置应急喷淋器。

应急喷淋器使用规范:

(1) 应急喷淋器可以提供大量的水冲洗全身,适用于身体较大面积被化学品侵害的情况。在使用或储存强酸、强碱、有化学品烧、灼伤危险的实验场所、储存设施,均应安装应急喷淋器。

(2) 应急喷淋器进水口冲洗液适宜的温度范围为 16~38℃,温度低于 16℃的冲洗液虽然能立即减缓溅喷物的化学反应速度,但长时间接触寒冷的液体会影响人体所需的体温;如果冲洗液温度超过 38℃,则可使喷溅到身上的化学物质加速反应而导致受伤者遭到二次伤害。供水管线应保证应急喷淋器的正常使用。

(3) 应急喷淋器应安装在实验操作人员 10s 内能够到达的区域内,并与可能发生危险的区域处于同一平面上。考虑受害人员的身体状况和情绪(在视觉损伤或被喷溅化学液时,有一定程度的痛苦和恐慌),应急喷淋设施服务半径不得大于 15m。应急喷淋装备须安装在远离危险区域的位置,附近应无危险化学品、杂物、电器线路、暴露的带电设备,避免使用人在寻找喷淋设施时,导致二次伤害。

(4) 在应急喷淋器的使用范围宜有高度可视且明显的警示标志,附近宜有良好的照明条件,也可在应急喷淋器上安装声光报警装置,以便于他人快速找到受害人,并对其进行救护。

(5) 为防止水管内水质腐化或阀门失灵,应每周对应急喷淋设施进行检查,水压充足,能保持需要时有清洁的水喷出。

(6) 由于使用简单,应急喷淋器的使用培训常常被忽视。应急喷淋器的使用培训至少每半年进行一次,培训内容至少应包括知晓其位置、如何使用、什么时候清洗、清洗多长时间(一般情况下应冲洗 10~15min),受伤人员闭眼状态下,如何快速找到并使用喷淋设施。对实验人员的培训情况,应记录在案。

事故经过：2021年7月13日，广东某大学实验室突发火情。一名男博士后头顶火苗冲出实验室，胸前的衣服已被烧毁，紧接着一名学生脚踩烟雾冲出来，相关人员迅速对实验室的火灾进行扑救，学生被及时送往医院就医，为轻度烧伤。从网上流传的视频可以看出，该生在实验期间未穿实验服，在该生头部着火冲出实验室后，周边的同学尝试使用喷淋器帮助他灭火，用力去拉门口的喷淋器，但喷淋器未能喷出水。

事故原因：该生在实验期间未穿实验服；应急喷淋器无水；也未对喷淋器进行日常维护、定期检查。

### 四、洗眼器

洗眼器，是用来冲洗眼部的设备。眼球表面分布有丰富的血管和神经，比较脆弱，酸溶液、碱溶液、液态化学品一旦接触到眼球，就会造成眼部组织损伤。所以一旦化学品溅到眼中，就必须立即冲洗干净。因此在实验过程中可能接触到刺激性毒物、高腐蚀性物质或易经皮肤吸收毒物的实验场所应设置洗眼器。

洗眼器使用规范：

（1）在使用或储存强酸、强碱、有化学品烧、灼伤危险的实验场所、储存设施及有可能导致眼睛受到伤害的区域，均应安装洗眼器。

（2）洗眼器进水口冲洗液适宜的温度范围为16~38℃，温度低于16℃的冲洗液虽然能立即减缓喷溅物的化学反应速度，但长时间接触寒冷的液体会影响人体所需的体温；如果冲洗液温度超过38℃，则可致使眼睛受到伤害并加速眼睛中有害物质的化学反应。

（3）洗眼器应安装在实验操作人员10s内能够到达的区域内，并与可能发生危险的区域处于同一平面上。考虑受害人员的身体状况和情绪（在视觉损伤或被喷溅化学液时，有一定程度的痛苦和恐慌），洗眼器服务半径不得大于15m，通往洗眼器的通道必须没有障碍，无绊倒风险。洗眼器须安装在远离危险区域的位置，附近应无危险化学品、杂物、电器线路、暴露的带电设备，避免使用人在寻找洗眼器时，导致二次伤害。

（4）洗眼器的使用范围宜有高度可视且明显的警示标志，附近宜有良好的照明条件，也可在洗眼器上安装声光报警装置，以便于他人快速找到受害人，并对其进行救护。

（5）为防止水管内水质腐化或阀门失灵，应每周对洗眼器进行放水检查，检查阀门能否在1s内迅速开启；洗眼器的水压应为0.2~0.7MPa，双眼喷头水压适当能保持需要时有清洁的水喷出。

（6）由于使用简单，洗眼器的使用培训常常被忽视。洗眼器的使用培训至少每半年进行一次，在新员工进入工作岗位时，应立即进行培训；培训内容至少应包括知晓其位置、如何使用、什么时候清洗、清洗多长时间（一般情况下应冲洗10~15min），受伤人员闭眼状态下，如何快速找到并使用喷淋设施。

## 五、通风设施

化学化工实验室由于存放、使用或产生有毒有害物质，会对实验环境、实验人员的健康、设备的运行维护等方面产生重要影响。因此，需要加强对实验场所有毒有害物质的治理和控制，利用自然通风、安全通风设施等方式保持其良好的通风条件。通风设施一般有全室通风设施、通风橱、局部排气罩等三种，其中通风橱最为常用。

通风橱又称通风柜，是化学化工实验常用的安全防护设施。它的用途是将化学实验过程中产生的烟雾、尘埃和有毒有害气体迅速排出，防止实验人员直接吸入有毒有害气体、蒸气或微粒，为实验人员提供一个相对安全的操作空间。如果在实验过程中发生火灾或爆炸等意外事故，通风橱还能起到保护实验人员的作用，最大限度地降低事故的破坏程度。

通风橱安全使用规范：

（1）涉及挥发性的有毒有害物质（含刺激性物质）或毒性不明的化学物质的实验操作必须在通风橱中进行，这样既可避免实验人员受到伤害，也可防止污染实验场所环境。

（2）通风橱的管道风机需防腐，使用或产生可燃气体场所通风橱的风机应采用防爆风机；通风橱面向实验人员的玻璃应为钢化玻璃。

（3）使用前应对通风橱的电源等各种开关及管路进行检查：打开橱内照明设备，检查光源及柜体内部是否正常；检查玻璃视窗是否破损、裂纹等异常情况；通风橱内及其下方的柜子不能存放危险化学品；通风橱周围不应堆放物品。

（4）定期检查通风橱的抽风能力，保持其通风效果；通风橱的风速过高会造成操作区域的粉尘扩散，影响操作的准确性和安全性；风速过低，则可能导致操作区域内不同高度的温度和湿度区别较大，不利于实验的进行。为保证通风效果，通风橱的风速应当符合以下要求：水平流通风橱操作区的风速应当在 0.4~0.6m/s 之间；垂直流通风橱操作区的风速应当在 0.3~0.5m/s 之间。

（5）使用时，实验人员切勿将头部及上半身伸进通风橱内，应将玻璃视窗调节至手肘处，一般距离实验台面 10~15cm，可以使实验人员的胸部以上受到玻璃视窗屏护；实验人员应在通风橱前 15cm 左右处操作；通风橱工作时，实验人员应尽量避免在通风橱前进行大幅度动作。

（6）切勿在通风橱内储存伸出橱外、影响玻璃视窗开合或者妨碍导流板下方开口的物品或设备；切勿用物件阻挡通风橱口或橱内后方的排气槽，在橱内储放必要的设备、物品时，应将其垫高置于左右侧边上，与通风橱台面隔空，使气流能从其下方通过。

（7）切勿将纸张或者较轻的物件放到通风橱内、排气出口处，以免堵塞风道。每次使用完毕，须彻底清理通风橱工作台及仪器。

（8）在有毒有害化学品参与的实验结束后不能立即关闭风机，应保持风机持续运行 5min 左右，确保橱内残留的有毒气体被排出。

（9）实验结束后，应及时清理操作台面，清洗玻璃视窗，应保持其透明清洁，关闭通风橱电源，将调节门拉下，并留 5cm 左右进风口。

事故经过：2005年8月，上海某实验室实验人员在通风橱内进行实验时，误将硝基甲烷当作四氢呋喃投放到氢氧化钠中，发生爆炸，导致玻璃仪器碎片将两人手臂割伤。

事故原因：实验人员安全意识淡薄，未仔细核对使用的化学试剂；该实验人员在通风橱进行实验时，未将玻璃视窗拉下，在发生爆炸时，玻璃视窗未起到保护作用。

## 六、危险气体监控设施

危险气体监控设施包括目标气体浓度检测和报警装置，按监测气体类别可分为可燃气体、有毒有害气体和复合式气体报警仪器。当空气中可燃气体、有毒有害气体含量达到或超过报警设定值时，发出报警信号，提醒人们及早采取安全措施，避免事故发生。

危险气体监控设施使用规范：

（1）查清所要监测的实验场所有哪些可能泄漏点，分析其泄漏压力、方向、温度、湿度距离等因素，绘出危险气体探头位置分布图。

（2）分析可能泄漏源所在位置的气流方向、风向等具体因素，判断一旦发生大量泄漏时，可燃/有毒气体的泄漏方向。

（3）了解泄漏气体的密度（大于或小于空气），结合空气流动趋势，综合形成泄漏的立体流动趋势图，并在其流动的下游位置作出初始设点方案。

（4）清楚泄漏点的泄漏情况，是微漏还是喷射状。若是微漏，则探头的位置就要靠近泄漏点一些。如果是喷射状泄漏，则要稍远离泄漏点。综合这些情况，拟定出最终设点方案。

（5）对于存在较大可燃/有毒气体泄漏的场所，根据相关规定每相距10~20m应设一个检测点。对于无人值班的小型且不连续运转的泵房，需要注意发生可燃/有毒气体泄漏的可能性，一般应在下风口安装一台检测器。

（6）对于有氢气泄漏的场所，应将检测器安装在泄漏点上方，距离顶棚30~60cm。

（7）对于密度大于空气的气体，应将检测器安装在低于泄漏点的下方平面30~60cm处，且探头宜朝上。对于容易积聚可燃气体的场所也应设置检测器。

（8）对于开放式可燃/有毒气体扩散逸出环境，如果缺乏良好的通风条件，也很容易使某个部位的空气中的可燃气体含量接近或达到爆炸下限浓度，这些都是不可忽视的安全监测点。场所也应设置检测点。

## 七、急救箱

实验人员经常与有毒有害、腐蚀性强、易燃易爆的化学试剂直接接触，使用易碎的玻璃和瓷质器皿以及水、电等高温电热设备。实验人员稍不慎，就可能受到意外伤害。法人单位在实验场所要配备急救箱。每个急救箱都要贴上标签，列出箱内药品名称及数量。

一般情况下，急救箱内应配备下列药剂和用品。

（1）消毒剂：碘酒、75%的卫生酒精棉球等。

（2）外伤药：龙胆紫药水、消炎粉和止血粉。

（3）烫伤药：烫伤油膏、凡士林、玉树油、甘油等。

（4）化学灼伤药：5%碳酸氢钠溶液、2%的醋酸、1%的硼酸、5%的硫酸铜溶液、医用双氧水、三氯化铁的酒精溶液及高锰酸钾晶体。

（5）使用氢氟酸的实验场所还应配备六氟灵。

（6）治疗用品：药棉、纱布、创可贴、绷带、胶带、剪刀、镊子等。

实验人员在开展实验前，了解急救箱内的物品及功能。急救箱主要用于实验安全突发事件的临时、初期、简单急救，不能作为专业急救使用。如伤势严重，需尽早就医。

急救箱内的过期物品按照垃圾分类情况，投入生活垃圾箱；过期的酸碱中和试剂及试剂瓶，应按危险废物收集处置。

## 八、灭火器材

（1）实验场所常见的灭火器材有水、二氧化碳灭火器、干粉灭火剂、泡沫灭火剂、消防砂和灭火毯等。

① 水。水是最常见的灭火剂，主要作用是冷却降温，也有隔离和窒息作用。水作为灭火剂方便易得，成本低廉。主要用于扑救一般固体物质的火灾，还可扑救闪点大于120℃、常温下呈半凝固状态的重油火灾。但不能用于液体有机物火灾、遇水易放出可燃或助燃气体发生的火灾以及电气火灾、高温高压状态下设备的火灾。

② 二氧化碳灭火器。加压的二氧化碳从钢瓶中喷出，能起到冷却及冲淡燃烧区空气中氧含量的作用；此外，二氧化碳的密度比空气大，也能起到隔离和窒息作用。二氧化碳适用于液体或可熔化固体燃烧、可燃气体燃烧、电器引发的火灾等。切不可用于钠、钾、镁等金属及过氧化物引发的火灾。

③ 干粉灭火剂灭火器。干粉灭火剂是一种干燥的、易于流动的微细固体粉末，由能灭火的基料(90%以上)和防潮剂、流动促进剂、结块防止剂等添加剂组成。在救火中，干粉借助气体压力从容器中喷出，喷射到燃烧物体表面，起到覆盖隔离和窒息的作用。适用于扑救固体有机物燃烧、液体或可熔化固体燃烧、可燃气体燃烧等。因灭火剂是碳酸氢钠等盐类、残余物有腐蚀性，使用后需要立即清理。

④ 泡沫灭火剂。泡沫灭火剂是扑救可燃、易燃液体（或固体）的有效灭火剂，分为化学泡沫灭火剂和空气泡沫灭火剂两大类。化学泡沫灭火剂主要用于扑救油类等非水溶性可燃、易燃液体的火灾，但不能用来扑救忌水、忌酸的化学物质和电气设备的火灾。空气泡沫灭火剂主要有以下几种类型：蛋白泡沫灭火剂，主要用于扑救各类不溶于水的可燃、易燃液体和一般可燃固体的火灾；抗溶性泡沫灭火剂，主要用于扑救甲醇、乙醇、丙酮等水溶性可燃液体的火灾；氟蛋白泡沫灭火剂，适用于较高温度下的油类灭火并可采用液下喷射灭火；高倍数泡沫灭火剂，适用于火源集中、泡沫容易堆积的场合。

⑤ 消防砂。消防砂同样能起到覆盖隔离和窒息的作用。消防砂可以用来扑灭一切不能用水扑救的火灾，消防砂必须保持干燥，砂土不可用来扑灭爆炸或易爆物质发生的火灾。

⑥ 灭火毯。一般火灾的初起阶段，都可将灭火毯直接覆盖住着火物，直至着火物熄灭。也可在火灾发生时，将灭火毯披盖在身体上，迅速逃离火场。

（2）灭火器设置点的要求：

① 灭火器应设置在明显的地点，便于实验区域内员工取用。

② 灭火器的设置不得影响安全疏散。

③ 灭火器设置点应便于人员对灭火器进行保养、维护及清洁卫生。

④ 灭火器的设置点环境不得对灭火器产生不良影响。

⑤ 对有视线障碍的灭火器设置点，应设置指示其位置的发光标志。

⑥ 灭火器设置点上方须用标示牌标示。

（3）手提式灭火器应设置在灭火器箱内或挂钩、托架上（其顶部离地面高度应小于1.5m，其底部离地面高度应小于0.15m）；推车式灭火器摆放应稳定，其铭牌朝外。

（4）干粉灭火器的报废年限从出厂日期算起，达到以下年限的，必须报废：

① 手提式干粉灭火器（贮气瓶式），8 年。

② 手提贮压式干粉灭火器，10 年。

③ 推车式干粉灭火器（贮气瓶式），10 年。

④ 推车贮压式干粉灭火器，12 年。

（5）干粉灭火器过了有效期就要送到有维修灭火器资质的单位进行充气换粉。重新充气换粉的干粉灭火器有效期一般为一年。

## 第三节　特种设备管理

特种设备是指在工业生产过程中具备特殊性能或因特殊结构、材质、工艺以及使用方式等具有较高风险的设备。由于其特殊性和复杂性，特种设备在实验过程中存在较高的安全风险，一旦管理不善或操作失误，就可能导致安全事故的发生，对实验人员生命财产构成严重威胁。因此加强特种设备安全管理，既是法律的要求，也是保障实验人员生命财产安全的必要举措。

### 一、实验常用的特种设备

特种设备，是指对人身和财产安全有较大危险性的锅炉、压力容器（含气瓶）、压力管道、电梯、起重机械、客运索道、大型游乐设施、场（厂）内专用机动车辆，以及法律、行政法规规定适用《中华人民共和国特种设备安全法》的其他特种设备。

实验常用的特种设备有：锅炉、压力容器（含气瓶）、压力管道、电梯、起重机械、场（厂）内专用机动车辆、安全附件。根据《质检总局关于修订〈特种设备目录〉的公告》（2014年第114号），锅炉、压力容器（含气瓶）、压力管道、电梯、起重机械、场（厂）内专用机动车辆、安全附件的定义如下：

（1）锅炉，是指利用各种燃料、电或者其他能源，将所盛装的液体加热到一定的参数，并通过对外输出介质的形式提供热能的设备，其范围规定为设计正常水位容积大于或等于30L，且额定蒸汽压力大于或者等于 0.1MPa（表压）的承压蒸汽锅炉；出口水压力大于或等于 0.1MPa(表压)，且额定功率大于或等于 0.1MW 的承压热水锅炉；额定功率大于或者等于 0.1MW 的有机热载体锅炉。

（2）压力容器，是指盛装气体或者液体，承载一定压力的密闭设备，其范围规定为最高工作压力大于或等于 0.1MPa(表压)的气体、液化气体和最高工作温度高于或者等于标准沸点的液体、容积大于或者等于 30L 且内直径(非圆形截面指截面内边界最大几何尺寸)大于或者等于 150mm 的固定式容器和移动式容器；盛装公称工作压力大于或等于 0.2MPa(表压)，且压力与容积的乘积大于或等于 1.0MPa·L 的气体、液化气体和标准沸点等于或低于 60℃液体的气瓶；氧舱。

（3）压力管道，是指利用一定的压力，用于输送气体或者液体的管状设备，其范围规定为最高工作压力大于或等于 0.1MPa(表压)，介质为气体、液化气体、蒸气或者可燃、易爆、有毒、腐蚀性、最高工作温度高于或等于标准沸点的液体，且公称直径大于或者等于 50mm 的管道。公称直径小于 150mm，且其最高工作压力小于 1.6MPa(表压)的输送无毒、不可燃、无腐蚀气体的管道和设备本体所属管道除外。

（4）电梯，是指动力驱动，利用沿刚性导轨运行的箱体或者沿固定线路运行的梯级(踏步)，进行升降或者平行运送人、货物的机电设备，包括载人(货)电梯、自动扶梯、自动人行道等。

（5）起重机械，是指用于垂直升降或者垂直升降并水平移动重物的机电设备，其范围规定为额定起重量大于或等于 0.5t 的升降机；额定起重量大于或等于 3t，且提升高度大于或等于 2m 的起重机。

（6）场(厂)内专用机动车辆，是指除道路交通以外仅在实验区域使用的专用机动车辆，如铲车、叉车等。

（7）安全附件，是指安全阀、爆破片装置、紧急切断阀、气瓶阀门等。

## 二、特种设备安全管理要求

法人单位应建立健全特种设备管理制度，设置特种设备安全管理机构或配备专(兼)职特种设备安全管理人员。

1. 特种设备作业人员管理

（1）依据《特种设备安全监察条例》规定，锅炉、压力容器、电梯、起重机械、场(内)专用机动车辆的作业人员及其相关管理人员为特种设备作业人员，应经特种设备安全监督管理部门考核合格，取得国家统一格式的特种作业人员资格证书，方可从事相应的作业或者管理工作。

（2）特种设备使用单位应当对特种设备作业人员进行特种设备安全、节能教育和培训，保证特种设备作业人员具备必要的特种设备安全、节能知识。特种设备作业人员在作业中应当严格执行特种设备的操作规程和有关的安全规章制度。

（3）特种设备作业人员应对其使用的特种设备进行经常性维护保养和定期自行检查并做好记录；对其使用的特种设备的安全附件、安全保护装置进行定期校验、检修，并做好记录。

（4）特种设备作业人员在作业过程中发现事故隐患或者其他不安全因素，应当立即向现场安全管理人员和单位有关负责人报告。

2. 特种设备的采购

（1）法人单位在购置特种设备时，应选择由国家相关部门认定的具有特种设备生产资质厂家生产的设备，禁止采购和使用国家明令淘汰和已经报废的特种设备。法人单位不得自行设计、制造和使用自制的特种设备，也不得擅自对已有的特种设备进行改造或维修。

（2）购置进口特种设备必须符合国家对特种设备的相关规定要求，入关时应主动办理好检验、检疫手续，不购置使用不符合国家规定要求的特种设备。

（3）购置的特种设备，应附有《特种设备安全技术规范》要求的设计文件、产品质量合格证明、安装及使用维护保养说明、监督检验证明等相关技术资料和文件。并在特种设备显著位置设置产品铭牌、安全警示标志及其说明。

3. 特种设备安装、改造和维修

（1）特种设备购置后，应由制造该设备的厂家负责安装和调试，不得自行安装。当制造厂家不能安装和调试时，应选择经制造单位委托或同意的具有经国家认定的专业施工资质的单位负责安装和调试。

（2）依照《特种设备安全监察条例（2009 年）》的规定，锅炉、压力容器、电梯、起重机械的安装、改造、维修以及场（厂）内专用机动车辆的改造、维修，必须由依照本条例取得许可的单位进行。

（3）电梯的安装、改造、维修，必须由电梯制造单位或者其委托的依照取得相应许可的单位进行；电梯制造单位委托其他单位进行电梯安装、改造、修理的，应当对其安装、改造、修理进行安全指导和监控，电梯的安装、改造、修理活动结束后，电梯制造单位应当按照安全技术规范的要求对电梯进行校验和调试，并对检验和调试的结果负责。

（4）特种设备安装、改造、修理竣工后，安装、改造、修理的施工单位应当在验收后三十日内将相关技术材料和文件移交法人单位。法人单位应当将其存入该特种设备的安全技术档案。

（5）除对使用的特种设备进行经常性维修保养和定期自行检查并做好记录，还应当对特种设备安全附件、安全保护装置进行定期检验、检修，并做好记录。

（6）特种设备出现故障或者发生异常情况，应当上报设备管理部门，安排具有维修资质的维保单位或厂家对其进行全面检查。在故障排除并确保消除安全隐患后，方可重新投入使用。

（7）锅炉、压力容器、压力管道、电梯、起重机械的安装、改造、重大修理过程，应当经特种设备检验机构按照《特种设备安全技术规范》的要求进行监督检验。未经监督检验或监督检验不合格的，不得交付使用。

（8）特种设备安装、改造、修理的施工单位应当在施工前将拟进行的特种设备安装、改造、修理情况书面报告直辖市或设区的市级人民政府负责特种设备安全监督的市场监督管理部门。

4. 特种设备档案

法人单位应当建立特种设备安全技术档案，应当包括以下内容：

（1）特种设备的设计文件、制造单位、产品质量合格证明、使用维护保养说明等文件，以及安装技术文件和资料。

（2）特种设备的定期检验和定期自行检查记录。

（3）特种设备的日常使用状况记录。

（4）特种设备及其安全附件、安全保护装置、测量调控装置及有关附属仪器仪表的维护保养记录。

（5）特种设备的运行故障和事故记录。

5. 特种设备登记

（1）在特种设备投入使用前或者投入使用后30日内，法人单位应向直辖市或设区的市级特种设备安全监督管理部门办理使用登记，取得使用登记证书。登记标志应当置于该设备的显著位置（包括设备本体、附近或者操作间），如可置于锅炉房内墙上或者操作间内，可置于电梯轿厢内，也可将登记编号置于显著位置。

（2）特种设备进行改造、维修后，如需变更其使用登记的，应当在办理变更登记后，方可继续使用。

（3）特种设备使用登记标志应当结合检验合格标志置于特种设备显著位置，提示使用者（乘坐者）该特种设备是否在有效期内使用。

（4）在特种设备检验合格证有效期届满前30日内向特种设备检验部门提出检验申请，未经定期检验或者检验不合格的特种设备，不得继续使用。

（5）未按要求办理注册登记手续、未取得特种设备使用登记证、未经定期检验、超出定期检验合格有效期、检验不合格的特种设备，不得继续使用。

6. 特种设备使用

（1）法人单位应当使用符合安全技术规范要求的特种设备。在使用前，应当核对其是否有安全技术规范要求的设计文件、产品质量合格证明、安装及使用维修说明、监督检验证明等文件。

（2）法人单位应当建立岗位责任、隐患治理、应急救援等管理制度，制定特种设备操作规程，保证特种设备安全运行。

（3）对使用的特种设备进行经常性日常维护保养，日常保养包括对安全附件、安全保护装置、测量控制装置及有关附属仪器仪表进行定期校对和检验，并做好记录。应当至少每月对特种设备进行一次自查，并做好记录。

（4）法人单位特种设备安全管理人员对特种设备使用状况进行自查和日常维护保养。发现异常情况的，应当及时处理；情况紧急时，可以决定停止使用特种设备并及时报告本单位有关负责人。

（5）法人单位应当在安全检验合格有效期届满前1个月内向特种设备检验检测机构提出检验要求。未经定期检验或者检验不合格的特种设备，不得继续使用。

（6）特种作业人员在作业过程中发现事故隐患或其他不安全因素时，应当立即向特种设备安全管理人员和单位有关负责人报告，待消除事故隐患后，方可重新投入使用；特种设备运行不正常时，特种设备作业人员应当按照操作规程采取有效措施保证安全。

7. 特种设备报废

（1）特种设备存在严重事故隐患，无改造、修理价值，或者达到安全技术规范规定的其他报废条件的，应当及时予以报废，并向原登记的负责特种设备安全监督管理的部门办理注销手续。

（2）达到设计使用年限仍可以继续使用的，法人单位应当按照《特种设备安全技术规范》的要求通过检验或者安全评估，并办理使用登记证书变更，方可继续使用。被允许继续使用的特种设备，法人单位应当采取加强检验、检测和维护保养等措施，确保其使用安全。

## 三、常见特种设备安全操作规范

1. 压力容器

压力容器，一般泛指在实验过程中盛装用于完成反应、传质、传热、分离和储存等实验工艺过程的气体或液体，并能承载一定压力的密闭设备。

使用压力容器的安全操作规范：

（1）操作人员应掌握压力容器工艺流程，熟悉实验工艺流程中各种介质的物理性能和化学性能，实验过程所涉及的物理、化学反应类型。

（2）操作人员应严格按照压力容器安全操作规程执行，对容器和设备进行巡回检查和维护保养，认真、如实地填写操作运行记录。

（3）压力容器的安全检查每月进行一次，检查内容主要包括安全附件、装卸附件、安全保护装置、测量调控装置、附属仪器仪表是否完好，各密封面有无泄漏，以及其他异常情况等。

（4）实验过程中如发现异常现象，一定要正确处理；严禁在工作状态下拆卸螺栓或压盖等。

（5）在压力容器使用过程中，应加强巡查，避免出现超温、超压、超负荷、安全装置失灵等现象。

（6）使用过程中，操作人员不得离开。

> **警示案例**
>
> 事故经过：2009年10月23日，北京某大学一实验室在仪器调试过程中，发生爆炸事故，导致一名老师、两名学生和两名设备公司人员受伤。
>
> 事故原因：在调试新购进的厌氧培养箱时，因设备超压引发了爆炸。

2. 高压反应釜

高压反应釜是一种进行高压反应的装置，广泛应用于化学化工实验中。高压反应釜操作的压力范围通常在0.1~10MPa之间。

高压反应釜安全操作规范：

（1）高压釜应放置在符合防爆要求的高压操作室内，每间操作室均有直接通向室外或通道的出口，高压釜应有可靠的接地。

（2）使用前要检查安全阀、防爆膜、压力表、温度计等安全装置是否准确灵敏好用，安全阀、压力表是否已校验，并铅封完好，压力表的红线是否画正确，防爆膜是否内漏；高压釜内部及衬垫部位要保持清洁。

（3）实验前，操作人员应掌握釜内物料的理化性质，以及反应过程中可能达到的最高压力数值。

（4）反应釜中加入的液体不能超过反应釜总容积的2/3；避免将腐蚀性很强的酸、碱等物放置在反应釜中；禁止将大量产热或产气反应的实验放置在反应釜中。

（5）操作人员要在反应釜容许的压力、温度等条件范围内使用。高压釜运行时的工作压力，最好在其额定使用压力的1/2以内。操作过程中严格控制反应温度和压力，以避免超温超压情况发生。

（6）旋紧或松开盘式法兰盖时，要将位于对角线的螺栓，一对对地依次拧紧或松开，严禁顺圆周方向依次拧紧或松开；在反应釜带压或升温的情况下不能旋紧或松开螺母。

（7）要保护进气管、排气管及压力表与釜盖连接的支管开关；必须确保反应釜的密封性能良好，防止反应物泄漏；定期对高压反应釜进行维护和检修。

（8）在高压反应釜的使用过程中，要随时观察压力表、温度表的示数，防止超温超压。要经常倾听反应釜内有无异常的振动和响声，如有异常振动和响声，应立即终止实验，待其自然冷却后，方可开盖进行检查。严禁在高温高压下敲打、拧动螺母、螺栓。

（9）反应结束停止加热和搅拌，在压力降为零和釜内温度降为室温时，方可打开釜盖；但不得采取速冷的方式对高压反应釜进行降温，以防过大的温差压力导致高压反应釜损坏。

（10）釜内反应物用虹吸入倾斜法自釜中倒出，切勿用金属器械刮取，以免损坏釜内壁。

（11）高压反应釜长期停用时，釜内外要清洗擦净，不得有水及其他物料，并存放在清洁干燥无腐蚀的地方。

**警示案例**

事故经过：2021年3月31日，北京某化学研究所实验室内发生反应釜高温高压爆炸，导致一名研究生当场死亡。

事故原因：该名研究生未等反应釜冷却就打开釜盖，釜盖在高温高压下崩开，导致该学生当场死亡。

### 3. 水热反应釜

水热反应釜，俗称消解罐、高压消解罐、高压罐，又称水热合成反应釜，是由不锈钢材料制成的，釜内根据需要可以放入聚四氟乙烯内衬，用作分解难溶物质的密闭容器；也可创造出高温、高压、强酸、强碱的特殊环境来快速消解难溶物质；还可作为一种耐高温耐高压防腐的反应容器，以及用于有机合成、水热合成、晶体生长或样品消解萃取等方面。

水热反应釜安全操作规范：

（1）每次使用前，都应仔细检查釜体、聚四氟乙烯内胆是否有破损，及时更换淘汰有裂纹、受损或变形的水热釜及内胆。使用之前还要检查釜体的气密性。

（2）以下溶液禁止水热反应：

① 溶剂沸点低于60℃（如丙酮、二氯甲烷等）。

② 反应过程中产生大量气体（如氨水、双氧水、硝酸等）。

③ 物料具有易燃、易爆、毒性程度极度或高度危险性。

（3）实验反应前，应知晓所用溶剂在反应温度下的饱和蒸气压，确认不会超过安全压力方可使用。

（4）由于水热釜内胆为聚四氟乙烯材质，存在热胀冷缩的物理特性，初次使用时水热釜釜盖不宜拧得过于坚固，避免高温下内胆因热挤压导致严重变形的情况发生。

（5）加热反应釜的烘箱升温应设定温度值或缓慢升温。在升温过程中，操作人员应与烘箱保持安全距离，以防爆炸伤人。操作人员禁止远离烘箱，确需离开时应委托他人照看，原则上不做过夜反应。要时常检查温度计显示温度与烘箱的实际温度是否一致，控温误差最好在±2℃以内，一定要防止烘箱温度过高（即实际温度远大于设定温度），时刻观察烘箱及反应釜是否出现异常情况。

（6）反应完毕后，不能立即把水热反应釜拧开，要等反应釜完全冷却后，先用钢棒轻轻把釜盖旋扭松开，然后将釜盖翻开（注意，此时釜内仍可能有气体喷出）。打开釜盖时，需佩戴面部防护用品、手脚防护用品、呼吸面罩等。

（7）试验完毕要及时将其清洗干净，以免锈蚀，釜体、釜盖线密封处要分外留意，谨防将其碰伤损坏。

## 第四节　加热设备安全操作规范

### 一、烘箱

烘箱又称"干燥箱"，是指通过电加热的方式干燥玻璃仪器或化学样品的设备，也可提供实验反应所需的温度和热量。烘箱属于大功率高温设备，使用时要注意安全，防止火灾、触电及烫伤等事故。

烘箱安全操作规范：

（1）使用烘箱的实验室必须制定安全操作规程，并张贴上墙，使用人员要严格按照操作规程正确使用。

（2）烘箱底部接触物应耐热和易散热，不能直接放置于地面或木桌、木板等易燃物品上，应放置在金属置物架上，周围有一定的散热空间；烘箱旁不能放置易燃易爆化学品、气瓶、冰箱等杂物。

（3）烘箱一般只能用于烘干玻璃、金属容器或加热过程中不分解、无腐蚀性的样品；禁止烘烤溶剂、油品等易燃、可燃挥发物或刚用乙醇、丙酮淋洗过的样品、仪器。

（4）烘箱内应采用搪瓷、不锈钢、玻璃、陶瓷等材料制作的容器盛放待烘烤的实验样品，不得使用塑料筐等易燃容器盛放物品。

（5）每次使用烘箱前，都要检查烘箱的风道和风孔是否畅通，以保证正常送风。真空干燥箱应及时调控真空度。烘烤温度设定不能超过烘箱的最高规定温度。

（6）选择与烘箱功率相匹配的专用固定插座，并配有漏电保护装置，严禁通过插座串联供电；烘箱通电前，应检查电源线、接地线是否良好。

（7）烘箱工作期间，应每 10~15min 观察一次，箱内温度是否与烘件工艺要求的预期温度相符，烘箱表面温度不应超过 60℃。如烘箱内发出异常声音或周边散发异常焦味，应立即切断电源，停止烘箱工作。

（8）烘箱在工作时，必须将风机打开。高温烘烤物品后，不能立即关掉总开关，应打开烘箱风扇开关，让烘箱内热量散发出去后方可关机，以免烘箱局部受热变形。真空干燥箱不需连接抽气时，应先关闭真空阀，再关闭真空泵电源，否则真空泵油会倒灌至箱内。

（9）烘箱使用完毕，使用人应立即切断电源，拔出电源插头，并确认其冷却至安全温度方可离开。当烘箱内温度在 100℃ 以上时，请勿打开箱门。

（10）保持烘箱内清洁，在清洗烘箱透明可视窗时，不可用有机溶剂擦拭。定期检修电控制箱和更换电热接触器。

---

**警示案例**

事故经过：2009 年 4 月 8 日半夜，某大学化学实验室的一个烘箱突然发生爆炸。第二天经实验室人员检查，发现爆炸原因是该烘箱由于使用年代比较长，其控温设备在当晚失效，从而使烘箱的温度从设定的 220℃ 上升到 250℃。在这样的高温下，放置在烘箱内的水热釜内压力增大，以致发生爆炸。

事故原因：烘箱老旧，超过使用期限，存在安全隐患；进行烘箱作业时，无人值守。

---

## 二、马弗炉

马弗炉又称马福炉或箱式电阻炉，是一种通用的加热设备，供做元素分析测定前处理和淬火、退火、回火等热处理用，还可用于金属、陶瓷的烧结、熔解、分析等高温加热。马弗炉的最高工作温度分别可达 900℃（石英管材质）、1200℃（碳化硅或氧化铝材质）和 1600℃，相应的电功率高于 4kW（电流高于 22A）。

马弗炉安全操作规范：

（1）使用马弗炉的实验单位须制定安全操作规程，并张贴上墙，使用人员必须严格按照操作规程正确使用。

（2）马弗炉应放置在没有易燃易爆气体和粉尘及有良好通风条件的专门房间的坚固、平稳、不导电的平台上，炉底接触物应耐热和易散热，放置位置、高度合适，方便操作。

（3）在马弗炉加热时，炉外壳也会变热，马弗炉附近不得放置、囤积易燃易爆等低燃点及酸性腐蚀性等易挥发性物品。

（4）为了保障取放物品时的安全，马弗炉不得随地放置，如需叠放最多只能 2 层且有金属架隔离。

（5）选择与马弗炉功率相匹配的固定插座，并配有漏电保护装置，外壳必须有效接地，严禁通过插座串联供电。烘箱通电前，应检查电源线路绝缘是否良好，导线及其连接处是否完好，接地线是否良好，绝缘塑料或橡皮是否熔化和熔断。

（6）马弗炉在第一次使用时或长时间停用后再次使用前，必须进行烘炉，否则容易造成炉膛开裂。

（7）使用马弗炉时，应先将样品放入炉膛，再打开电源。马弗炉内不得使用塑料筐等易燃容器盛放待焙烧的实验物品，应采用搪瓷、不锈钢、石英玻璃、陶瓷等材料制作的容器盛放。马弗炉内不宜焙烧酸性、碱性化学品或强氧化剂等。

（8）在使用马弗炉时，关好箱门即可，不可上锁。在打开炉门冷却时，炉门只开一条细缝，禁止全开。

（9）马弗炉使用期间，不得长时间无人看管，应每 10~15min 观察一次，炉内温度是否与样品要求的预期温度相符。设定焙烧温度不能超过最高规定温度。

（10）保持炉膛清洁，及时清除炉内氧化物之类的杂物。熔融碱性物质时，不要超过容器的二分之一，以防熔融物外溢污染炉膛。

（11）马弗炉使用完毕，应立即拔掉电源插头，并确认其冷却至安全温度方可离开。

（12）应定期检修马弗炉的线路和马弗炉的安全状况。对马弗炉内热电偶进行校正。

## 三、高温管式炉

高温管式炉，是指在密闭条件下，指定气体气氛下高温处理样品的设备，分为立式和卧式。

高温管式炉安全操作规范：

（1）高温管式炉本身不耐压，当管式炉两端堵住加热时，气腔内的气体因为受热膨胀，可能会发生爆炸。密闭的反应体系非常容易产生高压而发生爆炸，在设计密闭反应体系的试验时，要考虑反应会不会产生大量的热，以及反应物体积变化等种种因素。

（2）管式炉应放置在稳定的平台上面，注意通风，使用过程中应注意防护，戴口罩、手套、穿防护服、防止烫伤；操作过程中应站在管式炉正面，不要正对封口端，以免发生危险。

（3）清理设备内部以及周围 1m 内的物体，确保无纸箱、无可燃物，以免发生堵塞或火灾。

（4）确认炉管尺寸，管式炉使用最佳温度范围，检查法兰密封圈是否老化，如有老化现象要及时更换。

（5）检查电源以及热电偶连接探头，注意正负极连接，防止连反；检查气源压力以及气路管线的密封性和通畅性。

（6）设置升温程序，升温速率不宜过快，应小于 $5℃/min$，防止升温过快影响管壁强度，导致破管。

（7）使用惰性气体开展实验后要现场观察至少 15min，实验过程中要定期巡检；使用易燃、易爆、有毒害的气体时，实验人员要全程值守不得离开，每半小时用便携式检测器排查是否有泄漏情况，如有异常情况，停止使用并及时上报维修。

（8）高温管式炉内不得使用塑料筐等易燃容器盛放待烘烤的实验物品，应采用搪瓷、不锈钢、石英玻璃、陶瓷等材料制作的容器盛放。

（9）高温管式炉使用结束后，应立即切断电源，拔出电源插头，使之缓慢冷却后再打开炉门，以免出现炸膛、玻璃器皿骤冷炸裂等情况。

## 四、真空干燥箱

真空干燥箱不同于普通电烘箱，其可以比较快速地干燥一些怕氧、高温容易分解或熔点低而易熔融的化合物。

真空干燥箱安全操作规范：

（1）使用真空干燥箱时，必须先抽真空到要求的真空度，再加热升温。

（2）物品若比较潮湿，须在真空箱和真空泵之间加过滤器或冷阱，防止溶剂被直接抽进真空泵。干燥潮湿样品时，用含针孔的滤纸包扎盖好，以免干燥后喷到烘箱里。

（3）真空泵不能长时间工作，当真空度达到干燥物品要求时，应先关真空阀，再停真空泵。如真空度达不到干燥物品要求时，再打开真空泵及真空阀，继续制造真空环境，反复数次。

（4）真空干燥箱内不得干燥易燃易爆、易产生腐蚀性气体或减压下易分解爆炸的样品。

（5）真空干燥箱不得当普通烘箱使用。真空干燥泵不可在无人状态下工作。

## 五、电加热套

电加热套，一般由内层、隔热层和防护层三层组成，采用防火不燃纤维，内含高温棉，外包裹不燃、耐高温（550～1450℃）的无碱玻璃纤维隔热布，经特殊工艺处理后加工而成。

电加热套安全操作规范：

（1）首次使用时，套内有白烟和异味冒出，颜色由白色转变为褐色再变为白色属于正常现象。因玻璃纤维在生产过程中含有油脂及其他化合物，应放在通风处，加热数分钟后烟雾消失，方可正常使用。

（2）使用时要确认工作电压处于额定值，禁止欠压或者过压使用。

（3）柔性加热套需与被加热物体紧密贴合安装，无空隙，不然会导致加热效率低、使用寿命变短。

（4）防止尖锐物体与加热套接触，防止刺穿后漏电。局部也不能受到剧烈挤压，并定期检查加热套有无受损情况。

（5）使用时不要触碰加热套，防止意外发生，不要用加热套取暖或干烧。

（6）环境湿度相对较大时，可能会有感应电透过保温层传到外壳，所以仪器应有良好的接地装置，禁止自行维修、拆卸或修改电路。

（7）当液体溢入加热套时，须迅速关闭电源，将电加热套放在通风处，待干燥后方可使用，以免漏电或电器短路发生危险。

## 六、恒温水浴锅

恒温水浴锅，是通过恒温水为反应器提供恒定的反应温度。一般可用于蒸发、蒸馏、干燥、浓缩及浸渍化学试剂，也可用于恒温加热和其他温度实验。

恒温水浴锅安全操作规范：

（1）使用前先把蒸馏水加入水箱中，所加水位必须高于电热管表面，但也不能太满，以免水沸腾时流入隔层和控制箱内，发生触电事故。

（2）工作完毕，将温控旋钮、增减器置于最小值，切断电源。

（3）不用时将水及时放掉并擦拭干净，保持清洁，以延长恒温水浴锅使用寿命。

# 第五节　制冷设备安全操作规范

## 一、电冰箱

许多化学试剂在常温时易挥发或者不稳定而易发生分解，因此必须在低温条件下保存在冰箱或冰柜中。电冰箱，是用来储存冷藏、低温、恒温化学品试剂和样品的设备；防爆冰箱是通过技术手段从根本上消除普通冰箱内部可引起火灾、爆炸等的隐患。

电冰箱安全操作规范：

（1）冰箱或冰柜应放置在平整、牢固的平面上；保持通风良好，远离热源、湿气、油烟。两侧以及背面或墙壁距离不得少于 10cm，顶部不得放置其他发热物品、杂物等。严禁在冰箱或冰柜周围堆放易燃易爆试剂和物品。

（2）冰箱应使用单独线路和固定插座。在节假日放假前，应检查冰箱或冰柜的使用情况。

（3）新冰箱或维修后的冰箱，在通电空箱运行 2~3h，确定冰箱可正常运行之后，再将实验物品放置进去。

（4）冰箱冷冻室内宜保持温度 −15~−10℃，冷藏室宜保持温度 0~3℃。保持冰箱出水口通畅。非自动除霜冰箱应定期除霜和清洁。

（5）储存易燃易爆危险化学品的冰箱必须为防爆冰箱或经过防爆改造的冰箱，禁止使用普通冰箱储存易燃易爆试剂。

（6）冰箱内严禁存放与本实验场所无关的物品，放入冰箱内的所有试剂、样品等必须密封保存，存放的化学试剂必须粘贴信息标签，包含试剂名称、浓度、配制人、日期等信息。应定期清理冰箱内长期不用的试剂。实验室内的冰箱或冰柜内严禁存放食物、饮料等。

（7）不要将剧毒、易挥发或易爆化学试剂存放在冰箱里。

（8）防爆冰箱不宜存放过多的有机溶剂，存放易挥发有机试剂的容器必须加盖密封；间隔一定时间须打开冰箱门换气，使冰箱内的有机蒸气及时散发。

（9）冰箱内保存的化学试剂，应分类合理摆放。存放在冰箱内的试剂瓶、烧瓶等重心较高的容器应加以固定，防止因开关冰箱门时造成倒伏或破裂。冰箱内存放强酸、强碱以及腐蚀性试剂时，必须选择耐腐蚀的容器，并且要存放在托盘内，以免器皿被腐蚀后试剂外泄损坏冰箱。

（10）实验场所原则上不得超期使用冰箱(一般冰箱使用期限为 10 年)。

## 二、低温液体容器

低温液体容器，是盛装低温液体的容器。实验过程中常用的低温液体有液氧、液氮和
液氩等。常压下，液氧的沸点为 -183℃、液氮的沸点为 -196℃、液氩的沸点为 -186℃。

低温液体容器安全操作规范：

（1）低温液体容器存放区域应设置标识牌，以标识低温液体的理化特性、健康危害和
急救措施等信息。非实验工作人员一律不得进入存放区。

（2）低温罐只能充装规定的低温介质，不可装入其他低温介质。低温液化罐是由铝合
金制成的双层壁的真空绝热容器，内、外两层，夹层制成高度真空，以断绝外热传入内腔，
使用前仔细检查内外有无缺损，内部是否干燥和有异物。

（3）容器充装低温液体以及长期停用后重新充装时，因内胆是常温，充装切勿过快，
应先少量注入，使内胆逐渐冷却，沸腾现象减弱后再加快充注速度；装入低温液体后观察
24h，外部无结霜，确定安全后方可使用。

（4）因为低温液体在室温下极易挥发，故要求低温容器的绝热性能好；低温液体的容
器要保持竖直放置在通风良好的地点，有利于从容器内泄漏的液氮快速蒸发气化，避免出
现缺氧环境；避免周边有热、腐蚀性介质，避免阳光直射；在长期使用和储存低温液体的
房间内，安装氧气报警器；使用时避免不断地振动和摇摆。

（5）因为低温液体的温度很低，与室温的温差较大，一旦低温液体泄漏于外环境，容
易发生剧烈沸腾甚至喷射。所以在转移、倾倒液态低温物质时，注意避免冻伤，需要戴专
用的低温手套，禁止戴孔隙较多的普通劳保线手套。操作时一定要穿上防护衣、戴防护面
具或防护眼镜，以免低温液体溅到眼睛或手脚等部位。

（6）搬动低温液体罐时，应避免碰撞或接触低温液体罐的颈部，灌装低温液体时应避
免低温液体与低温罐颈部接触；不要直接用罐向外倾倒低温液体，以免冻坏颈口；如发现
罐壁结霜或低温液体消耗过快，表示罐的绝热性能失常，应予以检查维修或更换。

（7）使用低温液体时，液化气体经过减压阀应先进入一个耐压的橡皮袋和气体缓冲瓶，
再由此进入要使用的仪器内，这样可防止低温液体因减压而突然沸腾汽化、压力猛增而发
生爆炸的危险。

### 三、低温循环泵

低温循环泵是采取机械形式制冷的低温液体循环设备，具有提供低温液体、低温水浴的作用。低温循环泵也可以与旋转蒸发器、真空冷冻干燥箱、磁力搅拌器等仪器结合使用，进行低温冷却、低温化学反应等。

低温循环泵安全操作规范：

（1）启动低温循环泵之前，应在槽内加入液体介质(纯水、酒精、防冻液也可)，介质液面以没过槽内冷盘管并低于台面 20mm 为宜。操作时应经常注意槽内介质液面高低，当液面过低时，及时添加。

（2）避免酸碱类物质进入槽内，以免腐蚀盘管以及内胆。

（3）当低温循环泵工作温度较低时，注意不要开启上盖，手勿伸入槽内，以防冻伤。

（4）低温液体外循环时，应特别注意引出管连接处的牢固性，严防脱落，以免液体漏出。

（5）长久不用时，应清空槽内的介质，并且擦拭干净，保持工作台面和操作面板的整洁。

## 第六节　高能高速装置安全操作规范

### 一、离心机

离心机，是利用离心力将样品混合物中的液体与固体颗粒分离出来的机器，广泛应用于生物医药、化学化工、农业和食品卫生等领域。

使用离心机的安全操作规范：

（1）将离心机安放在紧固平整的台面上，离心机在工作状态下严禁打开门盖；操作人员在操作离心机时，应避免穿戴宽松的衣物、领带等，女士的长发须盘起戴好帽子。

（2）使用离心机前，在天平上精密地平衡离心管和其内容物，质量之差不得超过离心机说明书所规定的范围；离心机不要用于含有有机溶剂的固液离心分离操作。

（3）根据离心液体的性质及体积选用合适的离心管。离心管的数目不能为单数，必须对称放入套管中。若只有一支样品管，另一边应用同质量的水替代。

（4）启动前，应仔细检查转头盖是否拧紧，确认拧紧后，方可慢慢启动离心机，一般离心时间为 1~2min。在离心机旋转期间，实验操作人员不得离开离心机，应随时观察离心机是否正常工作，一旦发现离心机异常（如不平衡导致机器明显振动，或噪声很大），应立即按下停止键；一般情况下不要通过强行断电的方式停止离心机的旋转，在运行过程中强行断电会导致离心机的刹车功能失效，反而增加了停机时间。

（5）离心分离结束后，要先关闭离心机，再关闭电源。在离心机完全停止转动后，方可打开离心机盖，取出样品，不得使用外力强制其停止旋转。

（6）离心机在使用完毕，拔出电源插头切断电源，并确认其停止转动后将转头和仪器擦洗干净，以防试液沾污而产生腐蚀。

## 二、微波反应器

微波是一种高频率的电磁波，其本身并不产生热。通过磁控管可将电能转变为微波，以 2450MHz 的振荡频率穿透介质，当介质有合适的介电常数和介质耗损时，便会在交变电磁场中发生高频振荡，使能量在介质内部积蓄起来。微波技术应用于有机合成反应，可使反应速率比常规方法快数十倍甚至数千倍，可以合成常规方法难以获得的产物，因此在化学化工实验中得到了较广泛的应用。

使用微波反应器的安全操作规范：

（1）严禁在炉腔无负载的情况下开启微波，以免操作磁控管。

（2）微波反应器应水平放置，避免磁力搅拌不能正常工作。

（3）请勿将金属物品、密闭容器放入炉腔。

（4）不要在微波反应器内烘干布类、纸制品类，因其含有容易引起电弧和着火的杂质。

（5）微波反应器工作时，切勿贴近炉门或从门缝观看，以防止微波辐射损坏眼睛。

（6）工作完毕后，从炉腔拿出器皿时，应戴隔热手套，以免高温烫伤。

（7）反应器外罩的百叶窗严禁覆盖，以免散热不良而造成仪器损伤。

（8）经常清洁炉内，使用温和洗涤液清洁炉门及绝缘孔网，切勿使用腐蚀性清洁剂。

## 三、电磁搅拌器

电磁搅拌器，由可旋转的磁铁和控制转速的电位器组成，使用时将聚四氟乙烯搅拌子（也称磁子）放入反应容器内，可根据容器大小选择合适尺寸的搅拌子，以达到最佳搅拌状态。

电磁搅拌器安全操作规范：

（1）在使用电磁搅拌器前，应检查搅拌和升温功能是否正常，配合加热套使用时，注意不要将液体洒到套内或前面板，否则容易造成短路。

（2）磁子的转速调整应由慢到快，转速并非越快越好，使磁子平稳转动。禁止从高速挡直接启动，以免磁子不同步。

（3）要留意电源线不能搭在加热面板上，否则会导致电线被烧焦或烧断。也不要尝试用手触及加热面板，以免烫伤。

（4）使用完毕后，将搅拌器擦拭干净，在干燥处存放。

---

**警示案例**

事故经过：2010 年 5 月 31 日，某大学一实验室在做油浴加热实验时，学生长时间离开实验室，因搅拌器使用时间过长，起火燃烧。

事故原因：操作人员长时间离岗，导致搅拌器长时间运转，搅拌器发热起火燃烧。

# 第七节　用电安全

在实验过程中，加热、通风、使用电源仪器设备、自动控制等都需要用电，用电不当极易引起火灾或造成人身伤害。实验与电的关系密切，要想保证实验安全进行，必须安全用电。所谓用电安全，是指实验操作人员、电气工作人员以及其他用电人员，采取必要的措施和手段，在保证人身及设备安全的前提下正确用电。

## 一、电气线路的安全使用

实验场所所有电气线路应具有足够的绝缘强度、机械强度和导电能力，按照国家或行业相关标准和要求进行设计和敷设。实验场所的动力电和照明电系统要分别独立设置，所有动力电和照明电闸全部采用空气开关，每一个回路都应配有漏电保护器。经常使用易燃易爆试剂实验场所的电气开关、仪器设备应防爆。

楼道配电柜的电闸和室内配电箱各空气开关要有永久性标志，注明各自的使用范围。每个实验房间都要设置单独的配电箱，配电箱前不应有物品遮挡，周围不应放置烘箱、电炉、易燃易爆气瓶、易燃易爆化学试剂、废液桶等；配电箱的金属箱体应与箱内保护零线或保护地线可靠连接。

严禁私自拆改线路，实验场所内各种线路都是按标准敷设的，新增电气设备仪器时，尤其是大型仪器，要考虑配电总容量，如果容量不够，必须经过增容后，方可使用。

电气设备的保护接地应采用焊接、压接、螺栓联结或其他可靠方法联结，严禁缠绕或挂钩；电缆线中的绿/黄双色线在任何情况下只能用作保护接地线。

经常使用和接触的配电箱、配电板、闸刀开关、按钮开关、插座、插销以及导线，必须保持完好、安全。不得有破损或将带电部分裸露出来，对不可避免的裸露部分应用绝缘胶布等绝缘体进行妥善绝缘处理。

## 二、插头插座的安全使用

依照《家用和类似用途插头插座 第1部分：通用要求》(GB/T 2099.1—2021)、《家用和类似用途单相插头插座 型式、基本参数和尺寸》(GB/T 1002—2021)相关规定，实验场所插头、插座的设置使用应遵守下列要求：

（1）插头插座应按规定正确接线，插座的保护接地极在任何情况下都应单独与保护接地线可靠连接，不得在插头插座内将保护接地极与工作中性线连接在一起。

（2）实验仪器设备应尽量使用固定插座，少用或不用移动插座，大功率(2kW以上)及连续使用超过半个工作日的仪器设备严禁使用移动插座。如确需使用，插头插座的安装应符合相应产品标准的规定，移动插座和延长线都必须获得强制性产品认证证书，并标注"CCC"认证标志。移动插座必须自带插头，有完整的保护。插座的电源插口必须配备防护门，防止金属物体意外接触而引起电击。

（3）实验场所内应预留足够多的专用插座，以满足大功率设备使用需求。实验场所配电容量、插头插座与用电设备功率须匹配。要经常检查插座使用情况，发现异常及时更换。

（4）使用移动插座时，应避免过载，不能超负荷使用，不能串接使用移动插座。严禁使用万能插座（一种既能插 2 相插头也能插 3 相插头的插座）。

（5）插拔插头时，应保证电气设备和电气装置处于非工作状态，同时人体不得触及插头的导电极，并避免对电源线施加外力。严禁通过用拽拉延长线的方式拔插头。不要将过长的延长线盘卷在一起。

（6）将插头完全插入插座，避免虚接，防止因接触点小，接线不牢靠导致接触电阻过大而引起火灾。

（7）严禁在无人的情况下给手机、平板电脑等电子设备充电。严禁在实验场所内使用电饭锅、电磁炉、电暖器等与实验工作无关的电器。

（8）移动插排不可放置在地面上使用，特别是放置在饮水机或水池附件，避免由于漏水引发短路或触电事故。

（9）如果使用进口仪器设备，查看其额定电压是否与实验场所电压相符，如不符，需要使用变压器和与之匹配的插座。

（10）避免移动插排超期服役，插排的使用年限根据其质量的好坏和使用的频率来确定，一般为三到五年。如果插头插入插排经常出现松动、接触不良的现象，则表示内部簧片弹性不足，插线板已经到了需要更换的年限。

（11）长时间停止使用电气仪器设备时，应断开电源、拔下插头。

## 三、电气设备的安全使用

1. 电气设备的正确使用

（1）电气设备的选购，应根据需要正确选择电气设备的规格型号、容量和保护方式（如过载保护等），不得擅自更改电气设备的结构、原有配置的电气线路以及保护装置的整定值和保护元件的规格等。

（2）建立正确合理的电气设备使用环境，电气设备应按照制造商要求的使用环境条件进行安装。所有电气设备的金属外壳都应按要求保护接地或保护接零，要经常检查电气设备的保护接地、接零装置，保证连接牢固。

（3）电气设备的周围应留有足够的安全通道和工作空间，且不应堆放易燃、易爆和腐蚀性物品。

（4）检查仪器设备铭牌的指标（如额定电压、额定电流、额定功率）与实验场所电源电压、电流、容量是否一致。实验场所工作环境温度和湿度范围是否相吻合。

（5）使用电气设备时，手要干燥。不要用潮湿的手接触通电工作的电气设备，也不要用湿毛巾擦拭带电的插座或电气设备。

（6）在可燃、助燃、易燃易爆物体的储存、生产、使用等场所或区域内使用的电气设备，其阻燃或防爆等级要求应符合上述特殊场所的标准规定。

（7）使用电气设备前，应仔细检查设备的电线、插头是否完好无损，外壳是否可能带电。

（8）电气设备工作时，要定期检查仪器设备使用状态。检查的主要内容有：电源线绝缘、发热情况，是否有裸露部分，保护接地是否正确，仪器设备性能是否正常等。操作人员要严格按照说明书的要求正确操作仪器设备，不得长时间离开现场。

（9）电气设备因停电或故障等情况而停止运行时，应及时切断电源；不能随便乱动或私自修理电气设备，对设备进行维修或安装新电气设备时，严禁带电操作，一定要切断电源，并在明显处或配电箱处放置"禁止合闸，有人工作"的警示牌。

（10）电气设备使用完毕后，拔下电源插座，清理干净电气仪器设备内物料、试剂。

**警示案例**

事故经过：1998年3月，某企业化验室人员发现配电箱上插座不好用，便通知维修人员前来进行维修。维修人员在没有关闭电源总闸的情况下，卸下配电箱更换插座，一不小心将螺丝刀掉在火线上，瞬间火花四溅，维修人员的手被电弧击伤。

事故原因：维修人员违章操作，在没有关闭总闸的情况下，带电进行维修作业。

2. 电气设备使用过程经常出现的几种异常的情况

（1）设备外壳或手持部位有麻酥的感觉。

（2）开机或使用过程中，跳闸或保险丝烧断。

（3）设备出现异常声音，如噪声加大、有内部放电、电机转动声音异常。

（4）出现异味，常见的有塑料味、绝缘漆挥发的气味，甚至烧焦的气味。

（5）仪器设备内部出现打火、冒烟现象。

（6）仪表指针频繁跳动，指示异常，超出正常范围。

当出现以上异常情况时，应立即断开电源，联系专业人员，对设备进行检修，经确认正常后，方可重新启动仪器设备。

**警示案例**

事故经过：2019年2月27日0时42分，江苏省南京某大学生物与制药工程学院楼3楼一实验室发出一阵响声，随后有明火蹿出窗户，火势迅速蔓延至5楼楼顶，整栋大楼浓烟滚滚，火灾烧毁3楼热处理实验室内办公物品及楼顶风机。

事故原因：实验结束后，操作人员未关闭设备电源，导致电路短路，发生火灾。

3. 电气设备维修

（1）电气设备维修应由专业人员按照制造商提供的维修规定要求进行。非专业人员不得从事用电设备的维修，但属于正常更换易损件情况除外。

（2）维修后需要检验的，要按规定进行检验后方能投入使用。不合格的用电设备不得投入使用，应及时予以报废。

（3）用电设备拆除时，应对原来的电源端作妥善处理，不能使任何可能带电的导电部分外露。

（4）长期放置不用的电气设备在重新使用前，应经过必要的检查检修和安全性能测试。

4. 用电环境安全

无论是电气线路的敷设还是电气设备的使用，都需要一个安全、良好的用电环境，否则，极易发生电气火灾事故。安全用电环境的基本要求如下：

（1）实验场所要有良好的通风、散热条件，安装有温度和湿度计。实验场所环境的温度一般不能超过35℃，如果室内温度过高，电气设备由于散热不好容易烧毁。室内空气相对湿度不要超过75%，空气太潮湿，容易导致短路事故。

（2）实验场所不要超量存放易燃易爆的化学试剂，如果易燃易爆试剂发生泄漏，这些物质的蒸气浓度超过爆炸极限时，遇电火花会引起着火、爆炸。

（3）实验场所的导电粉尘（如金属粉尘）浓度也不能过高，如果导电粉尘浓度过高，扩散到仪器设备内部，容易引起短路事故。

## 四、照明安全

照明的分类：按光源可分为热辐射光源、气体放电光源和半导体光源；按照明功能可分为正常照明、应急照明、值班照明、警卫照明和障碍照明。

（1）照明装置由灯具、灯座、线路和开关等设备组成，灯饰所用材料应为难燃型材料。灯具高度符合安装标准。照明灯具、日光灯镇流器等发热元件与可燃物之间保持足够的安全距离。当距离不够时，应采取隔热、散热措施。

（2）实验场所一般的照明电压是220V，照明配线应采用额定电压500V的绝缘导线。应急照明的电源，必须有单独的供电线路，不能与动力线路或其他照明线路混用。

（3）易燃易爆场所、重要的仓库，线路要采用金属管配线。重要的控制回路和二次回路、移动的导线和剧烈振动处的导线，还有特别潮湿和严重腐蚀的场所，要采用铜导线。

（4）建筑物照明电源线路的进户处，应装设带有保护装置的总开关。配电箱内单相照明线路的开关必须采用双极开关。照明器具的单极开关必须装在相线上。

（5）照明灯具灯泡的额定功率不应超过灯具的额定功率。白炽灯的功率不应超过1000W。危险化学品库房内不能装设碘钨灯、卤钨灯、60W以上的白炽灯等高温灯具。

（6）应当根据环境条件选用适当防护型式的照明装置。爆炸危险环境应选用防爆型灯具。在有腐蚀性气体、蒸气或特别潮湿的环境应选用防水型灯具，户外也应选用防水型灯具。多尘环境应选用防尘型灯具。

## 五、防止触电的基本措施

（1）绝缘防护。使用绝缘材料将导电体封护或隔离起来，保证电器设备及线路能够正常工作，防止人体意外触电。应经常检查绝缘物是否老化及被损坏情况。

（2）安装屏护。采用防护罩、隔离板、围栏等把危险带电体同外界隔离。减少人员意外触电的可能性。

（3）仪器设备外壳保持良好接地。当电器设备漏电或被击穿时，金属外壳就会意外带电，极易发生触电危险，良好的接地会大大降低危险程度。

（4）安装漏电保护装置。漏电保护装置能在发生漏电或接地故障时切断电源，或在人体不慎触电时，在 0.1s 内切断电源。这是目前普遍采用的较为先进、安全的技术措施。

（5）悬挂、张贴警示标志。用电装置、电源开关、电源插座、电源箱等附近粘贴警示标志。停电维修、检查时，电源开关处应悬挂"维修中，严禁合闸"的警示牌。

## 六、防静电的安全措施

静电是由不同物质的接触、分离或相互摩擦而产生的。在实验过程中，仪器设备、操作过程、操作人员等因素都会导致静电的产生，如果得不到有效控制，就可能酿成事故。因此，在实验过程中应制定有效的静电防御措施。

减少静电的产生，或将产生的静电导走、防止静电产生，是防止静电危害的主要途径，可采取以下措施：

（1）防静电区不要使用塑料地板、地毯或其他绝缘性好的地面材料，可以在实验场所铺设防静电地板。

（2）在易燃易爆场所，应穿导电纤维材料制成的防静电工作服、工作鞋，戴防静电手套，不要穿化纤类织物、胶鞋及绝缘底的鞋。

（3）高压带电体应有屏蔽措施，以防人体感应产生静电。

（4）进入实验场所、储存易燃易爆危险化学品场所前，应徒手接触金属接地棒，以消除人体静电。

（5）实验场所的相对湿度在 65%~70% 以上时，便于静电逸散。

## 七、意外停电时的处置措施

实验过程中有很多设备仪器在运行，并有许多反应在进行，突然停电后如不及时采取相应的措施，轻则损坏仪器设备，重则引发易燃易爆、有毒有害物质的泄漏、反应冲料、火灾爆炸等事故。在实验方案中，制定"突然停电应急预案"，并定期进行演练。在意外停电后，按照应急预案及时关闭设备并停止正在进行的实验，减少安全隐患，防止事故的发生。

（1）如有应急备用电源的，请立即启用。如无应急备用电源，立即停止实验，关闭电源开关，特别是烘箱、马弗炉、搅拌器、真空泵、干燥机等设备，避免因供电突然恢复而导致设备损坏或无人状态下的失控。

（2）要妥善处置加热、蒸馏和回流等需要水和电的实验。妥善处理与真空泵相连的设备(如真空烘箱、冷冻干燥机等)，与空压机连接的设备应在第一时间正确、稳定地排空真空和压力。

（3）若停电时间较长，需要转移实验场所内的一些对电能依赖性较高的实验，确保实验的连续性。

（4）对于需要恒温的实验，应及时采取通风或其他措施，保持实验的正常进行。

（5）咨询送电时间，避免后续突然供电所导致的仪器设备损毁，或无人看守状态下的仪器设备失控。

（6）做好冰箱或其他特殊储藏柜内的化学试剂的处理、防范措施，特别是储存易挥发的危险化学品的冰箱。

（7）当电力恢复时，应逐步开启实验场所的设备，检查设备是否正常运行，如发现设备损坏，应立即向负责人报告并及时维修。

# 第八节　玻璃仪器安全操作规范

玻璃仪器，是以玻璃为主要原料制作的实验仪器，实验过程中经常使用。由于玻璃仪器属于易碎物品，使用过程中造成的事故很多，大多为割伤、擦伤、刺伤、烫伤、切断伤等。

## 一、玻璃分类

按照玻璃的材质不同，简单地分为软质玻璃仪器、硬质玻璃仪器和石英玻璃仪器。

（1）软质玻璃呈青绿色，承受温差的性能、硬度和耐腐蚀性比较差，但其透明度比较好，主要用于制作形状复杂或几何尺寸要求高的仪器，如冷凝管、滴定管、容量瓶及其他容器类等仪器。

（2）硬质玻璃呈黄色或白色，颜色越浅质地越硬，重量越轻。硬度较高，质脆、抗压力强但抗拉力弱，热膨胀系数小，便于加热处理，具有良好的耐受温差变化的性能，用它制造的仪器可以直接加热。常用的硬质玻璃是一种硼硅酸盐玻璃。

（3）石英玻璃，属于特种玻璃，具有比高硼硅酸盐玻璃更高的热稳定性，可以耐受数百度温差的急冷急热，并可以在1100℃下工作。主要制作耐热温度更高的烧杯、蒸馏烧瓶等仪器，或者要求在较高温度下工作的仪器。

## 二、玻璃仪器的选用原则

实验操作人员应从玻璃仪器与化学试剂和实验工艺的兼容性来考虑。

（1）化学兼容性，玻璃虽然有较好的化学稳定性，不受一般酸、碱、盐的腐蚀。但氢氟酸对玻璃有很强烈的腐蚀作用，所以玻璃仪器不能进行含有氢氟酸的实验。长时间接触强碱（特别是浓的或热的强碱），也可能使玻璃仪器（或玻璃容器）受到侵蚀。

（2）压力兼容性，玻璃器皿的耐压能力与玻璃材质、厚度、尺寸和盛放的介质密切相关。玻璃器皿一般为平口或磨口直接连接，气密性一般，若压力稍微高点，可能导致接口脱落。所以，一般普通玻璃器皿的耐压能力为常压。如果需要在真空或减压条件下使用，应选择厚壁和圆底的玻璃器皿。

（3）温度兼容性，软质玻璃按成分可分为钠钙玻璃（$SiO_2$、CaO、$Na_2O$）和钾玻璃（$SiO_2$、CaO、$K_2O$、$Al_2O_3$、$B_2O_3$）。在耐腐蚀、硬度、透明度和失透性方面，钾玻璃较钠钙玻璃要好，但在热稳定性方面，钾玻璃要差些。

## 三、玻璃仪器的通用安全操作规范

（1）玻璃仪器属于易碎物品，必须轻拿轻放，避免碰撞、受压和其他暴力行为。不要将玻璃仪器放置在实验台的边缘，以免掉在地上。玻璃仪器在使用前，要仔细检查，避免使用有裂纹破损的玻璃仪器。

（2）使用后的玻璃仪器应进行彻底清洗。清洗玻璃器具时不要戴着橡胶手套，避免拿不稳使其滑落损坏。

（3）除烧杯、烧瓶及试管类玻璃仪器可以直接加热（一般也应加石棉网垫）以外，其余玻璃制品只能使用水浴加热。一般情况下，不允许给密闭的玻璃容器加热。

（4）加热和冷却玻璃仪器时，要避免骤冷、骤热或局部过热。加热和冷却后的玻璃仪器不能用手直接触摸，以免烫伤和冻伤。

（5）不能在玻璃瓶和量筒内配制溶液，以免配制溶液产生的溶解热使容器破损。不能用玻璃仪器进行含有氢氟酸的实验。

（6）存放易挥发溶剂的玻璃仪器不能敞口放置，要及时盖盖子或用封口膜封存。

（7）组装玻璃等实验装置时，不要过于用力，防止夹具拧得过紧而使玻璃容器破损；将玻璃管或温度计插入橡皮塞或软木塞时，可在玻璃管上蘸些水或涂上碱液、甘油等作润滑剂，边旋转边慢慢地将其插入塞子中。

（8）剪切或加工玻璃管及玻璃棒时，必须戴防割伤手套。玻璃管及玻璃棒的断面要用锉刀锉平或用喷灯熔融，使其断面圆滑。

（9）破碎的玻璃仪器碎片要放置在纸盒内，再丢弃到指定的垃圾桶内。

## 警示案例

事故经过：某高校化学实验室的李某向玻璃封管内加入氨水 20mL、硫酸亚铁 1g、原料 4g，加热温度 160℃。当事人在观察油浴温度时，玻璃封管突然发生爆炸，当事人额头受伤，幸亏当时戴了防护眼镜，才使双眼没有受到伤害。

事故原因：玻璃封管不耐高压，且在反应过程中无法检测管内压力。氨水在高温下变为氨气和水蒸气，产生较大的压力，致使玻璃封管爆炸。而且此实验也没有在通风橱内进行。

### 四、常用玻璃仪器的安全操作规范

1. 试管

试管是用来盛放少量药品、常温或加热情况下进行少量试剂反应的容器，可用于制取或收集少量气体。

试管安全操作规范：

（1）可用酒精灯直接加热，试管夹夹在距试管口 1/3 处。

（2）试管内的液体，在加热状态不超过 1/3，常温下不超过试管容积的 1/2。

（3）加热时试管口不应对着任何人。给固体加热时，试管要横放，管口略向下倾斜。

（4）加热后的试管不能骤冷或直接放置在实验台面上，防止炸裂。

2. 烧杯

烧杯分为低形烧杯、高形烧杯、锥形烧杯，是用作配制溶液和较大量试剂的反应容器，在常温或加热时使用。

烧杯安全操作规范：

（1）加热时应放置在石棉网上，使之受热均匀。

（2）溶解物质用玻璃棒搅拌时，不能触及杯壁或杯底。

3. 烧瓶

烧瓶分为圆底烧瓶、平底烧瓶和锥形烧瓶，是用于试剂量较大而又有液体物质参加反应的容器。它们都可用于装配气体发生装置。蒸馏烧瓶用于蒸馏以分离互溶的沸点不同的物质。

烧瓶安全操作规范：

（1）圆底烧瓶和蒸馏烧瓶可用于加热，加热时要垫石棉网，也可用于其他热浴（如水浴加热等）。

（2）液体加入量不要超过烧瓶容积的1/2。

**警示案例**

事故经过：2022年12月26日，香港某大学化学楼四楼，一名博士生进行有氢化钠参与的实验时，装有氢化钠的圆底烧瓶炸开，化学品喷射至两三米开外，意外溅到另一名博士生的脸上，使其脸、颈、眼角膜被灼伤。

事故原因：该博士生操作不当。

4. 蒸发皿

蒸发皿，是用于蒸发液体或浓缩溶液。

蒸发皿安全操作规范：

（1）可直接加热，但不能骤冷。

（2）盛液量不应超过蒸发皿容积的2/3。

（3）取、放蒸发皿应使用坩埚钳。

5. 坩埚

坩埚，用于固体物质的高温灼烧。

坩埚安全操作规范：

（1）把坩埚放在三脚架上的泥三角上直接加热。

（2）取、放坩埚时应用坩埚钳。

6. 玻璃反应釜

玻璃反应釜，是实验过程常用的仪器，一般用作反应器或储存容器。玻璃反应釜抗酸腐蚀性能优良，实现了高低温、快速升温、降温的实验技术要求。

玻璃反应釜安全操作规范：

（1）定期对各种仪表及爆破泄放装置进行检测，以保证其准确可靠地工作，设备的工作环境应符合技术规范要求。

（2）在玻璃反应釜中进行不同介质的反应，应首先查清介质对主体材料有无腐蚀。反应液面不得超过釜体2/3处。

（3）安装时将爆破泄放口通过管路连接到室外。

（4）运转时如隔套内部有异常声响，应停机放压，检查搅拌系统有无异常。定期检查搅拌轴的摆动量，如摆动量太大，应及时更换轴承或滑动轴套。

（5）夹套导热油加热、在加导热油时注意勿将水或其他液体掺入当中，应定期检查导热油的液位。

（6）工作时或实验结束时，严禁带压拆卸。严禁在超压、超温的情况下工作。在工作的状态下打开观察窗观察釜内介质的反应变化情况，应短时间快速观察，观察完毕速将观察窗关闭。

（7）反应釜长期停用时，釜内外要清洗擦净，放置在清洁干燥的地方。

# 第九章　应急准备与响应

2024 年新修订的《中华人民共和国突发事件应对法》第四十三条规定：各级各类学校应当把应急教育纳入教学计划，对学生及教职工开展应急知识教育和应急演练，培养安全意识，提高自救与互救能力。

依据《生产安全事故应急条例(2019 年)》相关规定，储存、使用易燃易爆物品、危险化学品等危险物品的科研机构、高校的法人单位是本单位实验安全事故应急工作的责任主体，建立健全实验安全事故应急责任制，其主要负责人对本单位的实验安全事故应急工作全面负责，建立健全实验安全应急准备和响应体系。应急准备与响应是实验安全的最后一道屏障，应急准备充分、响应及时，大事故可以转化为小事故，小事故可以转化为安全事件。

## 第一节　应急准备

应急准备是法人单位针对本单位可能发生的实验安全事故的特点和危害，进行风险辨识和评估，制定相应的实验安全事故应急预案，并向本单位从业人员公布。应急准备是针对可能发生的实验事故，为迅速、科学、有序地开展应急行动而预先进行的思想准备、组织准备、预案准备和物资准备。从广义上讲，应急准备包括应急响应前的所有要素，应急准备越充分，应急响应越及时、顺畅、有效，就可以在较低响应阶段有效处置，充分的应急准备是提高应急管理水平的关键。

应急响应，是指在实验突发事故发生后，按照预先编制的应急预案或应急处理方案迅速做出紧急处置和救援工作。应急响应是应对实验突发事故的关键阶段、实战阶段，考验着法人单位的应急处置能力。法人单位建立统一的指挥中心或系统将有助于提高快速反应能力。响应速度越快，意味着越能减少损失。由于突发事故发生突然，扩散迅速，只有及时响应，及早控制住危险状况，防止突发事故的继续扩展，才能有效地减轻造成的各种损失。

应急准备和响应工作包括应急意识的培训、应急体系的建立、职责的落实、应急预案的编制、培训及演练、应急设施维护和应急准备等。

### 一、应急思想准备

要充分认识应急准备工作的重要性。实验过程通常是危险化学品加工处理的过程，危险化学品的易燃易爆、有毒有害的危险性与实验反应失控、误操作、仪器设备失效等风险耦合，发生事故的概率很高，加之实验室是人员密集场所，容易发生群死群伤事故。应急处置是防范事故的最后一道防线，应急准备充分、响应及时有效，可以大大降低事故伤亡和财产损失。因此法人单位必须高度重视应急准备和响应工作，根据各个实验过程的特点，认真组织开展应急准备工作，有备无患。

倡导生命至上、科学救援的应急救援准则。明确"救人"是应急救援的首要任务，事故救援时，要在保证救援人员安全的前提下，首先搜救事故被困和遇险人员。救援过程要仔细研判、科学指挥，确保救援人员安全，遇到突发情况危及救援人员生命安全时，应迅速撤离救援人员。

应急准备工作要坚持底线思维，建立"宁防十次空、不放一次松"的应急准备理念。全面梳理实验过程中存在的各类风险，在风险分析的基础上进行风险分级，把事故风险和最坏的事故后果全面分析、排查清楚，全面研判风险可能的严重后果，确保应急准备工作全面、充分、科学。

## 二、应急组织准备

做好应急准备与响应工作，组织领导是关键。应急组织准备包括建立应急准备组织领导机构和应急响应组织指挥机构。

（1）明确法人单位应急准备和应急响应的职责。根据《中华人民共和国安全生产法（2021年版）》相关规定，法人单位主要负责人组织制定并实施本单位的生产安全事故应急预案。法人单位安全生产管理机构以及安全生产管理人员组织或参与拟订本单位生产安全事故应急救援预案，组织或参与本单位应急救援预案的演练。

（2）建立应急准备组织领导机构。应急准备作为安全实验工作的重要组成部分。法人单位应明确应急准备和响应的组织领导机构，成立法人单位应急指挥中心，应急指挥中心是法人单位应急处置的最高指挥机构，负责突发事件事故的应急指挥，建立健全应急准备和响应的各项规章制度。

（3）法人单位要明确应急准备工作的综合协调部门和各类突发事件应急准备工作的分管部门。综合协调部门要组织各分管部门在风险分析的基础上，确定需要进行应急准备的预案清单，明确每项应急预案编制的责任部门、预案格式和内容。

（4）明确组织指挥机构和有关部门、人员的责任分工，构建应急准备和响应的组织指挥网络。

（5）法人单位应建立一支义务应急救援队伍，负责法人单位的应急处理。

（6）法人单位应与外部应急救援力量签订协议，并与当地政府、周边应急力量建立应急或消防协调工作机制。定期与相近属地医院的急救部门开展危险化学品中毒、灼烫伤、职业中毒等专项抢救的演练活动。

## 三、应急预案准备

应急预案，是指法人单位根据本单位的实际情况，针对实验过程中可能发生的事故的类别、性质、特点和范围等情况，为最大限度减少事故损害而预先制定的应急准备工作方案。为提高应急救援工作的针对性、有效性，防止事故扩大，减少事故人员伤亡和财产损失，编制规范的实验安全事故应急预案，是及时开展事故应急救援工作、减少人员伤亡和事故损失的重要举措。

应急预案准备在应急准备工作中起着关键作用，是应急准备工作是否充分的综合体现。实验应急预案要尽可能覆盖各类实验过程可能发生的事故场景，针对性、可操作性要强。应急预案明确了在实验事故发生之前、发生过程中以及发生事故后的责任主体。一旦发生实验安全事故，法人单位应该首先开展事故救援工作。

编制应急预案是贯彻落实"安全第一、预防为主、综合治理"方针，提高应对风险和防范事故能力，保证员工安全健康和公众生命安全，最大限度地减少财产损失、环境损害和社会影响的重要措施。

### 四、应急装备和物资准备

法人单位要根据法律法规标准要求和所有应急预案中需要的各类器材、物资，做好应急装备和物资的准备。

（1）根据涉及的易燃易爆危险化学品种类，准备相应的灭火器材。

（2）涉及有毒有害气体的实验场所，要装备满足需要的空气呼吸器。岗位的空气呼吸器至少要配备两套，以便紧急情况下一人操作，另一人协助和监护。

（3）涉及使用特殊危险化学品的，有关岗位和协作医院要准备相应的解毒和特殊急救、治疗药品。

（4）配备一定数量的防爆便携式可燃、有毒气体泄漏检测仪器。

（5）配备一定数量的围堵、吸附材料。

（6）法人单位要制定应急物资储备制度，加强应急物资的动态化管理，定期核查并及时补充和更新消耗和过期的应急物资。

## 第二节　应急预案编制

实验安全事故应急救援预案是针对具体设备、设施、场所和环境，在风险评价的基础上，为降低事故造成的人身、财产损失与环境危害，就事故发生后的应急救援机构和人员，应急救援的设备、设施、条件和环境，行动的步骤纲领，控制事故发生的方法和程序等，预先做出的科学而有效的计划和安排。

### 一、应急预案管理要求

依据《中华人民共和国安全生产法》的要求，法人单位应当制定本单位实验安全事故应急救援预案，与所在地县级以上地方人民政府组织制定的生产安全事故应急救援预案相衔接，并定期组织演练。

依据《生产安全事故应急条例》第五条要求，法人单位应当针对本单位可能发生的实验安全事故的特点和危害，进行风险辨识和评估，制定相应的实验安全事故应急预案，并向本单位从业人员公布。

依据《生产安全事故应急条例》第六条要求，实验安全事故应急救援预案应当符合有关法律、法规、规章和标准的规定，具有科学性、针对性和可操作性，明确规定应急组织体系、职责分工以及应急救援程序和措施。

依据《生产安全事故应急预案管理办法》第七条相关规定，使用易燃易爆、危险化学品的化学化工类法人单位，应当将其制定的生产安全事故应急预案报送县级以上人民政府负有安全生产监督管理职责的部门备案，并向社会公布。

依据《生产安全事故应急预案管理办法》（应急管理部令 第2号）第五条要求，法人单位主要负责人负责组织编制和实施本单位的应急预案，并对应急预案的真实性和实用性负责；各分管负责人应当按照职责分工落实应急预案规定的职责。

## 二、应急预案体系

法人单位应根据有关法律法规、规章制度、标准规范，结合本单位组织管理体系、实验规模和可能发生的事故类型、特点，科学合理确立本单位的应急预案体系，应急预案体系由综合应急预案、专项应急预案和现场处置方案组成。法人单位可根据本单位实际情况，确定是否编制专项应急预案；风险因素单一、规模不大的法人单位可只编写现场处置方案。

综合应急预案。是法人单位为应对各种实验安全事故而制定的综合性工作方案，是本单位应对实验安全事故的总体工作程序、措施和应急预案体系的总纲，包括法人单位的应急组织机构及职责、应急响应、后期处置、应急保障等内容。综合应急预案从总体上阐述事故的应急方针、政策、应急组织结构及相关应急职责、应急行动、措施和保障等基本要求和程序，是应对各类事故的综合性文件。综合应急预案应当规定应急组织机构及其职责、应急预案体系、事故风险描述、预警及信息报告、应急响应、保障措施、应急预案管理等内容。

专项应急预案。为应对某一种或多种类型的实验事故风险，或者仅仅某一重要实验过程、仪器设备、重大实验活动，而制定的专项应急预案。专项应急预案是针对具体的事故类别（如危险化学品泄漏、压力容器爆炸等事故）、危险源和应急保障而制订的计划或方案，是综合应急预案的组成部分，应按照综合应急预案的程序和要求组织制定，并作为综合应急预案的附件。专项应急预案主要包括事故风险分析、应急指挥机构及职责、处置程序和措施等内容。专项应急预案与综合应急预案中的应急组织机构、应急响应程序相近时，可不编写专项应急预案，相应的应急处置措施并入综合应急预案。

现场处置方案。根据不同实验安全事故类型，针对危险性较大的具体场所、实验装置或设施所制定的应急处置措施。现场处置方案应根据风险评估及危险性控制措施逐一编制，具体、简单、针对性强，重点描述事故风险、应急工作职责、应急处置措施和注意事项，应体现自救互救、信息报告和先期处置的特点。现场处置方案主要包括事故风险分析、应急工作职责、应急处置和注意事项等内容。法人单位应根据风险评估、实验操作规程以及危险性控制措施，组织实验场所的实验人员及实验安全管理人员共同编制现场处置方案。事故风险单一、危险性小的法人单位，可只编制现场处置方案。

应急处置卡。法人单位应当在编制应急预案的基础上，针对实验场所、岗位的特点，编制简明、实用、有效的处置卡。应急处置卡应当规定重点岗位、人员的应急处置程序和措施，以及相关联络人员和联系方式，便于实验人员携带。

### 三、应急预案的编制

应急预案编制是应急准备工作的核心任务，是应急准备工作是否充分可靠的综合体现。应急预案编制程序包括成立应急预案编制工作组、资料收集、风险评估、应急资源调查、应急预案编制、桌面推演、应急预案评审和批准实施八个步骤。

1. 成立应急预案编制工作组

法人单位结合部门职能和分工，成立以法人单位负责人（或分管负责人）为组长，与应急有关的职能部门人员、研究室相关人员以及有现场处置经验的人员参加应急预案编制工作组，明确工作职责和任务分工，制订工作计划，组织开展应急预案编制工作。应邀请相关救援队伍、政府、企事业单位或社区的代表参加预案编制工作。

2. 资料收集

应急预案编制工作组应收集与预案编制工作相关的资料：

（1）法人单位适用的法律法规、部门规章、地方性法规和政府规章、技术标准及规范性文件。

（2）实验场所周边地质、地形、环境情况及气象、水文、交通资料。

（3）实验场所功能区划分、建（构）筑物平面布置及安全距离资料。

（4）实验场所的实验过程类型、实验反应参数、实验作业条件、仪器设备及风险评估资料。

（5）本单位曾经发生事故与隐患清单，国内外同类型实验的事故资料。

（6）属地政府及周边企业、单位应急预案。

3. 风险评估

编制应急预案前，应针对实验过程的安全事故开展风险评估，撰写评估报告，主要内容包括：

（1）辨识分析实验过程中的危险源及存在的危险有害因素。

（2）分析实验过程中可能发生的事故类型、直接后果以及次生、衍生后果。评估各种事故发生的可能性、危害程度和影响范围，提出防范和控制事故风险措施。

（3）评估确定相应事故类别的风险等级。

4. 应急资源调查

全面调查和客观分析本单位第一时间能找得到、调得动、用得好的应急队伍、装备、物资、场所等应急资源状况，以及周边单位和政府部门可请求援助的应急资源状况，撰写应急资源调查报告，其内容包括但不限于以下几点：

（1）本单位可调用的应急队伍、装备、物资、场所。

（2）针对实验过程及存在的风险，可以采取监测、监控、报警的手段。

（3）上级单位、当地政府及周边单位、企业可提供的应急资源。

（4）可协调使用的医疗、消防、专业抢险救援机构及其他社会化应急救援力量。

5. 应急预案编制

依据风险评估及应急能力评估结果，组织编制应急预案。应急预案编制应注重系统性和操作性，做到与相关部门和单位应急预案相衔接。应急预案以应急处置为核心，体现自救互救和先期处置的特点，做到职责明确、程序规范、措施科学，尽可能简明化、图表化、流程化。

（1）法人单位应当根据有关法律法规、规章和相关标准、事故风险评估以及应急资源调查结果，结合本单位规模、管理模式等实际情况，合理确立本单位应急预案体系。

（2）结合本单位管理体系及部门业务职能划分，明确相应应急组织机构的职责及权限。

（3）依据事故可能的危害程度和区域范围，结合应急处置权限及能力，清晰界定本单位各类突发事件的响应分级标准，制定相应层级的应急处置措施。

（4）按照有关规定和要求，确定事故信息报告、响应分级与启动、指挥权移交、警戒疏散方面的内容，落实与相关部门和单位应急预案的衔接。

6. 桌面推演

按照应急预案的职责分工和应急响应程序，结合有关事故经验和教训，相关部门及其人员可采取桌面演练的形式，模拟实验安全事故应对过程，逐步分析讨论并形成记录，检验应急预案的可行性，并进一步完善应急预案。

7. 应急预案评审

应急预案编制完成后，法人单位应按照法律法规有关规定组织评审或论证。评审分为内部评审和外部评审，内部评审由法人单位主要负责人组织有关部门和人员进行评审；外部评审由法人单位组织外部有关专家和人员进行评审。参加应急预案评审的人员可包括有关实验安全及应急管理方面的、有现场处置经验的专家。应急预案论证可通过推演的方式开展。

应急预案评审内容主要包括：风险评估和应急资源调查的全面性、应急预案体系设计的针对性、应急组织体系的合理性、应急响应程序和措施的科学性、应急保障措施的可行性、应急预案的衔接性。

8. 批准实施

通过评审的应急预案，由法人单位主要负责人签发实施，并及时发放到有关部门、岗位和相关联动单位。法人单位主要负责人要指定专人组织制订应急预案的教育和培训计划，定期开展应急演练，确保实验场所的每位员工、实习人员、学生、劳务派遣人员及时熟悉、掌握应急预案。事故风险可能影响周边其他单位、其他人员的，法人单位应将有关事故风险的性质、影响范围和应急防范措施告知周边的其他单位和人员。

## 四、应急预案的修订

应急预案编制单位应当建立应急预案定期评估制度，对预案内容的针对性和实用性进行分析，并对应急预案是否需要修订作出结论。应急预案评估可以邀请相关专业机构或者有关专家、有实际应急救援工作经验的人员参加，必要时可以委托安全技术服务机构实施。

有下列情形之一的，应急预案应当及时修订：

（1）制定预案所依据的法律、法规、规章、标准及上位预案中的有关规定发生重大变化。

（2）应急指挥机构及其职责发生调整。

（3）实验过程的反应类型、反应条件、实验方案发生重大变更。

（4）实验过程的风险发生重大变化。

（5）重要应急资源发生重大变化。

（6）在应急预案演练或者事故应急救援中发现需要修订预案的重大问题。

（7）编制单位认为其他应当修订的情形。

## 五、应急预案的宣传教育

法人单位应当采取多种形式开展应急预案的宣传教育，普及实验安全事故避险、自救互救知识，提高实验操作人员的安全意识与应急处置技能。法人单位应当组织开展本单位的预案、应急知识、自救互救和避险逃生技能的培训活动，使有关人员了解应急预案内容，熟悉应急职责、应急处置程序和措施。

通过应急预案的培训工作，可以普及实验安全事故避险知识，让广大实验人员了解、熟悉应急预案，提高实验人员的事故预防意识与应急处置能力。

应急预案培训的时间、地点、内容、师资、参加人员和考核结果等情况应当如实记入本单位的安全实验教育和培训档案。

## 第三节　应急演练

应急预案只是为实战提供一个方案，保障实验安全事故发生时能够及时、协调、有序地开展应急救援等应急处置工作，因此需要法人单位通过经常性的应急演练提高实战能力和水平。应急演练，是为检验应急预案的有效性、应急准备的完善性、应急响应能力的适应性和应急人员的协同性，依据应急预案而模拟开展的应急活动。

### 一、应急预案演练计划

依据《生产安全事故应急预案管理办法》的相关规定，法人单位应当制订本单位的应急预案演练计划，根据本单位实验过程事故的风险特点，每年至少组织一次综合应急预案演练或者专项应急预案演练，每半年至少组织一次现场处置方案演练。考虑到应急演练对应急响应的重要性，每个预案每年至少组织演练一次。

法人单位应将演练情况报送所在地县级以上地方人民政府负有安全生产监督管理职责的部门。

### 二、应急演练的目的

通过应急演练，可以使所有参与应急响应的人员，进一步熟悉应急响应时的职责、响应程序和需要相互协同的工作，检验应急预案效果的可操作性，增强突发事件应急反应能力，检验应急预案的科学性和适用性，不断完善应急预案。所以应急预案编制完成后，要组织预案中参与应急响应的所有人员开展应急演练。

### 三、应急演练的类型

（1）按应急演练组织形式的不同，可分为桌面演练和实战演练两类。

桌面演练：指针对事故情景，利用图纸、沙盘、流程图、计算机、视频等辅助手段，进行交互式讨论和推演的应急演练活动。

实战演练：指针对事故情景，选择（或模拟）实验活动中的仪器设备、装置或场所，利用各类应急器材、装备、物资，通过决策行动、实际操作，完成真实应急响应的过程。

（2）按照应急演练内容的不同，可以分为单项演练和综合演练两类。

单项演练：指针对应急预案中某项应急响应功能开展的演练活动。

综合演练：指针对应急预案中多项或全部应急响应功能开展的演练活动。

（3）按应急演练目的与作用的不同，可分为检验性演练、示范性演练和研究性演练。

检验性演练：为检验应急预案的可行性、应急准备的充分性、应急机制的协调性及相关人员的应急处置能力而组织的演练。

示范性演练：为检验和展示综合应急救援能力，按照应急预案开展的具有较强指导宣教意义的规范性演练。

研究性演练：为探讨和解决事故应急处置的重点、难点问题，试验新方案、新技术、新装备而组织的演练。

### 四、应急演练的内容

（1）预警与报告。根据事故情景，向相关部门或人员发出预警信息，并向有关部门和人员报告事故情况。

（2）指挥与协调。根据事故情景，成立应急指挥部，调集应急救援队伍和相关资源，开展应急救援行动。

（3）应急通信。根据事故情景，在应急救援相关部门或人员之间进行音频、视频信号或数据信息互通。

（4）事故监测。根据事故情景，对事故现场进行观察、分析或测定，确定事故严重程度、影响范围和变化趋势等。

（5）警戒与管制。根据事故情景，建立应急处置现场警戒区域，实行交通管制，维护现场秩序。

（6）疏散与安置。根据事故情景，对事故可能波及范围内的相关人员进行疏散、转移和安置。

（7）医疗卫生。根据事故情景，调集医疗卫生专家和卫生应急队伍开展紧急医学救援，并开展卫生监测和防疫工作。

（8）现场处置。根据事故情景，按照"救早救小"原则，按照相关应急预案和现场指挥部要求对事故现场进行控制和处理。

（9）社会沟通。根据事故情景，召开新闻发布会或事故情况通报会，通报事故有关情况。

（10）后期处置。根据事故情景，应急处置结束后，开展事故损失评估、事故原因调查、事故现场清理和相关善后工作。

## 五、应急演练基本流程

应急演练实施基本流程包括计划、准备、实施、评估与总结、持续改进等五个阶段。

1. 应急演练计划

（1）全面分析和评估应急预案，有针对性地确定应急演练目标，提出应急演练的初步内容和主要科目。

（2）确定应急演练的事故情景类型、等级、发生地域、演练方式、参演单位、应急演练各阶段主要任务、应急演练实施的拟定日期。

（3）根据需求分析及任务安排，组织人员编制演练计划文本。

2. 应急演练准备

（1）成立演练组织机构。综合演练通常成立演练领导小组，下设策划与导调组、宣传组、保障组、评估组等专业工作组。根据演练规模大小，组织机构可进行调整。

（2）编制演练工作方案，演练工作方案内容主要包括应急演练目的及要求，应急演练事故情景设计，应急演练参与人员及范围、时间与地点，参演单位和人员主要任务及职责，应急演练筹备工作内容，应急演练主要步骤，应急演练技术支撑及保障条件，应急演练评估与总结等。

（3）编制演练脚本。演练脚本一般采用表格形式，主要内容包括演练模拟事故情景，处置行动与执行人员，指令与对白、步骤及时间安排，视频背景与字幕，演练解说词等。

（4）演练评估方案。演练评估方案通常包括演练信息、评估内容、评估标准、评估程序及所用到的相关表格等。

（5）演练保障方案。针对应急演练活动可能发生的意外情况制定演练保障方案或应急预案，并进行演练，做到相关人员应知应会、熟练掌握。演练保障方案应包括应急演练可能发生的意外情况、应急处置措施及责任部门，应急演练意外情况中止条件与程序等。

（6）演练观摩手册。可根据演练规模和观摩需要，编制演练观摩手册。演练观摩手册通常包括应急演练时间、地点、情景描述、主要环节及演练内容、安全注意事项等。

（7）演练工作保障，主要包括人员保障、经费保障、物资和器材保障、场地保障、安全保障及通信保障等。

3. 应急演练实施

（1）现场检查。确认演练所需的工具、设备、设施、技术资料以及参演人员到位。对应急演练安全设备、设施进行检查确认，确保安全保障方案可行，所有设备、设施完好，电力、通信系统正常。

（2）演练简介。应急演练正式开始前，应对参演人员进行情况说明，使其了解应急演练规则、场景及主要内容、岗位职责和注意事项。

（3）启动。应急演练总指挥宣布开始应急演练，参演单位及人员按照设定的事故情景，参与应急响应行动，直至完成全部演练工作。演练总指挥可根据演练现场情况，决定是否继续或中止演练活动。

（4）桌面演练执行。在桌面演练过程中，演练执行人员按照应急预案或应急演练方案发出信息指令后，参演单位和人员依据接收到的信息，回答问题或模拟推演的形式，完成应急处置活动。

（5）实战演练执行。按照应急演练工作方案，开始应急演练，有序推进各个场景，开展现场点评，完成各项应急演练活动，妥善处理各类突发情况，宣布结束与意外终止应急演练。

（6）演练记录。演练实施过程中，安排专门人员采用文字、照片和音像手段记录演练过程。

（7）中断。在应急演练实施过程中，出现特殊或意外情况，短时间内不能妥善处理或解决时，应急演练总指挥按照事先规定的程序和指令中断应急演练。

（8）结束。完成各项演练内容后，参演人员进行人数清点和讲评，演练总指挥宣布演练结束。

4. 应急演练评估与总结

应急预案演练结束后，应急预案演练组织单位应当对应急预案演练效果进行评估，撰写应急预案演练评估报告，分析存在的问题，并对应急预案提出修订意见。

（1）应急演练评估

① 演练点评。演练结束后，可选派有关代表（演练组织人员、参演人员、评估人员或相关方人员）对演练中发现的问题及取得的成效进行现场点评。

② 参演人员自评。演练结束后，演练单位应组织各参演小组或参演人员进行自评，总结演练中的优点和不足，介绍演练收获及体会。演练评估人员应参加参演人员自评会并做好记录。

③ 评估组评估。参演人员自评结束后，演练评估组负责人应组织召开专题评估工作会议，综合评估意见。评估人员应根据演练情况和演练评估记录发表建议并交换意见，分析相关信息资料，明确存在的问题并提出整改要求和措施等。

④ 编制演练评估报告。演练现场评估工作结束后，评估组针对收集的各种信息资料，依据评估标准和相关文件资料对演练活动全过程进行科学分析和客观评价，并撰写演练评估报告，评估报告应向所有参演人员公示。

（2）应急演练总结

演练结束后，由演练组织单位根据演练记录、演练评估报告、应急预案、现场总结等材料，对演练进行全面总结，并形成演练书面总结报告。报告可对应急演练准备、策划等工作进行简要总结分析。参与单位也可对本单位的演练情况进行总结。演练总结报告的内容主要包括：

① 演练基本概要。

② 演练发现的问题，所取得的经验和教训。

③ 应急管理工作建议。

（3）演练资料归档与备案

① 应急演练活动结束后，将应急演练工作方案、应急演练评估、总结报告等文字资料，以及记录演练实施过程的相关图片、视频、音频等资料归档保存。

② 对主管部门要求备案的应急演练资料，演练组织部门(单位)应将相关资料报主管部门备案。

5. 应急演练持续改进

(1) 应急预案修订完善

根据演练评估报告中对应急预案的改进建议，由应急预案编制部门按程序对预案进行修订完善。

(2) 应急管理工作改进

① 应急演练结束后，组织应急演练的部门(单位)应根据应急演练评估报告、总结报告提出的问题和建议对应急管理工作(包括应急演练工作)进行持续改进。

② 组织应急演练的部门(单位)应督促相关部门和人员，制订整改计划，明确整改目标，制定整改措施，落实整改资金，并跟踪督查整改情况。

# 第四节 应急响应

应急响应要坚持以人为本、科学指挥、底线思维的原则，及时、准确对实验过程事故发展趋势作研判预测，充分考虑最严重、最不利状况下的应急响应准备。

法人单位应初步判断事故危害程度、影响范围和控制事态的能力，根据应急预案体系及事态发展趋势，及时启动专项应急预案、现场处置方案(包括应急处置卡)，保证应急指挥机构、应急资源调配、应急救援、应急升级、与政府及相关单位的联动等机制有效运行。

## 一、应急预案启动

事故发生后，法人单位应立即启动事故应急预案，采取下列一项或多项应急救援措施。

(1) 迅速控制危险源，立即组织营救和救治受害人员。

(2) 根据事故危害程度，组织现场人员疏散、撤离或者采取其他可能的应急措施后撤离。

(3) 及时通知可能受到事故影响的单位和人员。

(4) 采取必要措施，防止事故危害扩大和次生、衍生灾害发生。

(5) 根据需要请求邻近的应急救援队伍参加救援，并向参加救援的应急救援队伍提供相关的技术资料、信息和处置方法。

(6) 维护事故现场秩序，保护事故现场和相关证据。

(7) 对危险化学品事故造成的环境污染和生态破坏状况进行监测、评估，并采取相应的环境污染治理和生态修复措施。

在自行开展初期处置工作的同时，按国家有关规定向当地应急管理部门和生态环境部门、公安、卫健委等主管部门报告事故发生情况。

## 二、应急响应阶段

1. 现场应急救援指挥

如果实验事故相对简单，比较容易处理，应急救援工作比较快。但如果事故比较复杂，到现场的救援队伍、人员、政府领导和专家较多，救援方案难以统一和确定，可成立以法人单位主要负责人为领导的现场救援指挥部。如属地人民政府认为确有必要，成立由本级人民政府及其有关部门负责人，应急救援专家，应急救援队伍负责人、法人单位主要负责人等人员组成的应急救援指挥部，现场的救援人员应服从现场指挥部的统一指挥。

2. 应急救援中止

在实验安全事故应急救援过程中，发现可能直接危及应急救援人员生命安全的紧急情况时，现场指挥部或者统一指挥应急救援的人民政府应当立即采取相应措施消除隐患，降低或者化解风险，必要时可以暂时撤离应急救援人员。

3. 应急救援终止

当实验安全事故的威胁和危害得到控制或者消除后，现场指挥部或者统一指挥应急救援的人民政府应当决定停止执行依照《生产安全事故应急条例》和有关法律、法规采取全部或部分应急救援措施。

4. 应急救援评估

事故现场指挥部或者统一指挥实验安全事故应急救援的人民政府及其有关部门应当完整、准确地记录应急救援的重要事项，妥善保存相关的原始资料和证据。为后期应急预案的修订提供依据和后续应急救援工作经验。

5. 应急救援结束

事故得到有效控制，现场危害基本消除后，要适时结束应急响应状态，公开相关信息，开展后期处置等工作。

**警示案例**

2021 年 7 月 13 日，深圳某大学化学实验室在实验过程中发生火情，网传视频显示，一名头顶火苗的黑衣男子跑出实验室，身上的衣服也被烧毁。从视频中可以看出，该实验室实验人员应急响应措施略有不足：

（1）实验室门口使用时应急喷淋设施无水，应急喷淋设施周围有两个黑色桶。

（2）该实验室发生火灾后，未采取疏散措施，有很多学生到事发实验室门口围观。

（3）学生在做实验时，身穿化纤类短裤、短袖，未穿实验工作服。

# 第五节　实验过程常见事故的应急处置

虽然在实验过程中想方设法避免实验室事故发生，但由于实验操作人员疏忽、错误操作及仪器设备出现意外故障的可能性，意外事故的发生是不可能完全避免的。特别是实验操作人员经常接触各种各样的化学试剂，或多或少可能会遭受毒害、腐蚀、烧伤等一些事故。任何一个小的伤口，由于沾染了汞盐、铅盐、氰化物、有机溶剂等有毒物质，都可能导致严重的后果。如在事故发生时，实验操作人员能正确了解有毒有害化学试剂的中毒现象、应急处理方法以及受伤后的急救知识，不仅可以将损失降到最低，在关键时刻也能起到救命的作用。

# 一、危险化学品泄漏处置

1. 危险化学品泄漏事故的处理程序

一般包括报警、紧急疏散、现场急救、泄漏处理和控制几方面。

（1）报警。无论泄漏事故的大小，只要发生化学品泄漏，就需要立即向课题（班）组长、研究室领导报告。及时报告事故信息，是使事故损失降到最低的关键环节。报告方式可采用口头或电话。报告内容主要有：发生事故的实验场所具体位置及房间号，泄漏的化学品物质名称、泄漏量以及泄漏的速度，事故性质（外溢、火灾、爆炸）、危险程度、人员伤亡情况以及报警人姓名及联系电话。

（2）紧急疏散。如化学品泄漏量较大，则应建立警戒区，迅速将警戒区内与事故应急处理无关的人员撤离，减少人员活动对泄漏区带来的影响；人员撤离时应关闭实验场所电闸（非可燃气体泄漏）、实验室门，迅速撤离；如是可燃气体泄漏，在保护自身安全的情况下迅速关闭泄漏管线的阀门，打开窗户，关闭实验室门，同时严禁开关、操作各种电气设备。

（3）现场急救。在任何紧急事件中，人身安全是最高优先原则。当泄漏的化学品对人体造成中毒、窒息、冻伤、化学灼伤、烧伤等伤害时，要立即进行应急处理，并及时送往医院就医。

（4）泄漏处理和控制。危险化学品的泄漏处理不当，容易发生人员中毒或导致火灾爆炸事故，因此当危险化学品发生泄漏时，尽可能通过关闭阀门、停止实验、堵漏、吸附等方法控制泄漏源，避免事故进一步扩大。

2. 人员进入泄漏现场的处置措施

（1）根据泄漏危化品的危险特性，选择佩戴空气呼吸器、防化服、防化手套、防护眼镜等防护工具进入泄漏现场处理，应从上风、上坡处接近现场，严禁盲目单独进入。

（2）进入现场的应急处理人员应快速确认泄漏源、判断泄漏现场物质的类别和潜在的危险性，根据泄漏源标签或相关知情人员提供的线索，结合泄漏化学品的化学品安全技术说明书确定响应级别，是否需要进行人员疏散、设置警戒隔离带、封闭现场等，在确保安全的情况下，采取现场关闭泄漏源阀门或采取堵漏措施；如无法判断泄漏物质的类型、必须按最严重的泄漏情况处理。

（3）用适用于该危化品的吸附条或吸附围栏围堵液体的扩散流动，以防泄漏品进一步污染大面积环境，或抛洒吸附剂（如没有专业吸附剂，可用消防砂），并用扫帚、木棒等工具翻动搅拌至不再扩散。

（4）将吸附垫放置到围住的危化品液体表面上，依靠吸附垫的超强吸附力对危化品进行快速吸收，以减少危化品的挥发和暴露产生的燃爆危险和毒性。

（5）如果泄漏的是易燃易爆危化品，在处置过程中应严禁使用铁质工具，以防在处置过程中产生火星引燃泄漏的危化品。对于液体泄漏，可用泡沫或其他覆盖物品覆盖外泄的物料，在其表面形成覆盖层，抑制其蒸发。如是气体泄漏，应开窗保持通风，加速其置换。

（6）使用过的吸附片、吸附条和粘染危化品的包装物、容器、消防砂等，应按危险废物进行收集处理，避免污染环境。

3. 化学品泄漏常用的围堵、吸附材料

（1）吸附棉。处置化学泄漏、油品泄漏最常用的是吸附棉。吸附棉由熔喷聚丙烯制成，具有吸附量大（一般为自重的 10~25 倍）、吸附快、可悬浮（浮于水面）、化学惰性、安全环保、不助燃、可重复使用、无储存时限、成本低等特点。吸附棉可分为通用型吸附棉（通常为灰色）、吸油棉（通常为白色）和吸液棉（通常为红色或粉色）三种。吸附棉的形式通常有垫片、条（索）、卷、枕、围栏等。

（2）吸附剂。吸附剂是一类具有适宜的孔结构或表面结构，具有大比表面积，对吸附质有强烈吸附能力，不与被吸附介质发生化学反应，具有良好的机械强度、制造方便、容易再生的物质。常为颗粒、粉末或多孔固体。用于处理危化品泄漏的吸附剂通常有四种，分别是活性炭、天然无机吸附剂（砂子、黏土、珍珠岩、二氧化硅、活性氧化铝等）、天然有机吸附剂（木纤维、稻草、玉米秆等）及合成吸附剂（聚氨酯、聚丙烯、聚苯乙烯和聚甲基丙烯酸甲酯树脂）等。

## 二、危化品泄漏后引发火灾的处置

当泄漏的危化品引发火灾时，在灭火前应切断火源，尽可能切断一切泄漏物料的来源和火势蔓延的途径；了解着火物品的品名、密度、水溶性以及有无毒害、腐蚀、沸溢、喷溅等危险性，以便采取相应的灭火物质；根据泄漏物料的理化性质，选择适当的呼吸器、防护服、橡胶长靴、胶皮手套等防护用品。

如泄漏的危化品引发电气设备着火，应使用二氧化碳、干粉灭火器灭火，不可用水和泡沫灭火器扑救。

1. 易燃液体泄漏引发火灾后的处置

（1）易燃液体泄漏时，通常会分散成三个部分：大量液体残留在不规则的小坑中燃烧；一部分液体形成液滴或小液流，如吸收或筑堤不当，可形成流淌火；另一部分液体则可能在空气中传播（挥发或与空气中尘埃结合），与空气形成爆炸性混合物，遇到火源就会发生爆燃或爆炸。

（2）部分易燃液体具有毒害性或腐蚀性，灭火过程中如防护不当可造成灭火人员中毒。

（3）首先要切断火势蔓延的途径，控制燃烧范围。关闭前置阀门，切断泄漏源。一般选用高溶性泡沫、干粉、二氧化碳等灭火。在灭火时，灭火人员应注意液体的流淌方向，避免流淌燃烧液体伤人。

（4）为降低泄漏物的蒸发，可用泡沫或其他覆盖物进行覆盖，在其表面形成覆盖后，抑制其蒸发，而后进行转移处理。

（5）如是少量的泄漏，也可采用消防砂或不燃材料对其进行吸附，收集于容器内进行处理；如是大量液体泄漏后四处蔓延扩散，无法收集处理，可以采用筑堤堵截或者引流到安全地点。

（6）可溶性易燃液体因本身包含氧、含碳量较少，燃烧时火焰呈蓝色，有时不宜被肉眼所见，在进行灭火时，一定要特别注意避让火焰，防止被灼伤。

（7）对于能溶于水或能与水混合的物质，可用大量水冲洗，并收集废水，使之流入污水处理系统或集中处理。

2. 易燃气体泄漏后引发火灾的处置

（1）易燃气体泄漏，灭火前须采取防爆措施。气体泄漏着火后，不可轻易快速关闭前置阀门、随便关停输送气体的设备，以防止回火引起爆炸；应通过缓慢关小阀门、控制阀门流量或降低气体泄漏压力后，再进行灭火。

（2）首先要扑灭气体泄漏处附近被引燃的可燃物火势，控制灾害范围。不能盲目扑灭泄漏处燃烧，以防堵漏失败后大量可燃气体继续泄漏，与空气形成爆炸性混合气体发生二次爆炸。

（3）如果有可能的话，要采用合理的通风使易燃气体扩散。用喷雾水、蒸气、惰性气体吹扫现场内管道、低洼、沟渠等，确保不留残气。

（4）如有爆炸预兆，则要果断将人员撤离，避免发生人员伤亡。

3. 易燃固体泄漏后引发火灾的处置

（1）易燃固体燃点较低，受热、冲击、摩擦或与氧化剂接触能引起急剧及连续的燃烧或爆炸，在灭火时不要使用铁质工具。

（2）易燃固体较之气体以及液体，在泄漏时危险性相对小一些。易燃固体发生火灾时，一般可用水、砂土、石棉毯、泡沫、二氧化碳、干粉等灭火剂扑救；但铝粉、镁粉等着火不能用水和泡沫灭火剂扑救。

（3）少量固体泄漏时，可小心扫起固体，收集于专用密封或干净、有盖的容器中。对能与水反应或溶于水的物品可视情况使用大量水稀释灭火。

（4）大量固体泄漏时，可用防火布、帆布等覆盖，减少飞散，然后尽可能回收处理。

（5）若粉状固体着火时，不可用灭火器直接喷射在其表面，以避免粉尘被吹起，在空气中形成爆炸性混合物引发爆炸。

（6）磷的化合物、硝基化合物和硫黄等易燃固体着火燃烧时产生有毒和刺激性气体，扑救时人要站在上风向，以防中毒。

4. 遇湿易燃物品泄漏后引发火灾的处置

（1）遇湿易燃物品能与水发生化学反应，产生可燃气体和热量，即使没有明火也可能自动着火或爆炸，如金属钾、钠以及三乙基铝等。

（2）当实验场所存在一定数量遇湿易燃物品时，禁止用水、泡沫、酸碱灭火器等湿性灭火剂扑救，应用干粉、二氧化碳等扑救。

（3）固体遇湿易燃物品发生火灾时，应用干砂、干粉等覆盖。

5. 爆炸物品泄漏后引发火灾的处置

（1）迅速判断泄漏的爆炸物再次发生爆炸的可能性和危险性，紧紧抓住爆炸后和再次发生爆炸之前的有利时机，采取一切可能的措施，全力制止再次爆炸的发生。

（2）当灭火人员发现有发生再次爆炸的危险时，应迅速撤至安全地带，来不及撤退时，应就地卧倒，匍匐撤离现场。

6. 毒害品和腐蚀品泄漏后引发火灾的处置

（1）泄漏的毒害品可以经口或吸入蒸气或通过皮肤接触引起人体中毒，腐蚀品是通过皮肤接触使人体形成化学灼伤。灭火人员在进入泄漏区时，必须佩戴相应的防护服、呼吸面罩等个人防护用品。

（2）扑救时应尽量使用低压水流或雾状水，避免毒害品腐蚀品溅出。遇酸类或碱类腐蚀品可调制相应的中和剂稀释中和。

（3）浓硫酸遇水能放出大量的热，会导致沸腾飞溅，灭火时需特别注意防护，少量浓硫酸可用大量低压水快速扑救，大量浓硫酸应先用二氧化碳、干粉等灭火，再把着火物品与浓硫酸分开。

7. 部分腐蚀性危险化学品泄漏应急处理、个体防护和伤害处理方法（表9-1）

表9-1  部分腐蚀性危险化学品泄漏应急处理、个体防护和伤害处理方法

| 品种 | 个体防护装备 | 泄漏应急处理 | 伤害应急处理 |
|---|---|---|---|
| 强酸 | 1. 眼睛防护：戴化学安全防护眼镜（3M1621）。<br>2. 防护服：穿专用防酸工作服。<br>3. 手防护：戴厚度不小于0.7mm橡皮手套。<br>4. 呼吸系统防护：在有蒸气形成的情况下使用带过滤功能的呼吸器（TZL30） | 1. 消除火源。远离禁忌物品。<br>2. 隔离泄漏污染区，在确保安全的前提下，阻断泄漏。<br>3. 使用压缩蒸气泡沫减少蒸气。切勿将水或蒸气注入容器。<br>4. 用水幕减少蒸气或改变蒸气云流向。防止用水直接冲击泄漏物。<br>5. 防止泄漏物进入排水沟、下水道、地下室或其他密闭空间。<br>6. 利用专用设备对泄漏物进行回收。在残留物上覆盖砂土然后清理，或用碱性物质中和后用水清洗。<br>7. 处理产品所用的设备必须接地。<br>8. 除非穿有防护服，否则切勿触摸破损容器或泄漏物质 | 1. 将患者转移到空气新鲜处，保持患者温暖和安静。脱掉并隔开被污染的衣服和鞋。如果出现呼吸困难应进行吸氧。<br>2. 如误服可用大量水漱口或用氧化镁悬浊液洗胃。<br>3. 如果患者停止呼吸，应立即实施人工呼吸。进行口对口人工呼吸时要戴呼吸面罩或其他医用呼吸器。<br>4. 皮肤沾染立即用自来水冲洗或用小苏打、肥皂水冲洗。<br>5. 溅入眼睛用温水冲洗或用5%小苏打溶液冲洗。<br>6. 及时就医，预防吸入、食入或皮肤接触泄漏物可能出现迟发型反应 |
| 强碱 | 1. 眼睛防护：戴化学安全防护镜（3M1621）。<br>2. 防护服：穿专用防碱工作服（3M4690）。<br>3. 手防护：戴厚度不小于0.7mm防碱橡皮手套。<br>4. 呼吸系统防护：在有蒸汽形成的情况下使用带过滤功能的呼吸器（TZL30） | 1. 消除火源。远离禁忌物品，隔离泄漏污染区。<br>2. 应急处理人员戴防尘面具，穿防碱工作服，不要直接接触泄漏物。<br>3. 小量泄漏：避免扬尘，用洁净的铲子收集于干燥、洁净、有盖的容器中。也可以用大量水冲洗，洗水稀释后放入废水系统。<br>4. 大量泄漏：收集回收或运至废物处理场所处置 | 1. 将患者转移到空气新鲜处。保持患者温暖和安静。脱掉并隔开被污染的衣服和鞋。<br>2. 如果患者出现呼吸困难应进行吸氧。如果患者停止呼吸，应立即实施人工呼吸，进行口对口人工呼吸时要戴呼吸面罩或其他医用呼吸器。<br>3. 误服可用大量水漱口，给饮牛奶或蛋清。<br>4. 皮肤和眼睛接触，立即用水冲洗不少于15min。或用硼酸水、稀乙酸冲洗后涂氧化锌软膏。<br>5. 及时就医，预防吸入、食入或皮肤接触泄漏物可能出现迟发型反应 |

| 品种 | 个体防护装备 | 泄漏应急处理 | 伤害应急处理 |
|---|---|---|---|
| 氢氟酸 | 1. 呼吸系统防护：可能接触其蒸气或烟雾时，必须佩戴防毒面具或供气式头盔。紧急事态抢救或逃生时，建议佩带自给式呼吸器。<br>2. 眼睛防护：戴安全防护眼镜。<br>3. 防护服：穿工作服(防腐材料制作)。<br>4. 手防护：戴橡胶耐酸碱手套。<br>5. 其他：工作后，淋浴更衣。单独存放被毒物污染的衣服，洗后再用。保持良好的卫生习惯 | 1. 迅速撤离泄漏污染区人员至安全区，并进行隔离，严格限制出入。<br>2. 建议应急处理人员戴自给正压式呼吸器，穿防酸工作服。不要直接接触泄漏物。尽可能切断泄漏源。<br>3. 小量泄漏：用砂土、干燥石灰或苏打灰混合。也可以用大量水冲洗，洗稀释后放入废水系统。<br>4. 大量泄漏：构筑围堤或挖坑收容。用泵转移至槽车或专用收集器内，回收或运至废物处理场所处置 | 1. 皮肤接触：脱去被污染的衣着，用流动清水冲洗10min或用2%碳酸氢钠溶液冲洗。若有灼伤，就医治疗。<br>2. 眼睛接触：立即提起眼睑，用流动清水或生理盐水冲洗不少于15min。<br>3. 吸入：迅速脱离现场至空气新鲜处。保持呼吸道通畅。呼吸困难时给输氧。给予2%~4%碳酸氢钠溶液雾化吸入。就医。<br>4. 食入：误服者给饮牛奶或蛋清。<br>5. 及时就医，预防吸入、食入或皮肤接触泄漏物可能出现迟发型反应 |
| 高氯酸 | 1. 眼睛防护：戴安全防护眼镜。<br>2. 防护服：穿聚乙烯防毒服。<br>3. 手防护：戴橡胶耐酸碱手套。<br>4. 呼吸系统防护：可能接触其蒸气时，必须佩戴过滤式防毒面具(全面罩)或自给式呼吸器 | 1. 迅速撤离泄漏污染区人员至安全区，并进行隔离，严格限制出入。<br>2. 应急处理人员戴自给正压式呼吸器，穿防毒服。<br>3. 不要直接接触泄漏物。勿使泄漏物与有机物、还原剂、易燃物接触。尽可能切断泄漏源。防止流入下水道、排洪沟等限制性空间。<br>4. 小量泄漏：用砂土、干燥石灰或苏打灰混合覆盖清理。<br>5. 大量泄漏：构筑围堤或挖坑收容。用泵转移至槽车或专用收集器内，回收或运至废物处理场所处置 | 1. 皮肤接触：立即脱去被污染的衣着，用大量流动清水冲洗不少于15min。就医。<br>2. 眼睛接触：立即提起眼睑，用大量流动清水或生理盐水彻底冲洗不少于15min。就医。<br>3. 吸入：迅速脱离现场至空气新鲜处。保持呼吸道通畅。如呼吸困难，给输氧。如呼吸停止，立即进行人工呼吸。就医。<br>4. 食入：用水漱口，给饮牛奶或蛋清。<br>5. 及时就医，预防吸入、食入或皮肤接触泄漏物可能出现迟发型反应 |
| 氯化铬酰 | 1. 眼睛防护：戴化学安全防护眼镜。<br>2. 防护服：穿工作服(防腐材料制作)。<br>3. 手防护：戴橡胶耐酸碱手套。<br>4. 呼吸系统防护：可能接触其蒸气时，必须佩戴防毒面具或供气式头盔。紧急事态抢救或逃生时，建议佩带自给式呼吸器 | 1. 疏散泄漏污染区人员至安全区，禁止无关人员进入污染区，建议应急处理人员戴自给式呼吸器，穿化学防护服。<br>2. 合理通风，不要直接接触泄漏物，勿使泄漏物与可燃物质(木材、纸、油等)接触，在确保安全的情况下堵漏。<br>3. 喷水雾减慢挥发(或扩散)，但不要对泄漏物或泄漏点直接喷水。<br>4. 用砂土、干燥石灰或苏打灰混合，然后收集运至废物处理场所处置按危险废物处理。<br>5. 如果大量泄漏，最好不用水处理，在技术人员指导下清除 | 1. 皮肤接触：立即脱去被污染的衣着，用肥皂水及清水彻底冲洗。若有灼伤，就医治疗。<br>2. 眼睛接触：立即提起眼睑，用流动清水或生理盐水冲洗不少于15min。就医。<br>3. 吸入：迅速脱离现场至空气新鲜处。保持呼吸道通畅。必要时进行人工呼吸。就医。<br>4. 食入：患者清醒时立即漱口，给饮牛奶或蛋清。<br>5. 及时就医。预防吸入、食入或皮肤接触泄漏物可能出现迟发型反应 |

| 品种 | 个体防护装备 | 泄漏应急处理 | 伤害应急处理 |
|---|---|---|---|
| 氯磺酸 | 1. 呼吸系统防护：可能接触其烟雾时，佩戴过滤式防毒面具（半面罩）或空气呼吸器。紧急事态抢救或撤离时，建议佩戴氧气呼吸器。<br>2. 眼睛防护：同呼吸系统防护。<br>3. 身体防护：穿橡胶耐酸碱工作服。手防护：戴橡胶耐酸碱手套。<br>4. 其他防护：工作现场禁止吸烟、进食和饮水。工作完毕，淋浴更衣。单独存放被毒物污染的衣服，洗后备用。保持良好的卫生习惯 | 1. 迅速撤离泄漏污染区人员至安全区，并立即隔离150m，严格限制出入。<br>2. 建议应急处理人员戴自给正压式呼吸器，穿防酸碱工作服。从上风处进入现场。<br>3. 尽可能切断泄漏源。防止流入下水道、排洪沟等限制性空间。<br>4. 小量泄漏：用砂土、蛭石或其他惰性材料吸收清理。<br>5. 大量泄漏：构筑围堤或挖坑收容。在专家指导下清除 | 1. 皮肤接触：立即脱去被污染的衣着，用大量流动清水冲洗不少于15min。就医。<br>2. 眼睛接触：立即提起眼睑，用大量流动清水或生理盐水彻底冲洗不少于15min。就医。<br>3. 吸入：迅速脱离现场至空气新鲜处。保持呼吸道通畅。如呼吸困难，给输氧。如呼吸停止，立即进行人工呼吸。就医。<br>4. 食入：用水漱口，给饮牛奶或蛋清。<br>5. 及时就医。预防吸入、食入或皮肤接触泄漏物可能出现迟发型反应 |
| 溴素 | 1. 呼吸系统防护：可能接触其烟雾时，必须佩戴自吸过滤式防毒面具（全面罩）或空气呼吸器。<br>2. 紧急事态抢救或撤离时，建议佩戴氧气呼吸器。<br>3. 眼睛防护：同呼吸系统防护。<br>4. 身体防护：穿橡胶耐酸碱服。<br>5. 手防护：戴橡胶耐酸碱手套。<br>6. 其他防护：工作现场禁止吸烟、进食和饮水。工作完毕，淋浴更衣。单独存放被毒物污染的衣服，洗后备用。保持良好的卫生习惯 | 1. 迅速撤离泄漏污染区人员至安全区，并立即进行隔离。<br>2. 小量泄漏时隔离150m，大量泄漏时隔离300m，严格限制出入。<br>3. 应急处理人员戴自给正压式呼吸器，穿防酸碱工作服。<br>4. 不要直接接触泄漏物。<br>5. 尽可能切断泄漏源。防止流入下水道、排洪沟等限制性空间。<br>6. 小量泄漏：用苏打灰中和。也可以用大量水冲洗，洗水稀释后放入废水系统。<br>7. 大量泄漏：构筑围堤或挖坑收容。用泡沫覆盖，降低蒸气灾害。喷雾状水冷却和稀释蒸汽。用泵转移至槽车或专用收集器内，回收或运至废物处理场所处置 | 1. 皮肤接触：立即脱去被污染的衣着，用大量流动清水冲洗不少于15min。就医。<br>2. 眼睛接触：立即提起眼睑，用大量流动清水或生理盐水彻底冲洗不少于15min。就医。<br>3. 吸入：迅速脱离现场至空气新鲜处。保持呼吸道通畅。如呼吸困难，给输氧。如呼吸停止，立即进行人工呼吸。就医。<br>4. 食入：用水漱口，给饮牛奶或蛋清。<br>5. 及时就医。预防吸入、食入或皮肤接触泄漏物可能出现迟发型反应 |
| 甲醛溶液 | 1. 眼睛防护：戴化学安全防护眼镜（3M1621）。<br>2. 防护服：穿工作服（3M4690酸碱防护服或其他防腐材料制作的防护服）。<br>3. 手防护：戴厚度为0.7mm橡皮手套。<br>4. 呼吸系统防护：佩戴自吸过滤式防毒面具（全面罩）。紧急事态抢救或撤离时，佩戴隔离式呼吸器 | 1. 消除火源。隔离泄漏污染区，限制出入。<br>2. 应急处理人员戴防尘面具（全面罩），穿防酸碱工作服，不要直接接触泄漏物。<br>3. 小量泄漏：用砂土或其他不燃材料吸附或吸收。也可以用大量水冲洗，洗水稀释后放入废水系统。<br>4. 大量泄漏：构筑围堤或挖坑收容。用泡沫覆盖，降低蒸气灾害。喷雾状水冷却和稀释蒸汽、保护现场人员、把泄漏物稀释成不燃物。用泵转移至专用收集器内 | 1. 将患者转移到空气新鲜处。脱掉并隔开被污染的衣服和鞋。<br>2. 如果出现呼吸困难应进行吸氧。如果患者停止呼吸，应立即实施人工呼吸。注意口对口人工呼吸，要戴呼吸面罩或其他医用呼吸器进行。<br>3. 食入，用1%碘化钾灌胃，就医常规洗胃。<br>4. 皮肤和眼睛立即用自来水洗不少于15min。<br>5. 及时送医就诊，预防吸入、食入或皮肤接触泄漏物可能出现迟发型反应 |

### 三、化学伤害的应急处置

1. 化学品喷到身上的应急处置

（1）化学品喷到衣服上时，应立即脱去衣服。

（2）化学品喷到身上时，应先用流动清水冲洗，或在应急喷淋设施下进行喷淋冲洗，用手轻轻揉搓喷到的皮肤。如溅喷处皮肤有水泡，应避免将水泡弄破；如头面部被喷到时，要注意眼、耳、鼻、口腔的清洗。

2. 化学品、玻璃或其他异物溅入眼睛时的应急处置

（1）尽快使用洗眼器冲洗眼睛，在冲洗眼睛时，用手分开眼睑充分冲洗，在冲洗时间歇眨眼。禁止用热水冲洗眼睛，禁止用手揉眼睛。

（2）如进入的化学品能与眼睛发生反应，如生石灰等，则需先用蘸有植物油的棉签或干毛巾擦去，再用水冲洗；经冲洗后，须尽快送医院检查治疗。

（3）如果强酸、强碱、黄磷、液溴、酚类等腐蚀性物质溅入或喷入眼中，忌用稀酸中和溅入眼内的碱性物质，反之亦然；眼睛经冲洗处理后，须尽快送医院检查治疗。

（4）若玻璃屑进入眼睛内，切记不要揉眼睛，因为玻璃碴有棱角，若揉眼睛，可能会损伤眼睛；也不要试图让别人取出碎屑，尽量不要转动眼球，可任其流泪，有时碎屑会随泪水流出。严重者，用纱布轻轻包住眼睛后，尽快送医院检查治疗。

（5）若系木屑、尘粒等异物进入眼睛，可由他人翻开眼睑，用消毒棉签轻轻取出异物，或任其流泪，轻眨双眼，待异物自行排出。如无法排出，可去医院处理。

3. 化学品喷溅入口腔时的应急处置

应快速用清洁水漱口，漱到口腔中无异味停止；后续可根据接触物料性质，对症处理，有必要时到医院进行洗胃。

4. 化学灼伤的应急处置

化学灼伤是由化学品引起的机体损伤，与热烧伤不同。热烧伤是指通过辐射和热传导进行简单的热量转移，本质上是物理损伤；但化学灼伤实质上是通过化学作用造成的损伤，伤口愈合速度较慢且难度较大。

（1）化学品喷溅到人体后，如不及时清除皮肤表面的致伤物，化学品会继续停留在皮肤表面、内部或深层组织，使创面损伤加深，直至伤及皮下脂肪、肌肉、骨骼等。所以当化学品喷溅到皮肤上，应尽快使用水或洗消液等进行清洗。碱性物质灼伤后的冲洗时间应延长。应注意头、面、会阴等特殊部位的冲洗。

（2）化学灼伤的严重程度与化学品的类型、所接触的人体组织性质以及接触面积有很大关系。

（3）当化学品溅到皮肤上，不要使用乙醇之类的有机溶剂擦洗，这种清洗反而有可能增加皮肤对药品的吸收速度。

（4）强酸、强碱、黄磷、液溴、酚类等腐蚀性物质喷溅到皮肤上，会引起接触部位不同程度的损害，伤处剧烈灼痛，轻者发红或起泡，重者溃烂，导致皮肤组织的局部或全部损坏，而且创面不易愈合。某些化学品也会经皮肤吸收，出现合并中毒现象。

（5）当引起化学灼伤的化学品有毒或对人体有害，且渗入人体内部、进入器官或者血液时，可能导致化学中毒，如氢氟酸灼伤，可引起低钙血症，严重者可危及生命。

（6）灼伤创面经水冲洗后，必要时进行合理的治疗，如氰化物、酚类、氯化钡、氢氟酸等，在冲洗时应同时进行适当的解毒急救处理。

（7）在处理受灼伤的皮肤时，应尽可能保持水泡的完整性，不要撕去受损的皮肤。切勿涂抹有色药物或其他物质（如红汞、龙胆紫、酱油、牙膏等），以免影响医生对创面深度的判断和处理。

（8）化学灼伤合并休克时，冲洗从速、从简，积极进行抗休克治疗。

5. 常见的几类化学灼伤的应急处置

（1）强酸类

当盐酸、硫酸、硝酸、王水（盐酸和硝酸）等强酸类喷溅到皮肤时，因其浓度、液量、面积等因素不同而造成轻重不同的伤害，如现场处理及时，一般不会造成深度灼伤。盐酸、石炭酸的烧伤，创面呈白色或灰黄色；硫酸的创面呈棕褐色；碳酸的创面呈黄色。充分冲洗后也可用中和剂——弱碱性液体如小苏打水（碳酸氢钠）、肥皂水冲洗。如系通过衣服浸透灼伤，应即刻脱去衣服或用剪刀剪去衣服，并迅速用大量清水反复冲洗创面。

（2）氢氟酸

氢氟酸具有很强的腐蚀性和毒性，可腐烂指甲、骨头，滴在皮肤上，会形成痛苦的、难以治愈的灼伤。若皮肤接触氢氟酸后，会立即有组织坏死的现象，同时氢氟酸中的氟离子可经皮肤吸收，与体内钙结合形成氟化钙，导致低钙血症，严重者可出现心跳骤停导致死亡。氢氟酸的灼伤须用专用的六氟灵洗消液进行清洗，六氟灵洗消液具有独特的高渗、吸收、螯合作用，能阻止氢离子的腐蚀性和氟离子的毒性。

（3）强碱类

强碱类包括氢氧化钾、氢氧化钠等。强碱对组织的破坏力比强酸重，因其渗透性较强，深入组织使细胞脱水，溶解组织蛋白，形成强碱蛋白化合物而使创面加深。如果碱性溶液浸透衣服造成灼伤，应立即脱去受污染的衣服，并用大量清水彻底冲洗伤处。充分清洗后，可先用稀醋酸（或食醋）中和剂，再用碳酸氢钠溶液或碱性肥皂水中和。

（4）磷及磷的化合物

磷及磷的化合物在空气中极易燃烧，这是磷在皮肤上继续燃烧之故，因此伤面多较深。而且磷是一种毒性很强的物质，被身体吸收后，还能引起全身性中毒。如磷仍在皮肤上燃烧，应用大量清水冲洗，冲洗时轻揉灼伤处，通过水将磷冲掉。冲洗后，再仔细察看局部有无磷质残留，也可在暗处观察，如有发光处，用小镊子夹剔除去，然后用浸透1%的硫酸铜纱布敷盖局部，硫酸铜可与残留的磷反应生成二磷化三铜，然后再冲去。也可以用3%双氧水或5%碳酸氢钠溶液冲洗，使磷氧化为磷酐。如无上述药液，可用大量清水冲洗局部。一般化学灼伤多用油纱布局部包扎，但在磷灼伤时应禁用，因磷易溶于油类，促使机体吸收而造成全身中毒。

（5）溴灼伤

被溴灼伤是很危险的，灼伤后的伤口一般不易愈合，必须严加防范。凡进行溴参与反应的实验，须预先配制好适量的 20% $Na_2S_2O_3$ 溶液备用。一旦有溴沾到皮肤上，立即用 $Na_2S_2O_3$ 溶液冲洗，再用大量水冲洗干净，包上消毒纱布后就医。

## 四、化学中毒的应急处置

1. 吸入性化学中毒的应急处置

（1）若伤者是吸入中毒导致昏迷，进入毒区抢救前，应佩戴好防护面具和防护服等个人防护措施后，方可进行。进入毒区后，首先切断毒源（如关闭管道阀门、堵塞泄漏的设备等），并开启门、窗等措施降低毒物浓度；尽快使中毒者脱离中毒现场，移至空气新鲜处。然后根据该化学品的安全技术说明书（SDS）和中毒方式及当时病情进行有针对性的急救。

（2）若伤者是吸入刺激性气体中毒者，应立即将患者转移至室外或通风良好处，解开伤者衣领和纽扣，呼吸新鲜空气，并尽可能了解导致中毒的物质。

（3）对休克者应施以人工呼吸，但不要用口对口法。对于清醒者给予 2%～5% 碳酸氢钠雾化吸入、吸氧。气管痉挛者应酌情给予解痉挛药物雾化吸入，同时拨打 120 求救。

（4）当中毒者呼吸、心跳停止时，可进行心肺复苏术抢救。实施心肺复苏或人工呼吸前，需用清洁的棉布包住手指将中毒者口腔中的呕吐物或化学品残余清除；如中毒者口腔污染严重，则需采用口对鼻方式进行人工呼吸。待生命体征稳定后，再送医院治疗。在救治过程中，需用衣物、毛毯盖在中毒者身体上对其进行保温。

（5）对昏迷、抽搐的中毒者，应立即送医院由医务人员为其做洗胃、灌肠、吸氧等处理。在等待或送医途中，当昏迷中毒者出现频繁呕吐时，救护者要将他的头放低，使其口部偏向一侧，以防止呕吐物阻塞呼吸道引起窒息。

2. 误食性化学中毒的应急处置

（1）若误食一般化学品，可立即口服 5～10mL 稀 $CuSO_4$ 温水溶液，或将中指伸入咽喉处，促使其呕吐毒物。

（2）重金属盐中毒者，喝一杯含有几克的 $MgSO_4$ 的水溶液，立即就医。不要服催吐药，以免引起危险或使病情复杂化。砷和汞化物中毒者，必须紧急就医。

（3）为降低胃内化学品浓度，延缓其被人体吸收的速度，保护胃黏膜，可立即吞服牛奶、鸡蛋、面粉、搅成糊状的土豆泥、饮水等，同时迅速送医院治疗。

（4）误食强酸没有出现不适症状，一般不需要特殊治疗，可喝牛奶、水，减轻强酸对胃黏膜的损伤；如果出现胃部烧灼感、疼痛、反酸等不适症状，可立即饮服 200mL 氧化镁悬浮液或 60mL 3%～4% 氢氧化铝凝胶或牛奶、植物油及水等，迅速稀释毒物。同时迅速送医院治疗。急救时，一般禁用催吐和洗胃，以防止造成严重组织损伤，引起胃肠道穿孔。

（5）误食强碱，立即饮服 500mL 食用醋稀释液（1 份醋加 4 份水），或鲜橘子汁将其稀释，再服用植物油、蛋清或牛奶等，同时迅速送医院治疗。急救时，一般禁用催吐和洗胃，以防止造成严重组织损伤，引起胃肠道穿孔。

（6）催吐，适用于神志清醒且食入的非腐蚀品、非烃类液体和非重金属盐的中毒者；催吐禁止用于食入强酸、强碱等腐蚀品、重金属盐及汽油、煤油等有机溶剂者。

(7)服用保护剂，当中毒者症状不适宜进行催吐处理时，可服用牛奶、食用植物油、蛋清、豆浆等保护剂(磷中毒禁用)，延缓毒物被人体吸收的速度并保护胃黏膜。

3. 部分毒害性危险化学品中毒急救方法(表9-2)

表9-2　部分毒害性危险化学品中毒急救方法

| 中毒类型 | 品　　名 | 急救方法 |
| --- | --- | --- |
| 呼吸道吸入中毒 | 氯 | 迅速脱离现场至空气新鲜处，保持呼吸道通畅。如呼吸困难，给氧，给予2%~4%的碳酸氢钠溶液雾化吸入。呼吸、心跳停止，立即进行心肺复苏术 |
| | 硫化氢 | 迅速脱离现场至空气新鲜处，保持呼吸道通畅。如呼吸困难，给氧。呼吸、心跳停止时，立即进行人工呼吸和心肺复苏术。就医 |
| | 碳酰氯(光气) | 迅速脱离现场至空气新鲜处，保持呼吸道通畅。如呼吸困难，给氧。如呼吸停止，立即进行人工呼吸。吸入 $\beta_2$ 激动剂、口服或注射皮质类固醇治疗支气管痉挛。就医 |
| | 二氧化硫 | 将吸入患者迅速移到空气新鲜处，吸氧，呼吸停止时，立即进行人工呼吸。呼吸刺激等咳嗽症状，可雾化吸入2%碳酸氢钠，喉头痉挛窒息时应切开气管，并注意控制肺水肿的发生 |
| | 砷化氢 | 将吸入患者迅速移到空气新鲜处，吸入患者静卧吸氧，注射解毒药，如 BAL、二巯基丁二钠等，纠正酸中毒 |
| | 硫酸二甲酯 | 迅速脱离现场至空气新鲜处，保持呼吸道通畅。如呼吸困难，给氧。如呼吸停止，立即进行人工呼吸。就医 |
| | 六氯环戊二烯 | 迅速脱离现场至空气新鲜处，保持呼吸道通畅。如呼吸困难，给氧。如呼吸停止，立即进行人工呼吸。就医 |
| | 磷化氢 | 迅速脱离现场至空气新鲜处，保持呼吸道通畅。如呼吸困难，给氧。如呼吸停止，立即进行人工呼吸。就医 |
| | 氯甲基甲醚 | 迅速脱离现场至空气新鲜处，保持呼吸道通畅。如呼吸困难，给氧。如呼吸停止，立即进行人工呼吸。就医 |
| | 烯丙胺 | 迅速脱离现场至空气新鲜处，保持呼吸道通畅。如呼吸困难，给氧。如呼吸停止，立即进行人工呼吸。就医 |
| | 甲基肼、对称/不对称二甲基肼 | 迅速脱离现场至空气新鲜处，保持呼吸道通畅。如呼吸困难，给氧。如呼吸停止，立即进行人工呼吸。就医 |
| | 丙烯腈 | 迅速脱离现场至空气新鲜处，保持呼吸道通畅。如呼吸困难，给氧。呼吸、心跳停止时，立即进行人工呼吸(勿用口对口)和心肺复苏术。给吸入亚硝酸异戊酯。就医 |
| | 氰及其化合物 | 迅速脱离现场至空气新鲜处，保持呼吸道通畅。如呼吸困难，给氧。呼吸、心跳停止时，立即进行人工呼吸(勿用口对口)和心肺复苏术。给吸入亚硝酸异戊酯。就医 |
| 误服消化道中毒 | 氟及其化合物 | 迅速脱离现场至空气新鲜处，保持呼吸道通畅。如呼吸困难，给氧。如呼吸停止，立即进行人工呼吸。食入：用水漱口，给饮牛奶或蛋清。就医 |
| | 硫酸二甲酯 | 用水漱口，给饮牛奶或蛋清。就医 |
| | 苯胺 | 饮足量温水，催吐。就医 |
| | 苯酚 | 立即给饮植物油15~30mL，催吐。就医 |
| | 六氯环戊二烯 | 饮足量温水，催吐。就医 |

| 中毒类型 | 品　名 | 急救方法 |
|---|---|---|
| 误服消化道中毒 | 氯甲基甲醚 | 用水漱口，给饮牛奶或蛋清。就医 |
| | 烯丙胺 | 用水漱口，给饮牛奶或蛋清。就医 |
| | 甲基肼、对称/不对称二甲基肼 | 用水漱口，给饮牛奶或蛋清。就医 |
| | 汞及其化合物 | 立即漱口，饮牛奶、豆浆或蛋清水，注射二巯基丙磺酸钠或二巯基丁二钠等 |
| | 钡及其化合物 | 用5%硫酸钠洗胃，随后导泻，口服或注射硫酸钠或硫代硫酸钠 |
| | 砷化氢 | 吸入患者静卧吸氧，注射解毒药，如BAL、二巯基丁二钠等，纠正酸中毒 |
| | 砷及其化合物 | 吸入或误服，及时注射解毒剂，如二巯基丙醇，二巯基丙磺酸钠及二巯基丁二钠等，对症治疗 |
| | 甲醇及醇类 | 中毒者离开污染区。经口进入者，立即催吐或彻底洗胃 |
| | 丙烯腈 | 饮足量温水，催吐。用1：5000高锰酸钾溶液或5%硫代硫酸钠溶液洗胃。就医 |
| 接触中毒 | 氰及其化合物 | 皮肤接触：立即脱去被污染的衣着，用流动清水或5%硫代硫酸钠溶液彻底冲洗不少于20min。就医 |
| | | 眼睛接触：立即提起眼睑，用大量流动清水或生理盐水彻底冲洗不少于15min。就医 |
| | 氟及其化合物 | 皮肤接触：立即脱去被污染的衣着，用大量流动清水冲洗不少于15min。就医 |
| | | 眼睛接触：立即提起眼睑，用大量流动清水或生理盐水彻底冲洗不少于15min。就医 |
| | 苯胺 | 皮肤接触：立即脱去被污染的衣着，用肥皂水和清水彻底冲洗皮肤。就医 |
| | | 眼睛接触：立即提起眼睑，用大量流动清水或生理盐水彻底冲洗不少于15min。就医 |
| | 烯丙胺 | 皮肤接触：脱去被污染的衣着，用大量流动清水冲洗。就医 |
| | | 眼睛接触：立即提起眼睑，用大量流动清水或生理盐水彻底冲洗不少于15min。就医 |
| | 苯酚 | 皮肤接触：立即脱去被污染的衣着，用甘油、聚乙烯乙二醇或聚乙烯乙二醇和酒精混合液（7：3）抹洗，然后用水彻底清洗。或用大量流动清水冲洗不少于15min。就医 |
| | | 眼睛接触：立即提起眼睑，用大量流动清水或生理盐水彻底冲洗不少于15min。就医 |
| | 六氯环戊二烯 | 皮肤接触：脱去被污染的衣着，用大量流动清水冲洗。就医 |
| | | 眼睛接触：提起眼睑，用流动清水或生理盐水冲洗。就医 |
| | 氯甲基甲醚 | 皮肤接触：立即脱去被污染的衣着，用大量流动清水冲洗不少于15min。就医 |
| | | 眼睛接触：立即提起眼睑，用大量流动清水或生理盐水彻底冲洗不少于15min。就医 |
| | 甲基肼、对称/不对称二甲基肼 | 皮肤接触：立即脱去被污染的衣着，用大量流动清水冲洗不少于15min。就医 |
| | | 眼睛接触：立即提起眼睑，用大量流动清水或生理盐水彻底冲洗不少于15min。就医 |

| 中毒类型 | 品　名 | 急救方法 |
|---|---|---|
| 接触中毒 | 铍及其化合物 | 接触中毒者必须迅速离开污染区，脱去被污染衣物，衣物隔离存放，单独洗刷。眼及皮肤均须用水冲洗，再用肥皂彻底洗净，如有伤口速就医 |
| | 铊及其盐类 | 中毒者离开污染区，应立即脱去被污染衣服。用温水、肥皂彻底清洗皮肤。吞服者以5%碳酸氢钠或3%硫代硫酸钠液洗胃，注射二巯基丁二钠，1g溶于20~40mL生理盐水静注或用二巯基丙醇 |
| | 苯的氨基，硝基化合物 | 吸入及皮肤吸收者立即离开污染区，脱去被污染衣物，用大量清水彻底冲洗皮肤，用温水或冷水冲洗，休息，吸氧，并注射美蓝及维生素C葡萄糖液 |
| | 磷化氢 | 如果发生冻伤：将患部浸泡于38~42℃的温水中复温，不要涂擦，不要使用热水和辐射热，使用清洁、干燥敷料包扎 |
| | 丙烯腈 | 立即脱去污染的衣着，用流动清水或5%硫代硫酸钠溶液彻底冲洗不少于20min。就医 |
| | 溴水 | 使患者急速离开污染区，接触皮肤立即用大量水冲洗，然后用稀氨水或硫代硫酸钠液洗敷，更换干净衣服，如进入口内，立即漱口，饮水及镁乳 |

## 五、其他意外伤害的应急处置

1. 烧伤的应急处置

广义上，烧伤是指机体接触高温、电流、强辐射或者腐蚀性物质所发生的损伤；狭义上，烧伤是指由火焰直接引起的皮肤创伤。

（1）衣服着火时严禁奔跑，应迅速脱离火源就地卧倒，通过在地上滚动的方式压灭火焰，也可迅速脱去着火的衣服或利用喷淋器等方式熄灭火焰，或使用身边不易燃的材料，如灭火毯、大衣、棉被等迅速覆盖着火处进行灭火。

（2）当伤者身上的火被扑灭时，应立即将伤者的衣裤袜之类剪开取下，以免着火衣服和衣服上的热液或化学物质继续作用，使创面加大加深，切不可采取剥脱衣服的方式，特别是化纤衣服。

（3）为了确定烧伤后的处理方法，必须首先判断烧伤程度，可根据烧伤面积及烧伤深度以及有无并发症等综合加以判断。若伤者皮肤发红，为Ⅰ度烧伤，可涂以75%的酒精并用纱布覆盖于伤处，或用冷水止痛法止痛；若伤者皮肤起泡，为Ⅱ度烧伤，除按Ⅰ度烧伤法处置外，还可用3%~5%的高锰酸钾或5%的新制丹宁溶液，用纱布浸湿包扎。以上两种烧伤也可在伤处涂抹烧伤膏；若伤者皮肤灼焦，为Ⅲ度烧伤，需用消毒纱布包扎后，立即送医院治疗。

（4）对伤者的烧伤创面一般可不用处理，要保护创面，尽量不要弄破水泡，更不能涂龙胆紫一类的有色外用药，以免影响医生对烧伤面积及深度的判断。当手足被烧伤时，应将各个手指、脚趾分开包扎，以防发生粘连；为防止伤者创面受污染，可用三角巾、大纱布、清洁的衣服或被单等给予简单的包扎，避免感染。

（5）烧伤后，为了防止发生疼痛和损伤起泡，应迅速采用冷水冲洗、浸泡或湿敷等方式进行紧急处理，冷水冲洗时间15~30min。

（6）如伤者因烧伤引起昏厥，应将伤者放平，两脚垫高，颈部衣服松开，必要时，对其进行人工呼吸。在等待医生治疗时和抬送医院的途中，应保持伤者的保暖，并予以适当的热饮，伤处应向上，以免受压。

2. 冻伤的应急处置

（1）实验过程中的冻伤是实验操作人员接触低温物体或接触液氮、干冰等冷冻剂时，或在-150~-80℃冰箱中取拿物体时，缺乏保护措施造成的。

（2）冻伤程度分级。

Ⅰ度冻伤：局部皮肤从苍白转为斑块状的蓝紫色，出现红肿、发痒、刺痛和感觉异常。冻伤处症状可自行消退。

Ⅱ度冻伤：局部皮肤红肿、发痒、灼痛，早期有水疱出现，冻伤处不留疤痕，但可能出现持久的冷敏感。

Ⅲ度冻伤：皮肤由白色逐渐变为蓝色，再变为黑色，感觉消失，冻伤周围的组织可出现水肿和水疱，并有较剧烈的疼痛。冻伤处将留有疤痕并影响功能。

Ⅳ度冻伤：伤部的感觉和运动功能完全消失，呈暗灰色，由于冻伤组织与健康组织交界处的冻伤程度相对较轻，交界处可出现水肿和水疱。冻伤处深层组织坏死，造成残端。

（3）一旦被冻伤，应迅速离开低温环境或远离制冷因素，转移到温暖的房间，给予热饮（可饮用含酒精饮料），使其体温尽快恢复。衣服、鞋袜等连同肢体冻结者，不可以强脱，应该用温水使冰冻融化后脱下或剪开，然后用厚衣物、毛毯覆盖受冻的部位，使之保持适当的温度，然后用37~43℃左右的温水进行水浴复温；若没有温水或者冻伤部位不便浸水，如耳朵等部位，可双手互搓后，用体温将其暖和；若受伤部位是手，可将手放置腋下、前胸或腹部，利用体温进行复温。严禁采用火烤、冷水浸泡或猛力捶打等方式作用于冻伤部位。

（4）局部冻伤时，可用加温的生理盐水冲洗患处进行简单的清创，并涂抹冻伤膏，为避免挤压、摩擦冻伤部位，应宽松包扎；若冻伤处发生破溃感染，应在局部用65%~75%酒精消毒，挤出水泡内的液体，外涂冻疮膏等，保暖包扎。

（5）如为全身冻伤，应立即就医，到医院进行全身复温治疗。送医途中在患者身上采用覆盖棉被、厚衣服等保温措施，一旦出现心脏停跳，需立即进行心肺复苏等急救措施。

3. 烫伤的应急处置

（1）实验过程中常见的烫伤是火焰、蒸气、热水、高温玻璃或物体引起的。当发生烫伤时，急救的主要目的在于减轻和保护皮肤的受伤表面不受感染。

（2）可立即将伤处用大量水冲淋或浸泡，以迅速降温。对轻微烫伤，可以在伤处涂抹烫伤膏或红花油后包扎。若伤处起水泡，不宜挑破，用纱布包扎后送医院治疗。

（3）一般情况下，水冲洗对烫伤处的处理是一种良好急救措施，对烫伤部位越早冲洗越好。

4. 割伤的应急处置

（1）实验过程中常见的割（刺）伤是发生在切割玻璃管或向木塞、橡皮塞中插入温度计、玻璃管等物品时，玻璃仪器或玻璃管的破碎或不慎碰到其他尖锐物品引发的。

（2）被割伤后，若伤口不大，可用大量的水冲洗伤口，若伤口处有玻璃碎屑等异物，应先将其取出，将受污的血挤出，直至挤出鲜红的血为止；用水洗净伤口，涂上紫药水后，用消毒纱布包扎，也可在洗净的伤口处贴上创可贴。

（3）若伤口太深、流血不止，则应先止血，避免因大量出血而导致休克。让伤者平卧，抬高出血部位，压住附近动脉，或用绷带盖住伤口直接施压，若绷带被血浸透，不要换掉，再盖上一块干净的纱布施压，立即送医院治疗。

5. 机械事故的应急处置

（1）在实验过程中如发生普通刺伤、切割伤或擦伤，应立即对伤口进行处理，挤出受伤部位的血液，使用碘伏或酒精进行消炎，然后到医院做进一步处理。

（2）由玻璃碎片造成的外伤，不能用手触摸伤口，必要时可用大量清水冲洗。若伤口里有碎玻璃片，可用消过毒的镊子取出来，在伤口处涂抹龙胆紫药水，消毒后可用止血粉外敷，再用纱布包扎。

（3）患者伤处若有大量出血，作为紧急处理，首先要止血。大量流血时，有发生休克的危险。原则上可直接压迫损伤部位进行止血。即使损伤动脉，也可用手指或纱布直接压迫损伤部位，即可止血。损伤到四肢的血管时，可用毛巾等物品将其捆扎止血。用毛巾止血，要把它用力捆扎靠近损伤部位关键的地方。但长时间压迫，末梢部位非常疼痛时，可平均 5min 放松毛巾一次，约 1min 再捆扎起来。

6. 触电的应急处置

（1）一旦发现有人触电，立即拔掉电源插头或关闭空气开关、拉下闸刀，并将触电者移到安全的地方；如不能切断电源，应迅速用干木条或戴上绝缘橡皮手套等物品将电线拨离触电者并将触电者移到安全的地方，就地抢救触电者，采取正确的方法和姿势进行抢救。

（2）把触电者迅速转移到附近安全的地方，解开衣服，使其全身舒展。不管有无外伤或烧伤，都要立刻送医院进行处理。

（3）直流电比交流电的危险性小，而高频率的高压交流电比低频率的低压交流电的危险程度要小。但是，有资料显示，低压 3V 的低压直流电，也曾发生过烧伤的事例。

（4）如果触电者处于休克状态，并且心脏停跳或停止呼吸时，要毫不迟疑地立即施行口对口人工呼吸、胸外心脏按压法进行抢救。不要轻易放弃抢救。

# 六、常用应急排毒处置措施

当实验操作人员误食或误吸化学品后，可采用催吐、洗胃、导泻等措施将化学品尽快排出体外。

1. 催吐

适用范围是神志清醒且有知觉的人，服入有毒药品不久而无明显呕吐者，可通过催吐的方法排出体内大量的有毒物质，减少胃内的毒素量，其效果往往强于洗胃。已发生呕吐的病人应多次饮清水或盐水使其反复呕吐。胃的排空时间为 1.5~4h，催吐进行得越早，毒物清理得就越完全。

（1）物理催吐法，用手指或匙子的柄摩擦患者的喉头或舌根使其呕吐。

（2）饮服催吐法，服用吐根糖浆等催吐剂，或在温热水中溶解一匙食盐作为催吐剂。

（3）催吐禁忌：吞食酸、碱腐蚀性物品或石油、烃类液体时，因有胃穿孔或胃中的食物吐出呛入气管的危险，不可催吐。意识不清者也不可催吐，以免造成窒息。

2. 洗胃

洗胃是指将一定成分的液体灌入胃内，混合胃内溶物后再抽出，或自口中吐出。如此反复多次，以清除胃内未被吸收的毒物或清洁胃腔。

（1）适用范围：在催吐失败或昏迷病人无法催吐时，应立即洗胃。对于急性中毒，如短时间内吞服有机磷、无机磷、生物碱、巴比妥类时，洗胃是一项重要的抢救措施。一般在食入有毒物质 6h 内均可洗胃。如在食入毒物前胃容物过多、毒物量大，或有毒物质在胃吸收后，即使超过 6h 也不应该放弃洗胃。

（2）洗胃液的选择：最常用 35～38℃ 的温开水，也可用清水或生理盐水。洗胃液的温度切不可过高，否则会扩张血管，加速毒物吸收。

（3）洗胃禁忌：强腐蚀性毒物中毒，禁止洗胃，以免发生穿孔现象。应服用保护剂及物理性对抗剂，如牛奶、蛋清、米汤、豆浆等保护胃黏膜。肝硬化伴食管底静脉曲张、食管阻塞、胃癌、消化道溃疡、出血患者应慎行胃管插入。胸主动脉瘤、重度心功能不全、呼吸困难者也不能洗胃。

3. 导泻

洗胃后，在拔胃管前可向胃内注入导泻剂，通过腹泻清除已进入肠道内的毒物。如服入有毒物质时间较长，比如超过两三小时，而且患者精神较好，则口服一些泻药，促使中毒食物尽快排出体外。

（1）常用导泻剂有甘露醇、硫酸镁或硫酸钠溶液。一般硫酸钠较硫酸镁安全，用时可一次口服 15～30g 硫酸钠温水溶液。严禁用硫酸钠、硫酸镁试剂替代药物硫酸钠、硫酸镁。

（2）禁忌：体质极度衰弱者，已有严重脱水患者及强腐蚀性毒物中毒者及孕妇禁用导泻药物。

## 七、常见的急救措施

1. 人工呼吸

口对口（鼻）吹气法是现场急救中采用最多的一种人工呼吸方法，其具体操作方法如下。

（1）对伤员进行初步处理：将需要进行人工呼吸的伤员放在通风良好、空气新鲜、气温适宜的地方，解开伤员的衣领、裤带、内衣及乳罩，清除口鼻分泌物、呕吐物及其他杂物，保证呼吸道畅通。

（2）使伤员仰卧，施救人员位于其头部一侧，捏住伤员的鼻孔，深吸气后，将自己的嘴紧贴伤员的嘴吹入气体；之后离开伤员的嘴，放开鼻孔，以一手压伤员胸部，助其呼出气体。如此，有节律地反复进行，1min 进行 15 次。吹气时不要用力过度，以免造成伤员肺泡破裂。

（3）吹气时，应配合对伤员进行胸外心脏按摩。一般地，吹 1 次气后，作 4 次心脏按压。

2. 心肺复苏术

心肺复苏术简称 CPR，是指当呼吸中止及心脏骤停时，使用人工呼吸及胸外心脏按压来进行急救，使患者恢复呼吸、心跳的一种技术。

（1）胸外心脏按压是心脏复苏的主要方法，它是通过压迫胸骨，对心脏给予间接按压，使心脏排出血液，参与血液循环，以恢复心脏的自主跳动。

（2）让需要进行心脏按压的伤员仰卧在平整的地面或木板上，头不可高于胸部，以保证脑血流量，注意保护患者颈部。如有可能应抬高下肢，以增加回心血量。头颈部应与躯干始终保持在同一轴面上，将双上肢置于身体两侧，解开患者的衣领和腰带。

（3）施救人员位于伤员一侧，双手重叠放在伤员胸部两乳正中间处，用力向下按压胸骨，使胸骨下陷 3～4cm，然后迅速放松，放松时手不离开胸部。如此反复有节律地进行。其按压速度为 60～80 次/min。

3. 止血

当伤员身体外伤出血时，应及时采取止血措施。常用的止血方法有以下几种：

（1）伤口加压法。这种方法适用于出血量不太大的一般伤口。通过对伤口的加压和包扎，减少出血，让血液凝固。其具体做法是如果伤口没有异物，用干净的纱布、布块、手绢、绷带等物或直接用手紧压伤口止血；如果出血较多时，可以用纱布、毛巾等柔软物垫在伤口上，再用绷带包扎以增加压力，达到止血的目的。

（2）手压止血法。临时用手指或手掌压迫伤口靠近心端的动脉，将动脉压向深部的骨头上，阻断血液的流通，从而达到临时止血的目的。这种方法通常是在急救中和其他止血方法配合使用，其关键是要掌握身体各部位血管止血的压迫点。

（3）止血带法。这种方法主要在四肢伤口大量出血时使用。主要有布止血带绞紧止血、布止血带加垫止血、橡皮止血带止血三种。使用止血带止血时，绑扎松紧要适宜，以出血停止、远端不能摸到脉搏为宜。使用止血带的时间越短越好，最长不宜超过 3h。并在此时间内每隔半小时（冷天）或 1h 慢慢解开、放松一次。每次放松 1～2min，放松时可用指压法暂时止血。不到万不得已时，不要长时间使用止血带，因为上好的止血带能把远端肢体的全部血流阻断，造成组织缺血，时间过长会引起肢体坏死。

## 八、搬运转送伤员的注意事项

转送是危重伤病员经过现场急救后由救护人员安全送往医院的过程，是现场急救过程中的重要环节。因此，必须寻找合适的担架，准备必要的途中急救力量和器材，尽可能使用速度快、振动小的运输工具。同时，应注意掌握各种伤病员搬运方式的不同：

（1）上肢骨折的伤员托住固定伤肢后，可让其自行行走。

（2）下肢骨折的伤员用担架抬送。

（3）脊柱骨折伤员，用硬板或其他宽布带将伤员绑在担架上。

（4）昏迷病人，头部可稍垫高并转向一侧，以免呕吐物吸入气管导致窒息。

# 第十章　事故调查和管理

为切实吸取事故教训，防止类似事故重复发生，必须对发生的实验安全事故进行认真、严谨的全面事故调查。分析事故调查处理应当严格按照"四不放过"（即事故原因不查清不放过，防范措施不落实不放过，职工群众不受教育不放过，事故责任者未受到处理不放过）和"科学严谨、依法依规、实事求是、注重实效"的原则，及时、准确地查清事故经过、事故原因和事故损失，查明事故性质，认定事故责任，总结事故教训，提出整改措施，避免同类事故再次发生。事故达到一定级别后，事故调查须由属地政府负责调查，法人单位须积极配合事故调查，如实地反映事故真实情况。

## 第一节　事故分类

### 一、按事故类别分类

依据《企业职工伤亡事故分类》（GB 6441—1986），综合考虑引起事故的起因物、诱导性原因、致害物、伤害方式等，按致害原因将实验事故类别分为 14 类：物体打击、车辆伤害、机械伤害、起重伤害、触电、灼烫、火灾、高处坠落、坍塌、锅炉爆炸、容器爆炸、其他爆炸、中毒和窒息与其他伤害等。实验过程伤亡事故分类见表 10-1。

表 10-1　实验过程伤亡事故分类

| 序号 | 事故类别 | 能量类型 | 解　释 | 伤害方式 |
|---|---|---|---|---|
| 1 | 物体打击 | 机械能 势能 | 指失控物体的惯性力造成的人身伤害事故。如落物、滚石、锤击、碎裂、崩块、砸伤等造成的伤害，不包括爆炸引起的物体打击 | 落物、滚石、锤击、碎裂、崩块、砸伤 |
| 2 | 车辆伤害 | 机械能 热能 | 指本企业内部的机动车辆引起的机械伤害事故。如机动车辆在行驶中的挤、压、撞车或倾覆等事故，在行驶中，上下车引发的事故。这里的机动车辆指：汽车、电瓶车以及挖掘机、叉车、铲车等 | 挤、压、撞击或倾覆；挫伤、轧伤、压伤；骨折、撕脱伤 |
| 3 | 机械伤害 | 机械能 | 指机械设备与工具引起的绞、辗、碰、割戳、切等伤害。如工件或刀具飞出伤人、切屑伤人，手或身体被卷入，手或其他部位被刀具碰伤，被转动的机构缠压住等。但属于车辆、起重设备的情况除外 | 绞、辗、碰、戳、切；割伤、擦伤、刺伤；撕脱伤、切断伤、夹伤、挤伤、骨折 |

| 序号 | 事故类别 | 能量类型 | 解 释 | 伤害方式 |
|------|----------|----------|-------|----------|
| 4 | 起重伤害 | 机械能 | 指从事起重作业时引进的机械伤害事故。包括各种起重作业引起的机械伤害，主要伤害类型有起重作业、脱钩砸人、钢丝绳断裂抽人、移动吊物撞人、绞入钢丝绳等。但不包括触电、检修进制动失灵引起的伤害、上下驾驶室时引起的坠落式跌倒 | 机械伤害、砸伤 |
| 5 | 触电 | 电能 | 指电流流经人体，造成生理伤害的事故。适用于触电、雷击伤害。如人体接触带电的设备金属外壳或裸露的临时线，漏电的手持电动、照明工具；起重设备误触高压线或感应带电；雷击伤害；触电坠落等事故 | 电伤、雷击、烧伤 |
| 6 | 灼烫 | 化学能 热能 | 指强酸、强碱溅到身体引起的灼伤；因火焰引起的烧伤；高温物体引起的烫伤；放射线引起的皮肤伤害等事故。灼烫主要包括烧伤、烫伤、化学灼伤、放射性皮肤损伤等伤害。但不包括电烧伤以及火灾事故引起的烧伤 | 化学性灼伤、烧伤、烫伤、放射性皮肤损伤 |
| 7 | 火灾 | 化学能 热能 | 指造成人身伤亡的企业火灾事故。不适用于非企业原因造成的火灾。譬如，居民火灾蔓延到企业的事故则不属于企业的火灾事故，此类事故属于消防部门统计的事故 | 烧伤、中毒、窒息 |
| 8 | 高处坠落 | 机械能 势能 | 指出于危险重力势能差引起的伤害事故。习惯上把作业场所高出基准面 2m 以上的称为高处作业。适用于脚手架、平台施工等高于基准面的坠落，也适用于地面踏空失足坠入洞、坑、沟、升降口、漏斗等情况。但排除因其他类别事故为诱发条件的坠落，如高处作业时，因触电失足坠应定为触电事故，不能按高处坠落划分 | 挫伤、擦伤、骨折 |
| 9 | 坍塌 | 机械能 势能 | 指建筑物、构筑物、堆置物等的倒塌以及土石塌方引起的事故。适用于因设计或施工不合理而造成的倒塌，以及土方、岩石发生的塌陷事故。如建筑物倒塌、脚手架倒塌；挖掘沟、坑、洞时土石的塌方等情况 | 砸伤、压埋伤 |
| 10 | 锅炉爆炸 | 机械能 | 指锅炉发生的物理性爆炸事故。适用于使用压力大于 0.7 个大气压(0.07MPa)，以水为介质的蒸汽锅炉 | 冲击伤、撕脱伤 |
| 11 | 容器爆炸 | 机械能 化学能 | 容器爆炸是压力容器破裂引起的气体爆炸，即物理性爆炸，也包括容器内盛装的可燃性液化气在容器破裂后，蒸发与周围的空气混合形成爆炸性气体混合物，遇到火源发生的化学爆炸，也称容器的二次爆炸 | 冲击伤、撕脱伤 |
| 12 | 其他爆炸 | 机械能 化学能 | 凡不属于锅炉爆炸、容器爆炸的爆炸事故，均列为其他爆炸事故，如可燃性气体与空气混合形成的爆炸性气体引起的爆炸；可燃蒸气与空气混合形成的爆炸性气体混合物；可燃性粉尘以及可燃气体与空气混合后引起的爆炸 | 冲击伤、撕脱伤 |

| 序号 | 事故类别 | 能量类型 | 解　释 | 伤害方式 |
|---|---|---|---|---|
| 13 | 中毒和窒息 | 干扰能量交换<br>化学能 | 指人接触有毒物质,如误食有毒食物或吸入有毒气体引起人体急性中毒事故,或在暗井、涵洞、地下管道、受限空间等不通风的地方工作,因为氧气缺乏,有时会发生突然晕倒甚至死亡的事故为窒息。两种现象合为一体,称为中毒和窒息事故。不适用于病理变化导致的中毒和窒息的事故,也不适用于慢性中毒的职业病导致的死亡 | 中毒、窒息 |
| 14 | 其他伤害 | | 凡不属于上述伤害的事故均称为其他伤害,如扭伤、跌伤、冻伤、野兽咬伤、钉子扎伤等 | |

## 二、按事故造成的伤害程度划分

依据《企业职工伤亡事故分类》(GB 6441—1986),根据事故给受伤害带来的伤害程度及其劳动能力丧失的程度可将事故分为轻伤事故、重伤事故和死亡事故三种。

(1)轻伤事故,指只有轻伤的事故。轻伤,指损失工作日低于 105 日的失能伤害(受伤者暂时不能从事原岗位工作)。

(2)重伤事故,指有重伤、但无死亡的事故。重伤,指造成员工肢体残缺或视觉、听觉等器官受到严重损伤,一般能导致人体功能障碍长期存在的,或相当于损失工作日等于或超过 105 日但小于 6000 日的失能伤害。

(3)死亡事故,事故发生后当即死亡(含急性中毒死亡)或受伤后在 30 日内死亡的事故(火灾、交通事故 7 日内死亡)。死亡的损失工作日为 6000 日(根据我国职工的平均退休年龄和平均死亡年龄计算出来的)。

## 三、按事故严重程度划分

依照《生产安全事故报告和调查处理条例》的规定,根据事故造成的人员伤亡(急性工业中毒)或者直接经济损失情况,将事故分为特别重大事故、重大事故、较大事故、一般事故。

为便于实验事故管理,将实验安全一般事故细分为三个等级。实验安全事故分为六个等级:特别重大事故、重大事故、较大事故、一般事故 A 级、一般事故 B 级、一般事故 C 级。

(1)特别重大事故,指造成 30 人以上死亡,或者 100 人以上重伤(包括急性工业中毒,下同),或者 1 亿元以上直接经济损失的事故。

(2)重大事故,指造成 10 人以上 30 人以下死亡,或者 50 人以上 100 人以下重伤,或者 5000 万元以上 1 亿元以下直接经济损失的事故。

(3)较大事故,指造成 3 人以上 10 人以下死亡,或者 10 人以上 50 人以下重伤,或者 1000 万元以上 5000 万元以下直接经济损失的事故。

(4)一般事故 A 级,指造成 1 人以上 3 人以下死亡,或者 3 人以上 10 人以下重伤,或者 100 万元以上 1000 万元以下直接经济损失的事故。

（5）一般事故 B 级，指造成 1 人以上 3 人以下重伤，或 3 人以上 10 人以下轻伤，或 10 万元以上 100 万元以下直接经济损失的事故。

（6）一般事故 C 级，指造成 3 人以下轻伤，或 0.2 万元以上 10 万元以下直接经济损失的事故。

上述规定中的"以上"含本数，"以下"不含本数。

# 第二节　事故案例分析

## 一、实验事故主要类型

通过对 1993—2023 年国内实验室的 177 起实验事故进行分析，发生的实验事故类型主要可以归纳为其他爆炸、火灾、容器爆炸、中毒和窒息、泄漏、灼烫、触电、环境污染、物体打击、高处坠落、机械伤害等 11 类。见表 10-2。

表 10-2　1993—2023 年发生的实验事故类型

| 序号 | 事故类别 | 起数/起 | 轻伤/人 | 重伤/人 | 死亡/人 |
|---|---|---|---|---|---|
| 1 | 其他爆炸 | 64 | 89 | 60 | 18 |
| 2 | 火灾 | 62 | 23 | 1 | 2 |
| 3 | 容器爆炸 | 13 | 28 | 16 | 2 |
| 4 | 中毒和窒息 | 13 | 39 | 15 | 4 |
| 5 | 泄漏 | 11 | 0 | 2 | 0 |
| 6 | 灼烫 | 4 | 1 | 5 | 0 |
| 7 | 触电 | 3 | 1 | 1 | 1 |
| 8 | 环境污染 | 3 | 0 | 0 | 0 |
| 9 | 物体打击 | 2 | 0 | 1 | 1 |
| 10 | 高处坠落 | 1 | 0 | 0 | 1 |
| 11 | 机械伤害 | 1 | 0 | 1 | 0 |
| | 汇总 | 177 | 181 | 102 | 29 |

## 二、按实验事故发生的环节划分

通过对国内实验室 1993—2023 年的 177 起实验事故进行分析，发现实验事故多发生在危险化学品储存、使用、废弃阶段，仪器设备的安装、使用、废弃等阶段。

1. 按事故发生的环节划分——危险化学品

对 177 起实验事故发生环节进行分析，发现发生在危险化学品储存、使用、废弃阶段的事故达 125 起，占事故总起数的 70.6%。发生在危险化学品使用阶段的事故最多，达 88 起，占危险化学品类事故总起数的 70.4%；伤亡人数也最多，重伤 66 人，占重伤总人数的

82.5%；死亡 19 人，占死亡总人数的 95.0%。其次是发生在危险化学品储存阶段的事故 30 起，占危险化学品类事故总起数的 24.0%；重伤 13 人，占重伤总人数的 16.3%；死亡 1 人，占总死亡人数的 5.0%。发生在危险化学品废弃阶段的事故 7 起，占危险化学品类事故总数的 5.6%；重伤 1 人，占重伤总人数的 1.3%。见表 10-3。

表 10-3　1993—2023 年事故发生环节——危险化学品

| 发生环节 | 起数/起 | 轻伤/人 | 重伤/人 | 死亡/人 |
| --- | --- | --- | --- | --- |
| 危化品使用阶段 | 88 | 112 | 66 | 19 |
| 危化品储存阶段 | 30 | 5 | 13 | 1 |
| 危化品废弃阶段 | 3 | 1 | 1 | 0 |
| 危化品废弃处置阶段 | 4 | 1 | 0 | 0 |
| 汇总 | 125 | 119 | 80 | 20 |

2. 按事故发生的环节划分——仪器设备

对 177 起实验事故发生环节进行分析，发生在设备使用、维修、调试、闲置、废弃处置等阶段的事故有 85 起，占事故总起数 48.0%。发生在设备使用阶段的事故最多，达 76 起，占设备类事故总起数的 89.4%；重伤人数 29 人，占总重伤人数比例 74.4%；死亡人数 16 人，占总死亡人员比例 94.1%。发生在设备维修阶段的事故有 5 起，占设备类事故总起数的 5.9%；重伤人数 2 人，占总重伤人数比例 5.1%。见表 10-4。

表 10-4　1993—2023 年事故发生环节——仪器设备

| 发生环节 | 起数/起 | 轻伤/人 | 重伤/人 | 死亡/人 |
| --- | --- | --- | --- | --- |
| 设备使用阶段 | 76 | 33 | 29 | 16 |
| 设备维修阶段 | 5 | 4 | 2 | 0 |
| 设备调试阶段 | 2 | 0 | 5 | 0 |
| 设备闲置阶段 | 1 | 0 | 0 | 0 |
| 设备废弃处置阶段 | 1 | 0 | 3 | 1 |
| 汇总 | 85 | 37 | 39 | 17 |

## 三、实验事故发生的原因

依照《生产过程危险和有害因素分类与代码》（GB/T 13861—2022），对 1993—2023 年国内实验室的 177 起实验事故发生原因进行分析，发现导致事故发生的原因有人的因素、物的因素、环境因素及管理因素等四类。有时引发事故的原因并非一种，而是多种。

1. 人的因素

由于人是实验的主要策划者和操作者，实验过程的每个环节都与人为因素有着密切的关系，因而人的因素是导致实验事故的最主要原因之一。

对 177 起实验事故发生的原因进行分析，涉及人的因素的事故有 107 起，占事故总起数的 60.5%。主要原因有违章作业、误操作、脱岗、泄愤心理等四类。其中因违章操作或误操作引发的事故最多，达 87 起，占人的因素类事故总起数的 81.3%；重伤 59 人，占总重伤人数的 86.8%；死亡 17 人，占总死亡人数的 94.4%。见表 10-5。

表 10-5　1993—2023 年实验事故发生的原因——人的因素

| 事故原因 | 起数/起 | 轻伤/人 | 重伤/人 | 死亡/人 |
| --- | --- | --- | --- | --- |
| 违章作业 | 59 | 77 | 41 | 16 |
| 误操作 | 28 | 12 | 18 | 1 |
| 脱岗 | 13 | 0 | 1 | 0 |
| 泄愤心理 | 7 | 1 | 8 | 1 |
| 汇总 | 107 | 90 | 68 | 18 |

2. 物的因素

物的因素是事故致因理论所提及的导致事故发生的重要原因之一。物的因素是指实验过程中所使用的实验仪器设备和实验材料等，尤其是危险化学品具有的易燃易爆、有毒有害以及腐蚀性，还有仪器设备存在磨损老化或质量不合格等风险，从而引发实验事故。

对 177 起实验事故发生的原因进行分析，涉及物的因素的事故有 157 起，占事故总起数的 89.3%。主要原因有理化危险、健康危险、电危害、防护缺陷、仪器设备缺陷、高温物质、运动物危害、标志标识缺陷等八类。其中因理化危险引发的事故最多，达 90 起，占物的因素类事故总起数的 57.3%；重伤 58 人，占总重伤人数的 59.2%；死亡 18 人，占总死亡人数的 72.0%。见表 10-6。

表 10-6　1993—2023 年实验事故发生的原因——物的因素

| 原因 | 起数/起 | 轻伤/人 | 重伤/人 | 死亡/人 |
| --- | --- | --- | --- | --- |
| 理化危险 | 90 | 77 | 58 | 18 |
| 健康危险 | 23 | 41 | 19 | 3 |
| 电危害 | 13 | 1 | 2 | 2 |
| 防护缺陷 | 9 | 3 | 7 | 0 |
| 仪器设备缺陷 | 8 | 2 | 6 | 0 |
| 高温物质 | 7 | 4 | 1 | 0 |
| 运动物危害 | 5 | 1 | 5 | 1 |
| 标志标识缺陷 | 2 | 0 | 0 | 1 |
| 汇总 | 157 | 129 | 98 | 25 |

3. 环境因素

实验场所环境主要是指实验室场所内布局、安全通道、光线照明、通风设施等情况。环境因素除了直接构成安全隐患以外，也会间接影响着人的状态或物的状态，例如实验场所杂乱、光线照明、粉尘等不良因素会改变人的生理和心理状态，从而增大人为失误的概率，间接影响人员操作和判断，成为实验过程不容忽视的安全隐患。除此之外，一旦发生事故，过于拥挤的实验场所布局可能会影响受困人员的逃生，增大事故伤害的人数与后果。

对 177 起实验事故发生的原因进行分析，涉及环境因素的事故有 16 起，占事故总起数的 9.0%。主要原因是室内作业场所杂乱，室内给、排水不良，室内温度、湿度、气压不适等三类。其中因室内作业场所杂乱引发的事故最多，达 14 起，占环境因素类事故总起数的 87.5%。见表 10-7。

表 10-7　1993—2023 年实验事故发生的原因——环境因素

| 原因 | 起数/起 | 轻伤/人 | 重伤/人 | 死亡/人 |
|---|---|---|---|---|
| 室内作业场所杂乱 | 14 | 7 | 1 | 0 |
| 室内给、排水不良 | 1 | 0 | 0 | 0 |
| 室内温度、湿度、气压不适 | 1 | 0 | 0 | 0 |
| 汇总 | 16 | 7 | 1 | 0 |

4. 管理因素

实验安全管理不当导致，法人单位的安全管理体系、管理制度、安全责任体系是否健全，安全培训是否到位，安全投入是否充足，应急管理是否存在缺陷等因素是保证实验过程长效安全的关键。

对 177 起实验事故发生的原因进行分析，中国矿业大学"4·5"爆炸死亡事故和北京交通大学"12·26"较大爆炸事故有正式的事故调查报告，上海市长宁区法院对东华大学"9·21"爆炸事故的原因进行了调查分析。这三起事故发生的管理因素有：实验安全管理不到位、安全规章制度执行不到位，存在重科研轻安全的思想；违规开展试验、冒险作业，违规购买、违法储存危险化学品，对实验过程和科研项目管理不到位；事发时实验管理人员未落实其校内实验室相关安全管理制度，未尽到安全管理职责，存在重大过失。从公开途径没有找到其他事故的事故报告或原因分析，对事故中涉及的管理因素就不妄加分析，但可以肯定的是，基本上每一起实验事故的发生都或多或少地涉及管理因素。

# 第三节　事故应急处置和信息报告

## 一、事故应急处置

实验场所发生实验安全事故后，事故现场有关人员应当立即报告本单位负责人。法人单位主要负责人或有关负责人接到事故报告后，应立即启动事故应急预案，赶赴事故现场，组织有关人员开展先期应急处置工作，控制事故发展，尽最大努力防止事故进一步扩大，全力抢救受害人员，最大限度地减少人员伤亡和财产损失。

对危险化学品泄漏等可能对周边群众和环境产生影响的，法人单位应在向地方人民政府和有关部门报告的同时，及时向可能受到影响的单位、职工、群众发出预警信息，标明危险区域，组织、协助应急救援队伍和工作人员救助受害人员，疏散、撤离、安置受到威胁的人员，并采取必要措施防止发生次生、衍生事故。

事故发生地有关地方人民政府、应急管理部门和负有应急管理职责的有关部门接到事故报告后，其负责人应当立即赶赴事故现场，组织事故救援。法人单位应当服从指挥、调度，参加或者配合救助，将事故损失降到最低限度。

事故现场保护。事故发生后，有关单位和相关人员应当妥善保护事故现场以及相关证据，任何单位和个人不得破坏事故现场、毁灭相关证据。事故现场保护的主要任务就是在现场勘查之前，维持事故现场的原始状态，既不使它减少任何痕迹、物品，也不使它增加任何痕迹、物品。

因抢救人员、防止事故扩大以及疏通交通等，需要移动事故现场物件的，应当作出标志，绘制现场简图并作出书面记录，妥善保存现场重要痕迹、物证，并应当尽量使现场少受破坏。

## 二、事故信息报告

实验安全事故信息的及时、准确上报是实验安全事故管理工作的基础。事故发生后，及时、准确、完整地报告事故，可及时、有效地组织开展事故救援，减少人员伤亡和财产损失。

法人单位主要负责人接到事故报告后，在开展应急处置的同时，应按照有关规定立即向当地应急管理部门如实报告，不得以任何理由隐瞒不报、谎报或迟报。任何单位和个人不得迟报、漏报、谎报或者瞒报事故。

（1）事故信息报告是事故调查的前提，发生的所有事故都要立即报告本单位负责人。如果事故信息不能及时报告，则可能导致以下结果：

① 不能及时、有效地组织事故救援，减少事故损失。

② 由于缺乏合适及时的医疗救治，可能会导致人员伤害变得更加严重。

③ 事故隐患不能及时消除。

④ 由于没有采取措施消除导致事故发生的原因，可能使处在相同实验环境的员工再次受到伤害。

⑤ 如果发生事故后没有报告，就不能开展事故调查，就不能从事故调查中获得经验教训。

（2）发生事故的单位及下列人员和有关政府部门负有如实、及时、准确、完整地报告事故的责任：

① 实验事故现场有关人员。

② 发生实验事故的法人单位的主要负责人。

③ 地方政府应急管理部门。

④ 地方政府负有安全生产监督管理职责的有关部门。

⑤ 有关地方人民政府。

（3）实验安全事故信息报告时间要求。实验场所发生实验安全事故后，事故现场有关人员应当立即向本单位负责人报告，以便本单位负责人及时得知事故情况，能及时组织抢救。情况紧急时，事故现场有关人员可以直接向事故发生地县级以上人民政府应急管理部门和负有安全生产监督管理职责的有关部门报告，以利于积极组织事故救援力量进行救援。

实验场所发生安全事故后，依据《生产安全事故信息报告和处置办法》的规定，法人单位负责人根据事故的大小可以分三个层次报告。

① 实验场所发生实验安全事故，法人单位负责人接到事故信息报告后，应于 1h 内报告事故发生地县级应急管理部门。

② 实验场所发生较大以上实验安全事故，法人单位负责人接到事故信息报告后，应于 1h 内报告事故发生地县级应急管理部门。同时应当在 1h 内报告省级应急管理部门。

③ 实验场所发生重大、特别重大实验安全事故，法人单位负责人接到事故信息报告后，应于 1h 内报告事故发生地县级应急管理部门。同时应当在 1h 内报告省级应急管理部门，还可以直接向国家应急管理部门报告。

（4）实验安全事故信息报告内容。依照《生产安全事故信息报告和处置办法》相关规定，实验安全事故信息报告应当包括以下内容：

① 实验安全事故发生单位的名称、具体地址、性质等基本概况。

② 实验安全事故发生的时间、地点以及事故现场情况，报告事故发生的时间应当具体、报告事故发生的地点要准确、报告事故现场的情况应当全面。

③ 实验安全事故的简要经过（包括应急救援情况）；对事故全过程的简要概述，核心要求在于"全"和"简"，"全"就是要全过程描述，"简"就是简单明了。描述要前后衔接、脉络清晰、因果相连。

④ 实验安全事故已经造成或者可能造成的伤亡人数（包括下落不明的人数）和初步估计的直接经济损失。

⑤ 事故发生后已经采取的措施；已经采取的措施主要是指事故现场有关人员、事故单位负责人，已经接到事故报告的安全实验管理部门为减少损失，防止事故扩大和便于事故调查所采取的应急救援与现场保护等具体措施。

⑥ 其他应当报告的情况。

（5）实验安全事故信息的补报。为保证实验事故信息的及时续报，事故伤亡、损失具体情况暂不清晰的，可以先报事故概况，随即补报事故全面情况。待事故信息出现新情况时，应当及时续报、补报。

① 如果事故出现新情况，法人单位应当及时续报事故报告。

② 一般事故、较大事故每日至少续报 1 次。

③ 重大事故、特别重大事故每日至少续报 2 次。

④ 自事故发生之日起 30 日内（火灾事故自发生之日起 7 日内），事故造成的伤亡人数发生变化的，法人单位应当在当日及时向事故发生地县级安全监管部门补报。

从事故控制的角度来看，法人单位对轻伤和无伤害事件（隐患和未遂事故）的调查分析也是同样重要的。所以法人单位要鼓励员工报告轻伤或无伤害事件。

# 第四节　事故调查与分析

《生产安全事故报告和调查处理条例》第四条第二款规定，事故调查处理应坚持实事求是、尊重科学的原则，及时、准确地查清事故经过、事故原因和事故损失，查明事故性质，认定事故责任，总结事故教训，提出整改措施，并对事故责任者依法追究责任。

实验安全事故调查与分析是确认事故经过、查找事故原因的过程，是实验安全管理工作的一项关键内容，是制定事故预防对策的前提。通过事故调查，既能分析事故发生的根源，解决实验过程中存在的安全隐患，也是吸取事故教训、追究责任、惩前毖后的有效手段和实验安全工作决策的重要依据。

## 一、事故调查的重要性

　　（1）事故调查是最有效的预防方法。事故的发生既有它的偶然性，也有必然性。即如果潜在的事故发生的条件（事故隐患）存在，什么时候发生事故是偶然的，但发生事故是必然的。因而，只有通过事故调查的方法，才能发现事故发生的潜在条件，包括事故的直接原因和间接原因，找出其发生发展的过程，防止类似事故的再次发生，为制定安全措施提供依据。事故的发生是有因果性和规律性的，事故调查是找出这种因果关系和事故规律的最有效的方法。只有掌握了这种因果关系和规律性，才能有针对性地制定出相应的安全措施，包括技术手段和管理手段，达到最佳的事故控制效果。

　　（2）找出新的或未被人注意到的危险。任何实验，特别是针对有新工艺、新设备、新材料、新技术的实验过程，在一定程度上都存在着某些尚未了解、掌握的或所忽视的潜在危险。事故的发生提供认识这类危险的机会，事故调查是抓住这一机会的最主要途径，只有充分认识了这类危险，才有可能防止其发生。

　　（3）可以确认管理系统的缺陷。事故是管理不善的表现形式，而管理系统缺陷的存在也会直接影响到实验进度、经济效益。事故的发生给了我们将坏事变成好事的机会，即通过事故调查发现管理系统存在的问题，加以改进后，就可以一举多得，既可以控制事故，又可以改进管理水平，提高实验效率。

　　（4）是高效的实验安全管理系统的重要组成部分。安全实验管理工作是事故预防和应急措施的有机结合。既然事故调查的结果对于进行事故预防和应急措施的制定都有重要价值，那么安全实验管理系统中当然要具备事故调查处理的职能并真正发挥作用，否则安全实验管理工作的目的和对象就会模糊、不清晰。

## 二、事故调查的目的

　　（1）揭示事故真相及发生经过，为事故分析提供依据。事故发生发展具有内在的规律性，只要严格遵循科学的事故调查程序，注重现场勘察、技术鉴别、模拟实验及逻辑推理，是可以还原事故真相及发生经过的。

　　（2）找到事故发生的原因、经过。实验事故的原因是事故调查的起点，也是事故管理工作的核心，没有调查清楚事故发生原因是不可能处理好事故的。

　　（3）确定事故规模、性质和类别。为正确处理事故引起的纠纷提供依据（如受害者丧失劳动能力的程度、工伤的确定以及事故责任人的处理等）。

　　（4）为拟订整改措施，预防同类事故再次发生，消除隐患，保证安全实验提供资料。整改措施是在调查事故原因的基础上采取的管理和技术措施，是防止同类事故再次发生的根本保障。

　　（5）改进实验安全管理。通过事故调查，可以为相关部门和法人单位建立或修订安全实验管理制度、安全操作规程、应急处理、应急预案等提供科学依据。

（6）提高员工的安全意识。每一个事故的发生都能给实验操作人员带来经验教训，一份深刻、全面的事故调查报告，也就是一份极其生动、极有价值的安全实验教材。为了防止类似事故的重复发生，很重要的一点是员工具有防范类似事故发生的意识。法人单位可通过基于事故调查基础上的沟通和案例教育，来提高员工的安全意识。

> **警示案例**
>
> 2011 年 4 月 11 日，江苏省某高校学生陈某在使用水热反应釜进行实验时，反应结束后，未等反应釜完全冷却，强行打开釜盖，釜盖崩出击中该生额头，同时部分反应物料喷溅到面部及眼部，导致陈某受伤。
>
> 2021 年 3 月 31 日，北京市某科研单位也发生一起同类型事故，一名研究生强行打开未冷却的水热高压反应釜釜盖时，釜盖崩出击中该生额头，导致该生当场死亡。
>
> 如果江苏省某高校能及时、如实、调查并公布此次事故发生的原因，北京市某科研单位学生又能认真学习这起事故发生的原因，从中吸取事故教训，或许北京市某科研单位的学生就能避免这起悲惨事故的发生。

## 三、事故调查的原则

事故调查要严格遵循科学严谨、依法合规、实事求是、注重实效的原则。

（1）科学严谨，是指事故调查要尊重事故发生的客观规律，采取科学的方法，认真、细致、全面地获取、分析事故调查收集的每一份证据、材料。实验安全事故的调查处理具有很强的科学性和技术性，特别是事故原因的调查，往往需要进行很多技术上的分析和研究，利用很多技术手段。事故调查组要有科学的态度，不主观臆断，不轻易下结论，努力做到客观、公正；要充分发挥专家和技术人员的作用，把事故原因的查明、事故责任的分析、有关证据的认定建立在科学的基础上。

（2）依法合规，是指事故调查主体、调查程序和调查结果等工作要严格遵守有关法律、法规、规章的规定，经过必要的程序，保证调查程序的公正和调查结果的公正。对于事故性质、原因和责任的分析，也要按照有关规定和标准进行，做到依法合规。

（3）实事求是，是指根据客观存在的情况和证据，研究与实验安全事故有关的事实，寻求事故发生的真正原因。在事故调查中，必须全面彻底查清实验安全事故的原因，不得夸大或缩小事故事实，不得弄虚作假。要从实际出发，在查明事故原因的基础上明确事故责任。提出处理意见要实事求是，不得从主观出发，不能感情用事，要根据事故责任划分，按照法律法规和国家有关规定对事故责任人提出处理意见。

（4）注重实效，是指事故调查处理工作应当提高效率，在规定时间内结案，不得无故拖延。事故调查组要及时、准确地查清事故原因，查明事故性质和责任，评估应急处置工作，总结事故教训，提出整改措施，并对事故责任单位和人员提出处理建议，出具事故调查报告。

## 四、事故调查的组织

事故调查组是事故调查分析的专门机构，是事故调查的组织保证，成立事故调查组是事故调查分析的正式开始。《生产安全事故报告和调查处理条例》第十九条对有关人民政府直接组织、授权或委托有关部门组织事故调查，作出了下列规定：

（1）特别重大事故，由国务院或国务院授权有关部门组织事故调查组进行调查。

（2）重大事故，由事故发生地省、自治区、直辖市人民政府直接组织事故调查组进行调查。

（3）较大事故，由事故发生地设区的市级人民政府直接组织事故调查组进行调查。

（4）一般事故由事故发生地县级人民政府直接组织事故调查组负责调查。其中未造成人员伤亡的一般事故，县级人民政府也可委托事故发生单位组织事故调查组进行调查。

（5）省级人民政府、设区的市级人民政府，县级人民政府可以直接组织事故调查组进行调查，也可以授权或者委托有关部门组织事故调查组进行调查。

## 五、事故调查组的组成

根据事故的具体情况，事故调查组由有关人民政府、应急管理部门、负有安全生产监督管理职责的有关部门、监察机关、公安机关以及工会派人组成，并应当邀请人民检察院派人参加。事故调查组可以聘请有关专家参与调查。

（1）事故调查组组长主持事故调查组的工作，由负责事故调查的人民政府指定，也可以由人民政府授权组织事故调查的有关部门指定。

（2）事故调查组成员应当具有事故调查所需要的知识和专长，并与所调查的事故没有直接利害关系。

（3）对于法人单位内部的事故调查组成员，一般由法人单位主要负责人或其指定人员组建，由具备相关专业知识的人员和事故调查经验的人员组成，必要时，也可聘请外部专家参与调查。

## 六、事故调查组的职责

依照《生产安全事故报告和调查处理条例》第二十五条规定，事故调查组履行下列职责：

（1）查明事故发生的经过，包括事故发生前事故发生单位实验作业状况，事故发生的具体时间、地点，事故现场状况及事故现场保护情况，事故发生后采取的应急处置措施情况，事故经过，事故抢救及事故救援情况，事故的善后处理情况，其他与事故发生经过有关的情况。

（2）及时、准确地查明事故发生的原因。客观、全面地查清事故发生的经过和事故原因，是事故调查处理的首要任务和内容，也是进行下一步分清责任、出具处理意见的基础。事故原因包括事故发生的直接原因、事故发生的间接原因、事故发生的其他原因。

（3）查明人员伤亡情况，包括事故发生前事故发生单位实验作业人员分布情况，事故发生时人员涉险情况，事故当场人员伤亡情况及人员失踪情况，事故抢救过程中人员伤亡情况、最终伤亡情况，其他与事故发生有关的人员伤亡情况。

（4）查明事故的直接经济损失，包括人员伤亡后所支出的费用，如医疗费用、丧葬及抚恤费用、补助及救济费用、歇工工资等；事故善后处理费用，如处理事故的事务性费用、现场抢救费用、现场清理费用、事故罚款和赔偿费用等；事故造成的财产损失费用，如固定资产损失价值、流动资产损失价值等。

（5）认定事故性质和事故责任，是指要查明事故的类型和具体责任的承担。事故性质是指事故是人为事故还是自然事故，是意外事故还是责任事故。查明事故性质是认定事故责任的基础和前提。如果事故纯属自然事故或意外事故，则不需要认定事故责任。如果是人为事故和责任事故，要按照责任大小和承担责任的不同分别认定直接责任者、主要责任者、领导责任者。

（6）对事故责任单位和人员提出处理意见。通过事故调查分析，在认定事故性质和事故责任的基础上，明确对事故责任单位和具体责任人员分别提出不同的处理建议，使有关责任者受到合理的处理，包括给予党纪处分、行政处分或者建议追究相应的刑事责任，这对于提高法人单位和实验人员的责任心、预防事故的水平，预防事故再次发生，具有重要的警示意义。

（7）总结事故教训。通过事故调查分析，在认定事故的性质和事故责任者的基础上，要认真总结事故教训，主要是在安全生产管理、安全生产投入、安全生产条件、事故应急救援等方面存在的薄弱环节、漏洞和隐患，要认真对照问题查找根源、吸取教训。

（8）提出防范和整改措施。防范和整改措施是在事故调查分析的基础上针对事故发生单位在安全生产方面的薄弱环节、漏洞、隐患等提出的，要具备针对性、可操作性、普遍适用性和时效性。

（9）提交事故调查报告。事故调查报告由事故调查组在全面履行职责的前提下完成，是事故调查工作成果的集中体现。事故调查报告在事故调查组组长的主持下完成，其内容应当符合《生产安全事故报告和调查处理条例》的规定，并在规定的提交事故调查报告的时限内向负责事故调查的人民政府提交。

（10）事故调查报告应当附具有关证据材料，事故调查组成员应当在事故调查报告上签名。

## 七、事故调查报告的公布

按照《生产安全事故报告和调查处理条例》要求，事故调查组提交的事故调查报告应定性准确、责任明晰、程序合法；事故调查报告应当包括以下内容：

（1）事故发生单位概况。

（2）事故发生经过和事故救援情况。

（3）事故造成的人员伤亡和直接经济损失。

（4）事故发生的原因和事故性质。

（5）事故责任的认定以及对事故责任者的处理建议。

（6）事故防范和整改措施。

事故调查报告应当附具有关证据材料。事故调查组成员应当在事故调查报告上签名。

事故调查报告可以由负责事故调查的人民政府直接向社会公布，也可以由其授权的有关部门、机构负责向社会公布。由法人单位负责调查的事故调查报告可在单位内网、内部通报中公布并组织学习。

# 第五节　事故原因分析

对于发生的实验事故，不仅要进行详细的事故现场调查分析，还要对事故发生的原因进行深入的分析。

事故产生的原因分为两类：直接原因，是直接导致事故发生的原因；间接原因，是直接原因得以产生和存在的原因。根据事故调查确定的事实，分析事故产生原因。应先从直接原因入手，再逐步深入间接原因，从而掌握事故的全部原因；通过对事故发生的直接原因和间接原因分析，确定事件中的直接责任者和领导责任者。在直接责任者和领导责任者中，根据其在事件发生过程中的作用，确定主要责任者。

一般情况下，根据直接原因确定直接责任者。造成物的不安全状态的人和产生不安全行为的人，是直接责任者。造成间接原因的人为领导责任者；造成主要原因的人为主要责任者。根据事件后果和事故责任者应负的责任提出处理意见。

## 一、事故伤害分析

应按以下 7 项内容进行分析：

受伤部位；受伤性质；起因物；致害物；伤害方式；不安全状态；不安全行为。

## 二、事件发生的原因

应按照下列步骤确定事故原因：

分析事故产生的伤害；分析和确定事故的直接原因；分析和确定事故的间接原因；对事故责任进行划分，确定事故的责任者。

## 三、可能导致人的不安全行为的直接原因

（1）操作错误、忽视安全、忽视警告。

（2）拆除了安全装置、调整错误导致安全装置失效。

（3）使用不安全设备。

（4）用手代替工具操作。

（5）物体存放不当。

（6）冒险进入危险场所。

（7）攀、坐不安全位置。

（8）在起吊物下作业、停留。

（9）在仪器设备运转时进行加油、修理、检查、焊接、清扫等工作。

（10）操作、实验时注意力分散。

（11）未佩戴个人防护用品，在必须使用个人防护用具的操作或场合中忽视其使用。

（12）不安全的装束。

（13）对易燃、易爆、危险物等处理不当。

## 四、可能导致物的不安全状态的直接原因

（1）防护、保险、信号等装置缺乏或有缺陷。

（2）设备、设施、工具附件有缺陷。

（3）个人防护用具（防护服、手套、护目镜及面罩、呼吸器官护具、听力护具、安全帽、安全鞋等）缺少或缺陷。

（4）实验场地、操作环境不良。

## 五、事故发生的间接原因

（1）实验工艺技术和设计上的缺陷，如实验过程设计、操作方法、仪器设备、检维修等设计。

（2）教育培训不够，科研人员未经培训、缺乏或不懂实验安全操作技术知识。

（3）实验进度安排不合理。

（4）对实验过程、作业现场缺乏检查或指导错误。

（5）实验环境不能满足实验需要，影响员工的实验活动。

（6）实验、作业没有按照安全操作规程操作或规程内容不具体、不可行。

（7）没有认真落实防止事故发生的安全措施，对事故隐患整改不力等。

## 第六节　事故处理

事故处理对于事故责任追究以及防范和整改措施的落实等非常重要，也是落实"四不放过"（事故原因未查清不放过；事故责任者未处理不放过；整改措施未落实不放过；相关人员未受到教育不放过）要求的核心环节。

事故调查组向负责事故调查的有关人民政府提出事故调查报告后，事故调查工作即告结束。有关人民政府按照《生产安全事故报告和调查处理条例》规定的限期，及时作出批复并督促有关机关、单位落实，包括对法人单位的行政处罚，对事故责任人行政责任的追究以及整改措施的落实。

由法人单位负责调查的事故，事故调查组向法人单位安全实验委员会提出事故调查报告后，事故调查工作即告结束。由法人单位安全实验委员会及时作出批复，并督促相关职能部门、单位落实，包括对涉事法人单位的处罚，对事故责任人的责任追究及整改措施的落实。

## 第七节　事故报告中防范整改措施的落实

事故调查组在事故调查中要查清事故经过、查明事故原因和事故性质，总结事故教训，并在事故调查报告中提出防范和整改措施。事故发生单位应当认真反思，汲取事故教训，

查找安全实验管理方面的不足和漏洞。对于事故调查组在查明事故原因的基础上提出的有针对性的整改措施，事故发生单位必须及时、全面落实。

事故调查处理的最终目的是预防和减少事故。落实事故整改措施，及时消除事故暴露出的人的不安全行为、物的不安全状态与管理制度上的缺陷。事故调查报告中提出的每一条整改措施都要落实责任人、整改期限，并且建立跟踪考核机制，确保整改措施落实到位。

落实整改措施前的安全监控措施，因为条件限制，不能立即进行整改时，要落实有效的临时监控措施，防止落实整改措施阶段发生事故。当有更好的整改措施时，法人单位要组织有关专家进行充分论证。重伤、亡人及重大泄漏、爆炸、火灾事故防范措施全面完成之后，法人单位组织对整改措施的有效性进行评估。

法人单位要组织全体员工深入学习、分析讨论事故调查报告、本单位和同类单位的事故教训，切实了解事故发生的直接原因、管理原因和根本（安全文化）原因，深刻吸取事故教训，杜绝同类事故的再次发生。提高员工安全意识和防范事故能力。

# 第八节　事故档案管理

法人单位应建立事故事件档案数据库。事故档案是事故调查过程直接形成的，具有保存价值的文字、图表、声像、电子文件等不同形式和载体的历史记录。其应归档的文件材料包括：

（1）关于事故调查处理意见的请示及批示意见（附有调查报告）。

（2）事故处理决定、批复或结案通知。

（3）事故调查组织工作的有关材料，包括事故调查组成立批准文件、内部分工、调查组成员及签字等。

（4）事故抢险救援报告。

（5）现场勘查报告及事故现场勘查材料，包括事故现场图、照片、录像，勘查过程中形成的其他材料等。事故技术分析、取证、鉴定等材料，包括技术鉴定报告，专家鉴定意见，设备、仪器等现场提取物的技术检测或鉴定报告以及物证材料或物证材料的影像材料，物证材料的事后处理情况报告等。

（6）法人单位安全管理情况调查报告。

（7）伤亡人员名单，尸检报告或死亡证明，受伤人员伤害程度鉴定或医疗证明。

（8）调查取证、谈话、询问笔录等；其他认定事故原因、管理责任的调查取证材料，包括事故责任单位的实验操作规程及图纸等。

（9）关于事故经济损失的材料。

（10）事故调查工作简报，与事故调查工作有关的会议记录，其他与事故调查有关的文件材料。

（11）关于事故责任认定和对责任人进行处理的相关单位意见函；关于事故责任单位或责任人的责任追究落实情况的文件材料。

（12）其他与事故处理有关的文件材料。

# 参 考 文 献

[1] 王廷春等译. 过程安全管理体系审核指南[M]. 北京：中国石化出版社, 2017.

[2] 王廷春等译. 操作行为和操作纪律——改进工业过程安全[M]. 北京：中国石化出版社, 2017.

[3] 普建武等译. 化工过程全生命周期本质安全应用指南(第三版)[M]. 北京：中国石化出版社, 2020.

[4] 敖天其, 金永东, 何柳, 等. 实验室安全与环境保护探索与实践[M]. 成都：四川大学出版社, 2018：315.

[5] 蔡乐. 高等学校化学实验室安全基础[M]. 北京：化学工业出版社, 2018.

[6] 陈连清, 陈心浩, 金士威. 化学实验室安全[M]. 北京：化学工业出版社, 2016.

[7] 陈网桦, 陈利平, 郭子超. 化工过程热风险[M]. 北京：化学工业出版社, 2020.

[8] 陈卫华. 实验室安全风险控制与管理[M]. 北京：化学工业出版社, 2017.

[9] 陈莹. 化学实验室风险评价及安全管理措施研究[D]. 福州：福州大学, 2015.

[10] 谌委菊. 高校科研化学实验室安全事故剖析及防患策略[J]. 山东化工, 2021, 50(16)：238-239.

[11] 丁静, 关明云. 高校化工与化学实验室事故成因分析及对策[J]. 化工管理, 2022(9)：3.

[12] 冯建跃. 高校实验室安全工作参考手册[M]. 北京：中国轻工业出版社, 2020.

[13] 冯建跃. 高校实验室化学安全与防护[M]. 杭州：浙江大学出版社, 2013.

[14] 郭明星. 化学实验室安全基础[M]. 北京：化学工业出版社, 2023.

[15] 韩佳彤. 化工类高校实验室风险评估和分级方法的研究[D]. 沈阳：沈阳化工大学, 2020.

[16] 何志芳. 高校化学类实验室安全隐患分析及应对措施[J]. 化工管理, 2023(30)：91-94.

[17] 胡洪超. 实验室安全教程[M]. 北京：化学工业出版社, 2019.

[18] 黄玉清. 高校实验室双重预防体系建设及应用研究[D]. 焦作：河南理工大学, 2022.

[19] 黄志斌, 唐亚文主编. 高等学校化学化工实验室安全教程[M]. 南京：南京大学出版社, 2015.

[20] 刘强. 化工过程安全管理实施指南[M]. 北京：中国石化出版社, 2014.

[21] 刘晓芳. 化学实验室安全与管理[M]. 北京：科学出版社, 2022.

[22] 刘作华, 陶长元, 范兴. 化工安全技术[M]. 重庆：重庆大学出版社, 2022：170.

[23] 路建美, 黄志斌. 高等学校实验室环境健康与安全[M]. 南京：南京大学出版社, 2013.

[24] 骆晶晶. 高校实验室安全教育培训管理系统建立[D]. 武汉：武汉科技大学, 2018.

[25] 吕明泉. 化学实验室安全操作指南[M]. 北京：北京大学出版社, 2020.

[26] 马旭, 刘萍. "懂会能"提升实验室安全管理水平[J]. 化工管理, 2023(1)：113-116.

[27] 祁梅芳. 高校实验室安全与管理[M]. 武汉：武汉理工大学出版社, 2023.

[28] 秦静. 危险化学品和化学实验室安全教育读本[M]. 北京：化学工业出版社, 2018.

[29] 孙建之. 化学实验室安全基础[M]. 北京：化学工业出版社, 2021.

[30] 陶萍芳, 韦庆敏, 陈丽娜, 等. 化学化工类有机化学实验室管理探索[J]. 广东化工, 2022, 49(6)：2.

［31］田志刚. 高校实验室安全等级评价及管控对策研究［D］. 北京：中国矿业大学（北京），2021.

［32］王浩水. 化工过程安全管理与实践［M］. 北京：中国石化出版社，2022.

［33］王鹤茹. 化学实验室安全基础与操作规范［M］. 武汉：武汉大学出版社，2022.

［34］王利军. 过程安全管理在化工实验室中的应用［J］. 化工管理，2024（2）：91-93.

［35］杨克军. 实验室风险管理理论与实践［M］. 北京：企业管理出版社，2022.

［36］张蕾. 基于安全准入体系的高校实验室安全管理研究［D］. 北京：北京化工大学，2022.

［37］张宇，梁吉艳，高维春. 实验室安全与管理［M］. 北京：化学工业出版社，2023.

［38］赵劲松，粟镇宇，贺丁，袁志涛. 化工过程安全管理［M］. 北京：化学工业出版社，2021.

［39］赵小静. 高校实验室特种设备安全管理分析［J］. 中国设备工程，2022（6）：92-93.